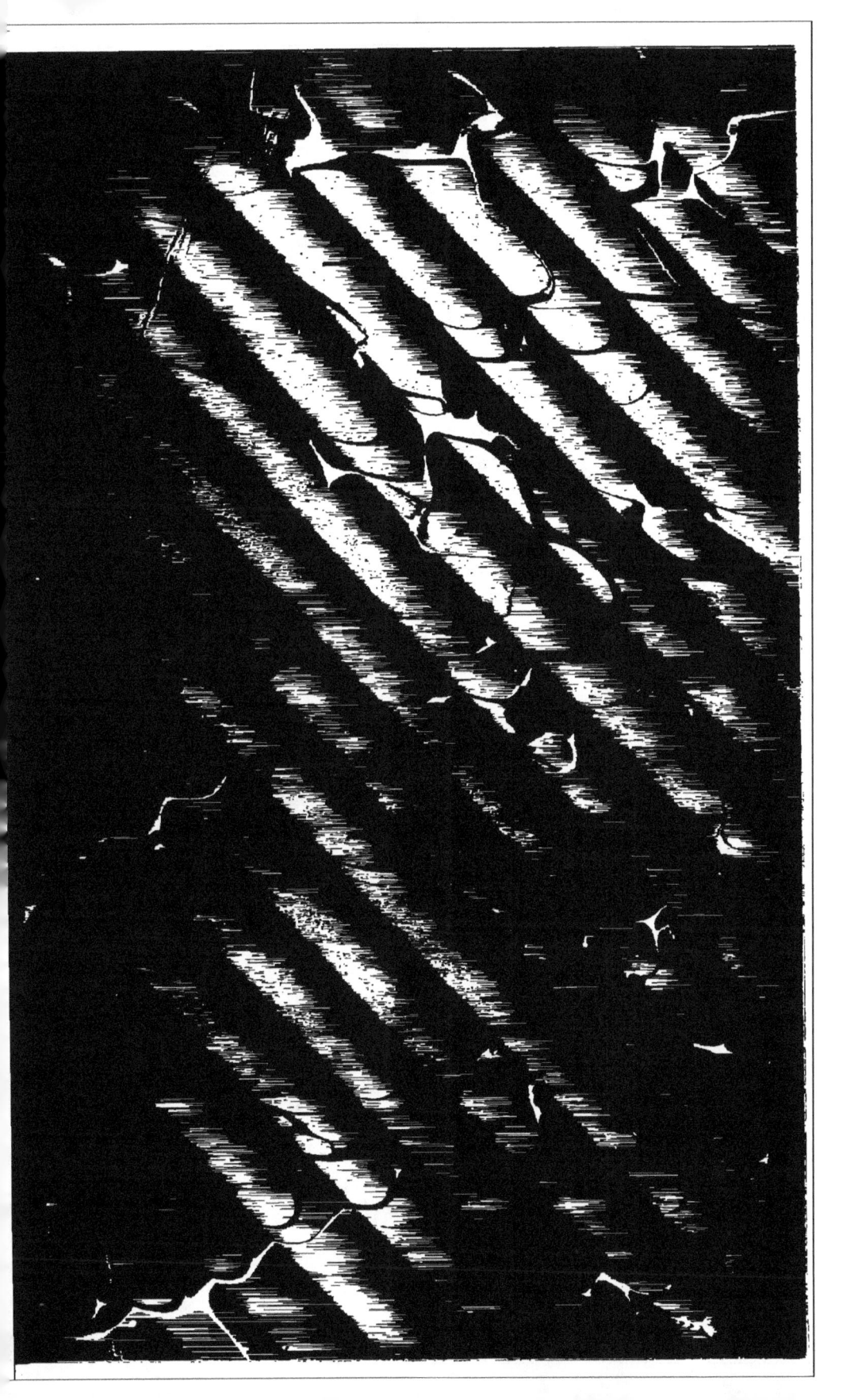

PAUL MANSUY

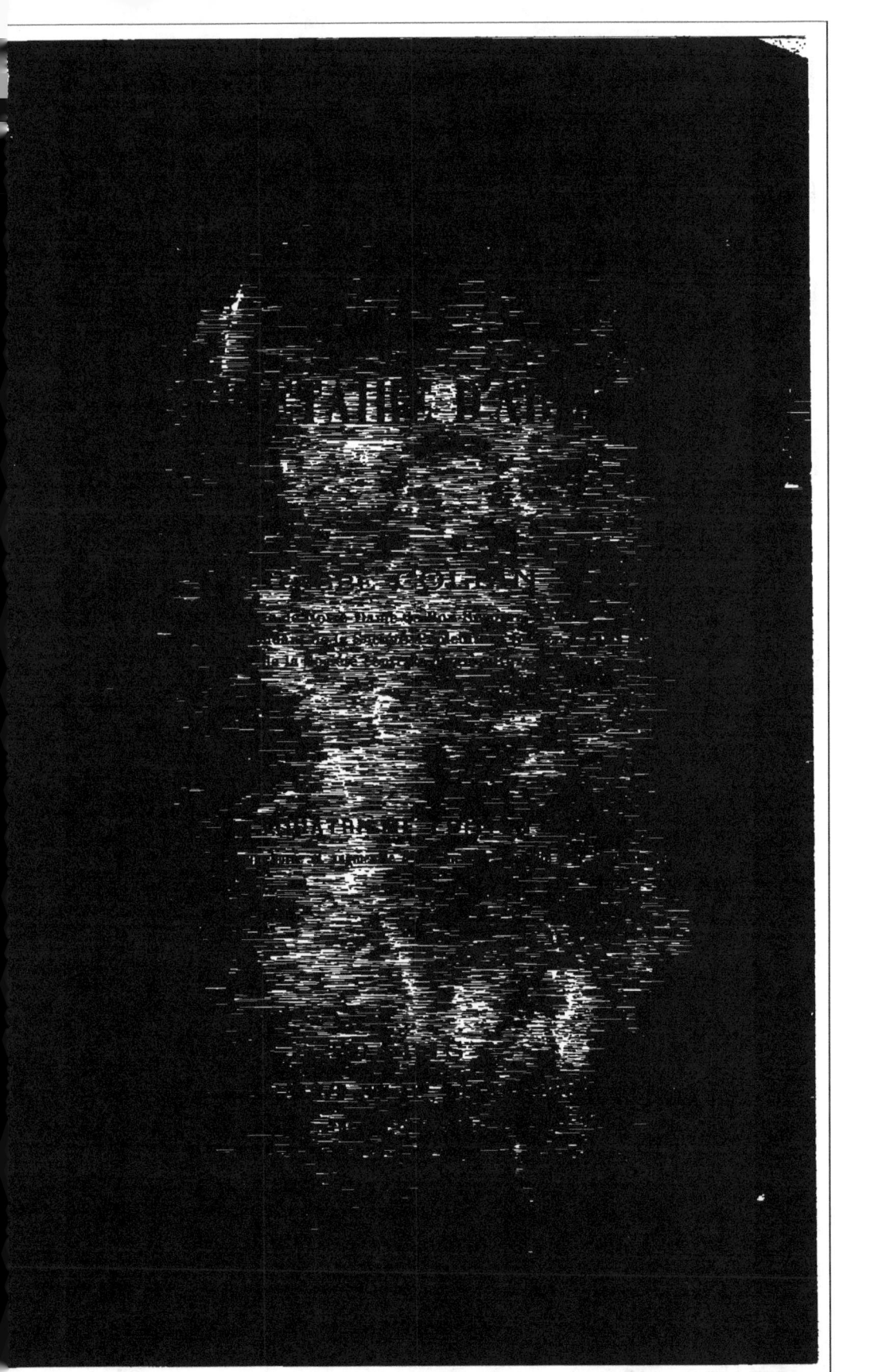

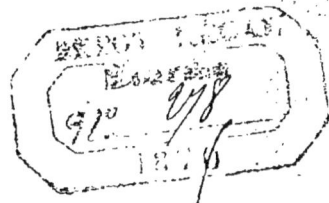

S

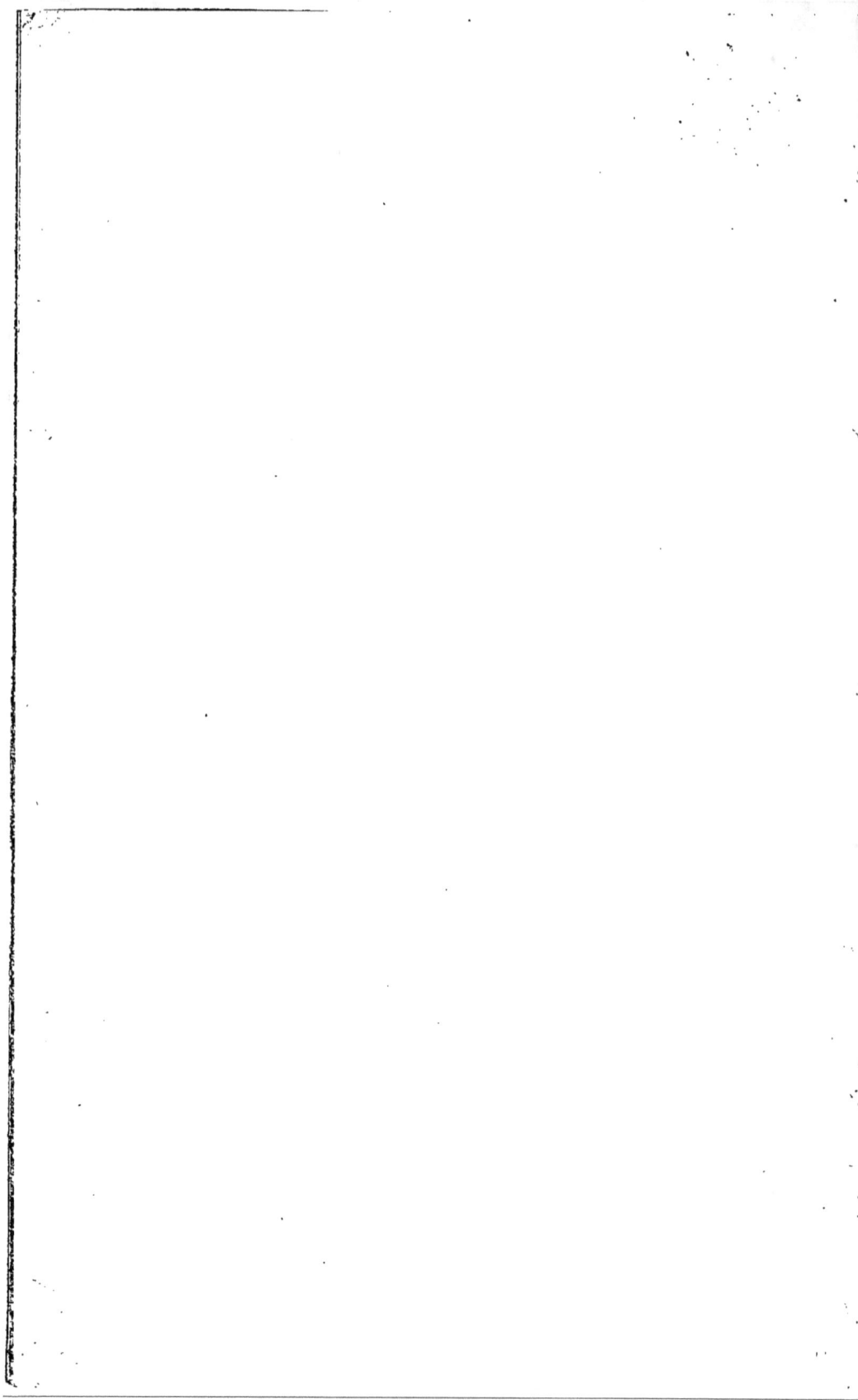

LE GUIDE

DU

PROPRIÉTAIRE D'ABEILLES

NANCY, IMPRIMERIE BERGER-LEVRAULT ET Ce.

LE GUIDE

DU

PROPRIÉTAIRE D'ABEILLES

PAR

L'ABBÉ COLLIN

Chanoine de Notre-Dame de Bon-Secours, à Nancy
Secrétaire correspondant de la Société d'apiculture fondée à Paris en 1855
Membre de la Société centrale d'agriculture de Nancy

QUATRIÈME ÉDITION

Considérablement améliorée et augmentée d'une méthode nouvelle pour le printemps

Prix : 2 fr. 50 c.

PARIS

BERGER - LEVRAULT ET Cie, LIBRAIRES - ÉDITEURS

5, rue des Beaux-Arts, 5

MÊME MAISON A NANCY, 11, RUE JEAN-LAMOUR

1875

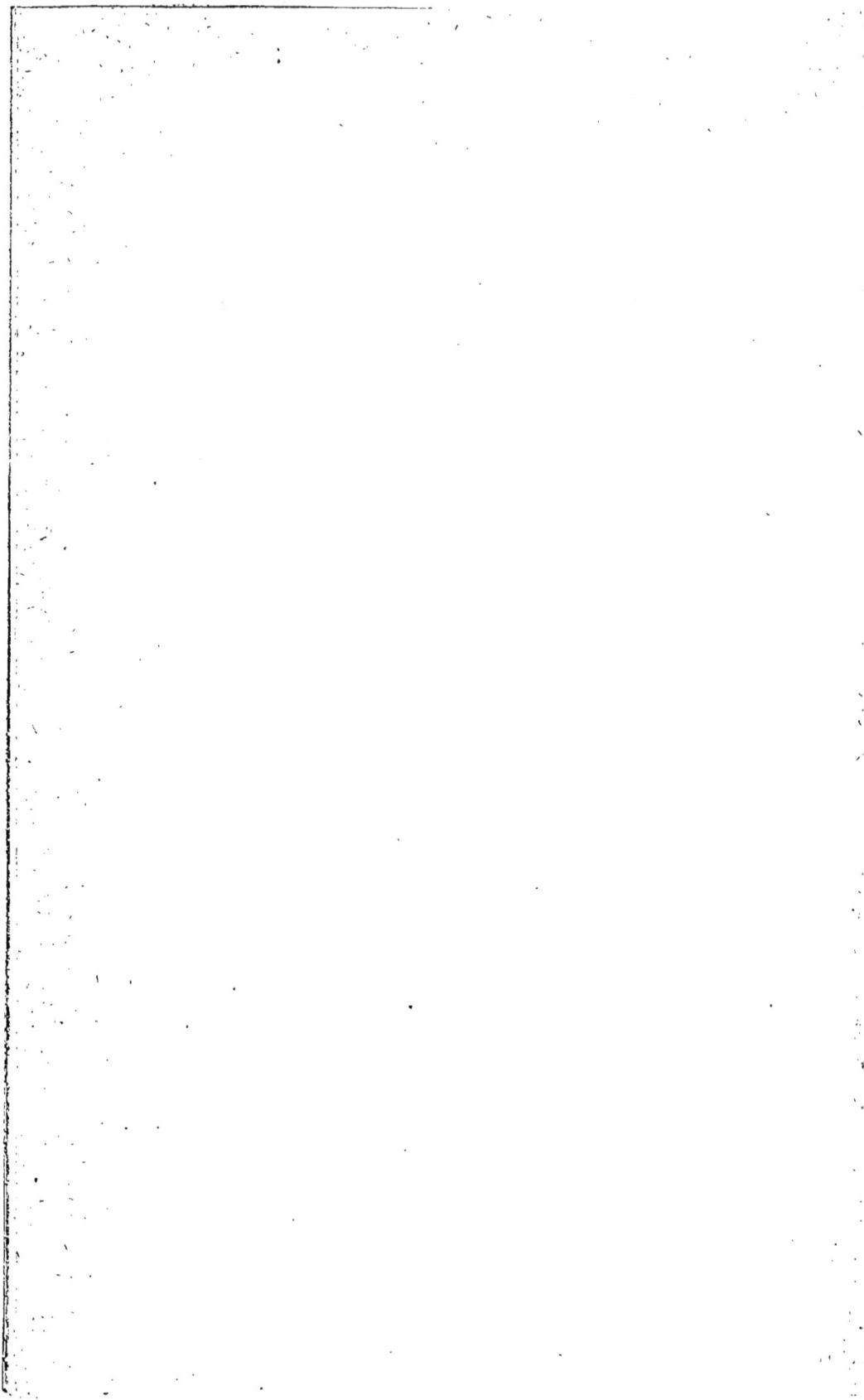

AVIS AU LECTEUR

Le Guide du propriétaire d'abeilles est divisé en trois parties bien distinctes : la partie historique, ou l'histoire naturelle des abeilles ; la partie pratique, ou la culture des abeilles ; la troisième partie, appelée mélanges apicoles.

La première partie n'est pas indispensable ; cependant si un maître conduit plus sûrement un élève dont il connaît le caractère et les habitudes, un apiculteur aussi dirigera mieux son apier s'il a le secret des lois et des mœurs des abeilles. Pour l'histoire naturelle, je me suis placé au point de vue de l'apiculteur, c'est-à-dire que j'ai insisté particulièrement sur les faits utiles bien constatés, ceux qui peuvent avoir quelque influence sur la pratique. L'histoire naturelle sera comme un mémoire explicatif, et donnera la clef des méthodes suivies dans la seconde partie.

Le plus grand nombre des apiculteurs n'ont ni le temps ni la volonté d'étudier l'abeille. Ils recherchent avant tout des conseils pour la conduite de leurs ruchées. Je leur ai donné ces conseils dans la seconde partie, qui est entièrement consacrée aux soins habituels que réclament les abeilles pendant tout le cours de l'année, à commencer au 1er mars. Cette partie, dès les premiers jours du printemps, s'empare de l'apier; à dater de cette époque, elle le surveille en quelque sorte jour par jour, en suivant l'ordre des saisons, et ne l'abandonne qu'à la fin de l'hiver. C'est la partie la plus importante; elle suffit à elle seule pour guider l'apiculteur. Elle est exclusivement pratique.

Enfin, la troisième partie est un mélange de choses diverses, sans liaison entre elles, mais se rattachant toutes à la culture des abeilles. Elle nous fera connaître la ruche la plus avantageuse, la législation sur les abeilles, l'instrument à produire la fumée, la manière de façonner le miel et la cire, etc. Je l'ai placée à la fin de l'ouvrage, parce qu'elle ne devra être consultée que rarement.

Depuis la dernière édition du *Guide du propriétaire d'abeilles*, je ne suis pas resté oisif, j'ai étudié plusieurs points très-importants de l'histoire naturelle de l'abeille et pratiqué avec succès, pendant six ans, une méthode nouvelle d'apiculture; je puis dire en toute vérité que cette nouvelle édition a été notablement améliorée et augmentée.

Dans la quatrième édition je parle souvent de l'apiculture allemande comparée à l'apiculture française. C'est chez les grandes autorités apicoles de l'Allemagne, Œttl, Dzierzon, baron de Berlepsch, et dans la *Bienenzeitung*, que j'ai puisé mes renseignements.

Je recommande tout particulièrement aux apiculteurs, la quatrième édition (1874) du *Cours pratique d'apiculture* de M. Hamet, professeur d'apiculture au Luxembourg, directeur du journal *l'Apiculteur*, rue Monge, 59, à Paris.

Je regarde le livre de M. Hamet comme étant supérieur à tous les livres d'apiculture allemands et français qui me sont connus.

Je n'ai pas oublié la reconnaissance que je dois à M. Renoux, colonel en retraite, à Alger, et à M. Morizot, curé de Bussang (Vosges), pour les améliorations des seconde et troisième éditions du *Guide*.

COLLIN.

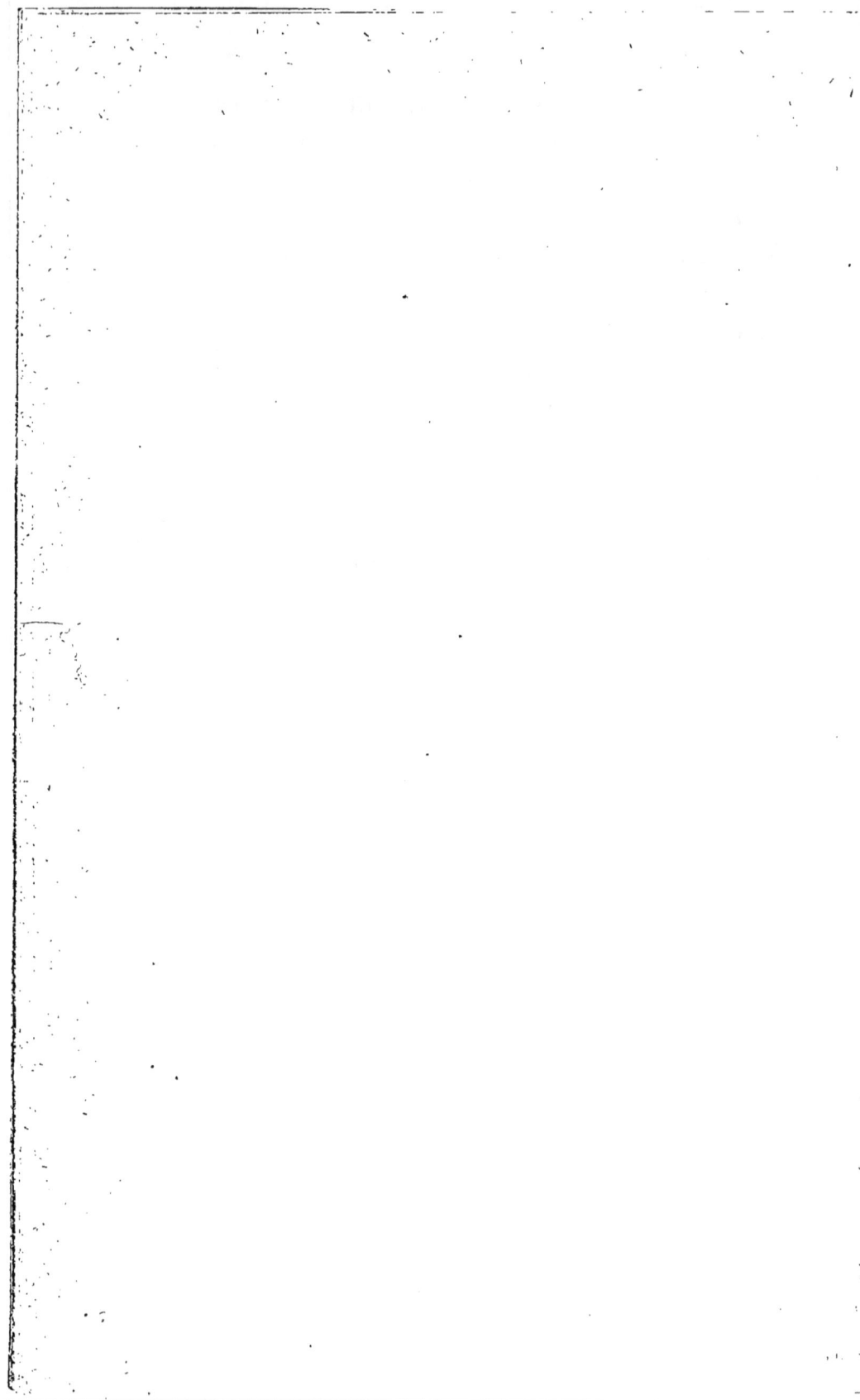

LE GUIDE

DU PROPRIÉTAIRE D'ABEILLES

PREMIÈRE PARTIE

HISTOIRE NATURELLE DES ABEILLES.

L'histoire naturelle des abeilles comprend cinq ordres de faits : 1° la description, les sens des abeilles ; 2° leurs fonctions, leurs mœurs ; 3° leurs édifices ; 4° leurs produits, miel, cire, pollen, propolis ; 5° leur multiplication par le couvain et l'essaimage.

SENS, MŒURS DES ABEILLES.

1. **AVIS UTILE.** — Les apiculteurs qui ne voudront que des conseils pour la conduite de leurs ruchées passeront immédiatement à la seconde partie, qui commence à l'article 48.

Les chiffres qui se trouvent entre parenthèses indiquent les articles à consulter.

2. **Famille des abeilles.** — Il y a trois sortes d'abeilles dans une ruchée : l'abeille mère, qui est unique excepté au temps des essaims ; les faux-bourdons ou mâles ; les abeilles ouvrières qui constituent la population.

L'abeille ouvrière est de couleur brune et revêtue, sur presque toutes les parties du corps, d'une sorte de duvet de poils très-fins. Des dents, une trompe et six pattes disposées par paires, sont les principaux instruments qui ont été accordés aux ouvrières pour exécuter leurs différents travaux. Les dents sont deux petites écailles tranchantes qui

1

jouent horizontalement, non verticalement comme celles de l'homme ; la trompe, sorte de langue très-longue et garnie de poils comme le reste du corps, n'agit pas comme une pompe ; l'abeille, il est vrai, la déploie et l'allonge à son gré, mais c'est en léchant, non en aspirant, qu'elle la charge d'une liqueur qu'elle fait passer dans la bouche, pour ensuite la faire descendre, par l'œsophage, dans l'estomac qui en est le réservoir. Cette liqueur est le miel.

C'est avec ses dents et ses pattes que l'abeille ramasse le pollen des fleurs ; elle en saisit avec ses dents les granules que les pattes de la première paire, faisant l'office de mains, transmettent à celles de la deuxième ; enfin, celles-ci les déposent dans les poches, dont la nature a muni à cet effet les pattes de la troisième paire. Ce dépôt est fixé à sa place, par des coups répétés. Toute l'opération se fait avec autant de célérité que d'adresse.

L'abeille mère est un peu plus grosse et beaucoup plus grande que l'abeille ouvrière, plus rousse en dessus et un peu jaunâtre en dessous. Ses dents ou mâchoires sont plus courtes et sa trompe plus déliée ; mais ses pattes plus longues n'ont ni brosses ni poches; son ventre est plus allongé et plus pointu ; ses ailes paraissent très-petites et finissent au quatrième anneau de son corps. Son allongement ainsi que ses autres proportions ne permettent pas de la confondre avec l'abeille ouvrière. L'aiguillon de la mère est plus fort et plus recourbé que celui des ouvrières ; elle ne s'en sert jamais que pour tuer les mères, ses rivales.

Le mâle ou faux-bourdon est beaucoup plus gros que l'abeille ouvrière, et moins long que la mère. Sa tête est ronde ; son corps est aplati et noirâtre ; ses mâchoires et sa trompe sont plus petites ; ses pattes sont dépourvues de poches et il n'est point armé d'aiguillon. Le bruit qu'il fait en volant l'a fait nommer faux-bourdon et le distingue des ouvrières.

Le diamètre du corselet du bourdon mesure cinq millimètres cinq dixièmes ; celui de la mère, quatre millimètres cinq dixièmes ; celui de l'ouvrière, quatre millimètres.

La mesure de l'ouvrière est juste ; celle du bourdon et de la mère est plutôt forte que faible (fig. 1, 2, 3).

Pour obtenir la mesure exacte des trois sortes d'abeilles, il faut les faire passer par des trous longs et non par des trous circulaires.

Les ouvrières, au passage des trous circulaires, perdent leurs charges de pollen, tandis qu'elles les perdent rarement en traversant des trous longs.

Un trou long ayant quatre millimètres quinze centièmes de largeur donne passage à toute ouvrière et l'interdit à toute mère abeille.

Un trou long ayant cinq millimètres dix centièmes de largeur donne passage à toute abeille mère et l'interdit aux bourdons, excepté à un très-petit nombre.

L'auteur du *Guide* a donné, en 1860, la mesure de chaque sorte d'abeilles ; il a découvert et fait connaître, en 1865, de la tôle mécaniquement perforée, répondant tout à fait à ses désirs : 1° une tôle ayant des trous de treize millimètres vingt-cinq centièmes de longueur sur quatre millimètres quinze centièmes de largeur; 2° une tôle ayant absolument des trous de même longueur que la première, mais plus larges, cinq millimètres dix centièmes de largeur.

La première tôle porte le n° 35 et la seconde le n° 36. La tôle se trouve, à Paris, chez Brière et Comp., rue Basfroy, 19 (faubourg Saint-Antoine); prix : 7 fr. 50 c. la plaque. La maison n'expédie pas moins d'une plaque (cent soixante-cinq centimètres de longueur sur soixante-cinq de largeur).

Aidé de cette tôle, j'ai fait des expériences qui auraient été sans elle d'une exécution très-difficile.

3. **Abeille jaune ou abeille alpine**. — Nous ne possédons que deux variétés d'abeilles : l'abeille commune dont nous venons de parler, et l'abeille jaune; celle-ci est originaire des Alpes. Introduite en France depuis 1860, elle est connue d'un grand nombre d'apiculteurs.

L'abeille jaune que j'appelle abeille alpine se distingue de la nôtre par deux ceintures colorées en jaune. La première ceinture s'étend sur toute la surface de l'anneau supérieur de l'abdomen; la seconde, séparée de la première par une petite bordure noire, ne s'étend que sur une partie de la largeur du second anneau. Les deux ceintures chez une jeune alpine sont d'une couleur intermédiaire entre le cuivre jaune (laiton) et le cuivre rouge (rosette); mais avec le temps elles prennent la teinte du cuivre rouge.

Quant aux autres parties du corps, il faut une loupe pour voir que les poils de la jeune alpine ont une teinte jaune plus prononcée que les poils de la jeune abeille commune.

Je placerai à la fin du *Guide* (art. 230), une petite notice sur l'abeille alpine ; j'en dirai le peu que je sais, ne l'ayant étudiée que pendant trois ans.

Une troisième variété, l'abeille égyptienne (*Apis fasciata*) a été importée d'Égypte en Allemagne, en 1864, par les soins de la Société d'acclimatation de Berlin.

Cette variété, un peu plus petite que l'abeille commune, a une grande ressemblance pour la couleur avec l'abeille jaune. Elle paraît être en Allemagne plutôt un objet de curiosité qu'un objet de culture.

4. Sens des abeilles.—Pendant la nuit, les abeilles volent au hasard, ce qui indique qu'elles ne voient pas ou presque pas dans l'obscurité. Il est présumable que dans l'intérieur de la ruche, où le travail se continue de nuit comme de jour, les sens du toucher et de l'odorat suppléent à la vue. Le sens du toucher paraît principalement placé dans les antennes. Dès que deux abeilles se rencontrent, on les voit se toucher avec ces espèces de cornes qui sont très-sensibles. L'amputation d'une seule antenne n'affecte pas leur instinct ; mais quand on les prive de toutes les deux, elles sont incapables de continuer leurs travaux, alors elles sortent de la ruche pour n'y plus rentrer.

Quant à l'ouïe, on sait que le son qu'elles produisent avec leurs ailes est fréquemment un signe de rappel. Qu'on place une ruchée dans une chambre très-obscure, le bourdonnement attirera les abeilles égarées et répandues dans les différentes parties de la chambre; on a beau couvrir la ruchée, la déplacer, toujours elles se dirigent vers le point d'où vient le bruit.

Leur odorat est très-délicat, puisque, au sortir de la ruche, on les voit, attirées par les émanations des fleurs, voler en ligne droite à la distance de deux à trois kilomètres, pour y chercher les plantes qui leur promettent une abondante récolte.

5. Fonctions des ouvrières. — Les ouvrières exécutent toutes les constructions, tous les travaux nécessaires à la conservation et à la propagation de la famille. Ces constructions, ces travaux se font avec une entente admirable. On dirait que les abeilles ont reçu des ordres précis : celles-ci pour aller chercher à la campagne de la nourriture et des matériaux ; celles-là pour nourrir et soigner les enfants communs ; les unes pour veiller à la garde et à la sûreté de la famille ; les autres pour entretenir la salubrité du logement par la ventilation et la propreté.

Cependant, c'est l'ouvrière qui est à la fois gouvernement et police ; elle ne reçoit de la mère aucun ordre, aucune direction.

En effet, des ouvrières, après un premier essaimage, n'ayant que des mères sous forme de larves ou de nymphes, ne reçoivent certainement aucun ordre, aucune direction de ces mères qui ne sont pas nées, et cependant les travaux se continuent avec autant de régularité qu'avant l'essaimage.

Il est vrai, je l'ai expérimenté souvent, que ces abeilles, privées de mère adulte, ne construisent plus ou presque plus que des gâteaux à cellules de bourdons, et que, mises à la place d'une forte ruchée, elles en acceptent sans difficulté les butineuses qui reviennent de la campagne. Ainsi, pour développer toute son industrie, il faut à l'ouvrière la présence d'une mère adulte.

Les abeilles qui n'ont que des mères au berceau bâtissent peu ; elles n'en éprouvent pas le besoin, ayant, pour loger miel et pollen, les cellules qui deviennent libres par les naissances de chaque jour.

Voici ce que dit le baron de Berlepsch sur le travail des ouvrières : « Les plus jeunes vaquent aux travaux de l'intérieur, les plus vieilles, aux travaux de l'extérieur ; les vieilles peuvent, comme les jeunes, se livrer aux travaux de l'intérieur.

« Les ouvrières ne commencent à voler et à s'ébattre en avant de la ruche que le huitième jour de leur vie ; elles ne sont en état d'aller sur les fleurs et de butiner que le seizième jour de leur naissance. »

Ce dernier alinéa me semble bien hasardé.

6. Mœurs des ouvrières. — L'abeille ayant été créée pour vivre en société, a dû recevoir les mœurs, les instincts qu'exige cet état ; aussi il règne dans la famille la meilleure intelligence, l'harmonie la plus parfaite. Le fruit du travail, le butin de chaque individu devient la propriété de tous. Mais une famille ne doit pas se confondre avec une autre famille. De là, pour conserver la nationalité et l'autonomie, cette aversion, ces combats entre les individus de colonies différentes. La durée de la famille est attachée à l'existence de la mère. De là, l'attachement de la famille pour la mère ; de là son désespoir quand elle la perd, désespoir qui se calme dès qu'une mère au berceau peut la remplacer.

L'abeille est agressive, seulement quand elle croit la famille en danger, c'est-à-dire quand on approche de son habitation ou qu'on veut l'y troubler ; mais, dans ses courses à la campagne, elle est entièrement inoffensive. En voici la preuve : si, au printemps ou en automne et à quelque distance de l'apier, vous exposez en plein air un rayon de miel, il sera bientôt visité par une immense quantité d'abeilles qui se disputeront une part du butin. Eh bien ! secouez ce rayon sans inquiétude, si vous êtes piqué, ce ne sera que par une abeille que vous aurez serrée maladroitement entre vos doigts.

Huber et d'autres auteurs à sa suite se sont persuadé que les ouvrières n'ont pas toutes la même conformation, les mêmes aptitudes ; que les unes, plus petites, qu'ils appellent nourricières, n'ont d'autre emploi que de nourrir le couvain ; que les autres, plus grosses, qu'ils appellent cirières, ne s'occupent qu'à récolter le miel et à construire les édifices. Cette distinction d'ouvrières de tailles différentes suppose nécessairement que les alvéoles des nourricières sont plus petits que ceux des cirières. Or, les alvéoles d'ouvrières nouvellement construits ont tous le même diamètre, et si l'on voit, dans une ruchée, des ouvrières plus petites que d'autres, c'est tout simplement qu'elles sont nées dans des cellules qui ont été tapissées et rétrécies par les pellicules que d'autres abeilles, en prenant naissance, y ont déposées. On peut se contenter de cette preuve sur une question tout à fait étrangère à la pratique.

7. **Distance que parcourent les abeilles.** — Il paraît certain que les abeilles ne vont pas butiner au delà de trois kilomètres de leur habitation. En effet, si vous ne transportez des ruchées qu'à deux kilomètres, quelques abeilles reviennent à leur ancienne place, ce qui n'arrive jamais pour une distance double. Deux apiers, éloignés l'un de l'autre d'un à deux kilomètres seulement, fournissent quelquefois des récoltes bien différentes. Ces différences des récoltes ne peuvent provenir que de celle des fleurs qui se trouvent à portée de l'un ou de l'autre de ces apiers. Celles qui sont au delà de deux à trois kilomètres ne servent donc pas à la pâture des abeilles.

Les Allemands sont d'accord avec nous sur l'étendue du vol des abeilles; mais ils prétendent que, quand il y a pénurie de miel en deçà de trois kilomètres et abondance au delà, elles vont butiner jusqu'à cinq et même sept kilomètres; ils reconnaissent toutefois que cette récolte lointaine est peu profitable.

8. **Durée de la vie des ouvrières.** — Je crois que peu d'ouvrières arrivent au terme assigné à leur existence et qu'une famille se renouvelle de trois à quatre fois l'an. On sera disposé à partager cette opinion si l'on fait attention à la quantité de couvain qu'une forte ruchée élève depuis le printemps jusqu'à l'automne, et surtout quand on sait que ce couvain est remplacé, chaque période de vingt jours, par un autre couvain (17 et 45).

En été, une colonie qui ne se renouvelle point, perd dans l'espace de deux mois les trois quarts de sa population. Prenons pour exemple une ruchée orpheline par suite d'essaimage. Cette ruchée, qui a essaimé dans les derniers jours de mai, n'a gardé, il est vrai, que le tiers environ de ses ouvrières, mais elle avait au berceau un nombreux couvain pour réparer ses pertes. Deux mois après, en la visitant, nous n'y voyons plus qu'une population bien faible, comparativement à la population adulte et sous forme de couvain qui lui restait le lendemain de son essaimage. Voilà pour l'été. Voici pour l'hiver. Une colonie d'abeilles communes à laquelle j'avais donné, le 26 septembre 1862, une mère jaune, n'avait plus une seule abeille commune le 11 avril 1863. Sa population noire était remplacée par une égale population jaune.

On se rapprochera beaucoup de la vérité en disant qu'une colonie renouvelle sa population de deux à trois fois dans le courant de l'été, et une fois depuis le mois d'octobre jusque dans le courant d'avril.

Les ouvrières sont exposées à toutes sortes de dangers : celles-ci deviennent la proie des oiseaux et des insectes ; celles-là, en grand nombre, sont surprises par des vents froids, des pluies, des orages ; beaucoup d'autres usent leurs ailes, et, après être parties pour butiner et s'être chargées de miel ou de pollen, ne peuvent plus retourner à leur ruche et sont victimes de leur dévouement. En effet, au mois de juillet, on voit une grande quantité d'abeilles dont les ailes sont plus ou moins échancrées, tandis qu'en septembre, on n'en voit pas une ainsi mutilée. Sont-elles mortes dans les champs ou bien ont-elles été expulsées de la famille ?

9. Ouvrières pondeuses. — Riem, officier au service de Saxe, fut le premier qui découvrit, vers la fin du dernier siècle, l'existence des ouvrières pondeuses. Huber, par des expériences nouvelles, a vérifié et confirmé cette découverte. Les ouvrières pondeuses ont tous les caractères de l'abeille commune : la petite poche aux pattes postérieures, la trompe longue et l'aiguillon droit, et il est impossible de les distinguer des autres ouvrières. Elles ne pondent jamais des œufs d'abeilles communes ; elles ne pondent que des œufs de mâles. Ce sont les ouvrières pondeuses qui produisent le couvain de bourdon que l'on voit souvent, en août, dans les ruchées qui ont perdu leur mère à la suite de l'essaimage.

Les ouvrières pondeuses n'ont pas besoin d'être fécondées pour pondre. Les belles expériences de M. Huillon ne laissent plus aucun doute sur ce point, pas plus que sur l'abeille mère, qui, sans avoir été fécondée, produit néanmoins des bourdons (19). (L'*Apiculteur* d'octobre 1863.)

On a dit que les ouvrières pondeuses sont peu fécondes ; je crois, au contraire (j'aurais plusieurs exemples à citer), que leur fécondité, comme celle de l'abeille mère, est proportionnelle à la population. Les colonies où il existe des pondeuses sont généralement peu peuplées, il n'est pas étonnant alors que le couvain de bourdons y soit peu abondant. Le nombre des nourrissons est nécessairement subordonné au nombre des nourrices.

Les ouvrières pondeuses naissent dans le voisinage des cellules maternelles, et l'on peut supposer que la bouillie dont les vers ont été nourris a été mêlée de quelques portions de gelée maternelle. Nous verrons que la bouillie qui sert à nourrir les vers maternels n'est pas la même que celle des vers d'ouvrières ; on la reconnaît à son goût aigrelet et relevé (44).

Les mères proprement dites ont pour les ouvrières pondeuses la même jalousie et la même aversion que pour leurs semblables ; elles se jettent sur elles et les massacrent sans rencontrer de résistance. Ces ouvrières pondeuses ne peuvent donc exister à l'état de mouches que dans des ruches privées de mères. Du reste, elles paraissent plus sociables entre elles que les mères, car plusieurs ouvrières pondeuses peuvent coexister dans la même ruchée, ce qui explique aussi l'abondance du couvain de bourdons chez une population nombreuse.

Lorsque, six semaines ou deux mois après le temps des essaims, il ne se trouve que du couvain de bourdons dans une ruchée, cette circonstance seule accuse la présence d'ouvrières pondeuses.

L'existence d'ouvrières pondeuses ne produisant que des œufs stériles a été constatée, en 1859, par M. Rativeau, à Brienon (Yonne). M. Huillon, en 1862, a confirmé le fait dans ses expériences sur la parthénogénèse (19).

10. Détails sur les ouvrières pondeuses. — Les colonies où il se trouve des ouvrières pondeuses sont inhabiles à se donner une mère ; elles ne reçoivent pas même une mère fécondée. Ces deux faits semblent indiquer que les abeilles de ces colonies orphelines ont aussi, pour les ouvrières pondeuses, un attachement qui leur fait oublier leur malheur, et qui ne leur permet plus d'élever ou de recevoir d'autres mères.

L'ouvrière pondeuse ne pond que dans les cellules de bourdons. Je n'ai vu qu'une seule exception à cette règle. L'abeille mère bourdonneuse (24), au contraire, pond de préférence dans les cellules d'ouvrières ; elle ne pond dans les grandes cellules qu'à défaut de petites cellules à sa portée.

Les ouvrières pondeuses pondent aussi quelquefois dans les cellules maternelles ; mais les œufs déposés dans ces cellules n'arrivent jamais à leur dernière transformation. Les abeilles commencent à la vérité par donner tous leurs soins aux abeilles qui en proviennent ; elles ferment ces cellules en temps convenable ; mais jamais elles ne manquent de les détruire trois jours après les avoir fermées.

Ces cellules de mères operculées trompent l'apiculteur inexpérimenté ; croyant qu'elles renferment des mères, il est rassuré sur l'état de la ruchée. C'est une règle sans exception que jamais il n'y a de mères au berceau dans une colonie qui ne produit que du couvain de bourdons.

Les faux-bourdons ne sont pas plus inquiétés dans une ruchée qui a des ouvrières pondeuses, que dans celle qui a une abeille mère bourdonneuse (24). Ce qui veut dire qu'ils ne sont jamais chassés des colonies qui ne produisent que des individus de leur espèce.

11. Fonction de la mère. — La fonction unique de la mère est de pondre, c'est-à-dire de multiplier l'espèce. Elle n'a ni autorité, ni commandement sur les ouvrières. C'est donc improprement qu'on l'appelle reine. Le nom d'*abeille mère* est le seul qui convienne à sa qualité exclusive de pondeuse. Cependant, on peut dire qu'elle maintient l'ordre et l'activité dans la famille, puisque, quand elles n'ont pas de mère, ou, du moins, qu'elles n'ont pas l'espérance d'en voir naître une autre avant peu, les ouvrières se découragent et perdent une partie de leur instinct; de plus, l'activité se mesure toujours à l'abondance de la ponte.

12. Caractère de la mère. — La mère est d'un caractère timide; au moindre danger, elle fuit, elle se cache sous les ouvrières. Pressée entre les doigts, elle ne sait pas même faire usage de son dard. Elle se laisse maltraiter par une simple abeille étrangère. Celle-ci lui tire les ailes, les pattes, se dispose à la piquer; la mère, quoique plus forte, souffre tout, baisse la tête, resserre les anneaux de son ventre pour ne pas être piquée et fuit quand elle peut.

On a dit et répété que la vigilance de la mère est telle, que, si on frappe, même modérément, sur la ruche, plusieurs coups avec une baguette, elle accourt à l'endroit intérieur où elle a entendu le bruit. Tout ce que je sais, c'est que les coups de baguette, forts ou faibles, ne m'ont jamais réussi qu'à éloigner la mère des points où je frappais.

La mère ne montre du courage que dans une seule circonstance : c'est contre les individus de son espèce et contre les ouvrières pondeuses. Les mères ont une telle aversion les unes contre les autres, que, même dans l'état de captivité, sous un verre par exemple, la première qui rencontre l'autre la tue : elle la saisit, avec ses dents, à la naissance de l'aile, puis monte sur son dos et amène l'extrémité de son ventre sur les derniers anneaux de son ennemie, qu'elle parvient facilement à percer. Elle lâche alors l'aile qu'elle tient et retire son dard. La mère vaincue tombe et expire bientôt après. Cette aversion existe aussi contre les mères au berceau, mais seulement contre celles qui doivent naître dans cinq ou six jours.

13. Fécondation de la mère. — Arrivée à l'âge de puberté, la mère, si le temps est beau, sort à l'heure où les bourdons s'ébattent dans les airs. Elle s'arrête un moment sur le plateau, ensuite elle prend son vol. Elle se retourne du côté de la ruche, comme pour la reconnaître ; puis, elle trace quelques cercles en l'air et s'élève enfin à une hauteur qui ne permet plus de suivre ses mouvements. Cette première sortie ne se prolonge pas au delà de huit à dix minutes. Elle revient et sort de nouveau au bout d'un quart d'heure. Après cette seconde absence, qui dure environ une demi-heure, elle rentre dans la ruche avec les signes de la fécondation, c'est-à-dire avec les parties fécondantes du mâle.

Thomas Moufet, célèbre médecin anglais, dans son livre : *Theatrum insectorum*; Londres, 1634, a avancé le premier que l'abeille mère est fécondée en dehors de la ruche; ce qui a été confirmé, en 1770, par Jonscha, professeur d'apiculture à Vienne (Autriche); puis, en 1791, par François Huber, de Genève.

Les expériences que j'ai faites en 1866, 1867 et 1868 sur la fécondation de l'abeille mère me permettent d'établir les règles suivantes :

Première règle. L'abeille mère ne manifeste, les six premiers jours de sa vie, aucun besoin de sortir de la ruche. Elle est au repos pendant les heures les plus chaudes d'une belle journée, quand les bourdons s'ébattent nombreux dans les airs. Sur les huit mères que j'ai observées, une seule a manifesté le désir de sortir le sixième jour de sa vie.

Deuxième règle. Toute mère retenue dans sa ruche manifeste, dès le septième jour de sa vie, le besoin de sortir ; elle s'inquiète, s'agite, se tourmente ; elle cherche une issue pour s'échapper de sa prison. Cependant l'agitation ne se produit que dans les belles journées, entre midi et quatre heures du soir, quand les bourdons sont au vol. Dans tout autre moment de la journée et dans les journées froides ou pluvieuses, en un mot quand les bourdons ne sortent pas, la jeune mère est calme, elle est au repos.

Troisième règle. Toute mère âgée de plus de six jours est presque toujours fécondée le jour même de sa mise en liberté, pourvu que la journée soit belle et qu'il y ait de nombreux bourdons au vol.

Quand il y a pénurie de bourdons, la jeune mère pourra sortir souvent et pendant longtemps avant d'être fécondée.

Quatrième règle. La mère non fécondée est douée, pour la sortie au dehors, des mêmes instincts que le bourdon : elle voudra sortir vers midi, si déjà à midi les bourdons s'ébattent dans les airs; elle sera au repos jusqu'à une heure du soir, si les bourdons ne se mettent au vol qu'à une heure du soir. Si on l'empêche de sortir, son agitation durera tout le temps que les bourdons seront au vol; elle ne reviendra au calme que quand les bourdons seront rentrés.

Par une température douteuse, les mères ne témoignent pas un grand empressement à sortir; les unes sont agitées pendant que les autres sont calmes, et cela parce que les bourdons, craignant de s'aventurer dans un air frais, sortent peu.

Cinquième règle. L'abeille mère fécondée l'est pour toute sa vie; elle ne sort plus de sa ruche que pour l'essaimage.

On pourra m'opposer quelques rares exceptions de mères mûres pour la fécondation avant le septième et même avant le sixième jour de leur vie; j'admettrai ces exemples, mais comme des exceptions qui ne détruisent pas la règle.

Mes expériences sur la fécondation de l'abeille mère ont été publiées dans l'*Apiculteur* de décembre 1867, page 73, et de novembre 1868, page 52.

14. L'abeille mère ne pond que le onzième jour de sa vie. — Voici le résultat de mes expériences sur la première ponte de l'abeille mère :

Trois mères, en 1860, n'ont commencé leur ponte que le onzième jour de leur vie.

Trois autres mères, en 1867, n'ont pondu, comme celles de 1860, que le onzième jour de leur vie.

Deux autres mères, en 1861, plus précoces que les précédentes, ont commencé leur ponte le dixième jour de leur vie. Cette ponte, plus hâtive que les précédentes, a été provoquée probablement par ce fait que j'avais donné un kilogramme de miel environ à chacune des deux colonies. Aussi je considère cette ponte comme une exception.

On trouvera les six premières expériences dans l'*Apiculteur* de mai 1865, page 240, et les deux dernières dans l'*Apiculteur* de décembre 1867, page 73.

Nous donnons une dernière preuve que peut facilement contrôler tout apiculteur pratiquant l'essaimage artificiel.

Depuis longtemps je pratique l'essaimage artificiel, je visite chaque année une partie des souches pour m'assurer si elles ont du couvain d'ouvrières operculé : eh bien! je n'ai jamais vu de couvain d'ouvrières operculé que trente jours après l'essaimage, et encore la chose arrivait rarement ; mais du couvain d'ouvrières operculé, trente jours, au plus tôt, après l'essaimage, suppose nécessairement que la mère n'a commencé sa ponte que le onzième jour de sa vie. Un exemple le fera comprendre. Nous faisons un essaim artificiel le 31 mai, quatre heures du soir ; la première mère arrive à terme et tue ses rivales onze jours seize heures après l'essaimage, c'est-à-dire le 12 juin huit heures du matin ; cette mère commence sa ponte dix jours huit heures (le onzième) après sa naissance, c'est-à-dire le 22 juin quatre heures du soir ; les œufs sont operculés huit jours après la ponte, c'est-à-dire le 30 juin quatre heures du soir. Voilà nos trente jours après l'essaimage.

Nous avons vu deux mères qui ont commencé à pondre le dixième jour de leur vie. On pourrait donc trouver du couvain operculé vingt-neuf jours après l'essaimage.

Observation. La ponte de la mère commence quelquefois le lendemain de la fécondation ; j'ai vu ce fait chez des mères dont la fécondation avait été retardée au delà du neuvième jour de leur naissance, soit par le mauvais temps, soit par le fait de l'homme.

15. Détails sur la ponte de la mère. — La ponte une fois commencée, la mère la continue pendant la belle saison, à moins que la sécheresse ou une trop grande humidité ne s'oppose à la formation du miel dans les fleurs. La ponte est toujours proportionnée à l'abondance du miel et à la force de la colonie. Elle est presque toujours interrompue dans le milieu d'octobre, quelquefois au mois de septembre, du moins dans nos contrées, pour être reprise sur la fin de décembre ou au commencement de janvier. L'existence du couvain en janvier, à la vérité peu abondant, est un fait certain. La grande ponte recommence au printemps, au retour des fleurs. A cette époque, la mère, après avoir pondu des milliers d'abeilles ouvrières, commence la ponte des bourdons, mais sans interrompre celle des ouvrières. La ponte des mâles, toujours proportionnée à la population des ruchées, est plus considérable et plus hâtive chez les unes, plus faible et plus retardée chez les autres. Elle continue jusqu'au moment où les ouvrières chassent les bourdons adultes.

C'est pendant la ponte des œufs de bourdons que les ouvrières s'occupent de la construction du petit nombre de cellules destinées à servir de berceaux aux abeilles mères. Cette construction n'est pas d'une nécessité absolue. Si la ruchée est faible, ou si la température n'est pas favorable, les ouvrières ne construisent pas de cellules royales, parce qu'il n'y a pas lieu de fournir une colonie au dehors, et que, par conséquent, il est inutile d'avoir plusieurs mères. L'abeille mère, en parcourant les gâteaux, pond à peine chaque jour dans deux cellules maternelles. Souvent même elle laisse un intervalle de deux à trois jours sans y pondre. Les ruchées très-peuplées ont quelquefois de dix à quinze alvéoles maternels renfermant des mères de tout âge, c'est-à-dire sous la forme d'œufs, de vers, de nymphes. Le Créateur a voulu qu'il en fût ainsi pour que les naissances des mères fussent successives et pussent mieux fournir aux besoins des essaims.

16. **La ponte est proportionnelle à la population.** — Ce n'est pas la fertilité de la mère qui fait défaut aux ouvrières, ce sont presque toujours les ouvrières qui font défaut à l'abeille mère.

La même mère avec une faible population pondra peu ; avec une forte elle pondra beaucoup ; il ne m'est pas possible d'avoir le moindre doute à cet égard.

On a dit qu'une mère est moins fertile la première année de son existence que la seconde. C'est une erreur : donnez à une mère de quelques jours autant de miel et de travailleuses qu'à une mère d'un an, et vous serez forcé de reconnaître qu'elle n'est inférieure en rien à son aînée.

Pour éviter tout malentendu, j'ajouterai que la fertilité de la mère lui a été donnée pour suffire à une forte population naturelle, et non à une grande agglomération factice, telle qu'une réunion de deux ou trois gros essaims. Dans le dernier cas, l'harmonie que Dieu a mise en tous ses ouvrages est troublée, la ponte n'est plus et ne peut plus être proportionnelle à la population.

Qu'il y ait des mères qui soient moins fertiles que d'autres, cela n'est pas douteux. On rencontre parfois des colonies passablement peuplées qui végètent pendant plusieurs années et qui finissent par s'éteindre, c'est alors la mère qui a fait défaut aux ouvrières.

Une colonie peut rester dans un état de langueur, un ou deux mois ; mais cet état n'a souvent d'autre cause que la caducité ou la mort de la mère.

Ces explications données, il sera toujours vrai de dire que la ponte est proportionnelle à la population.

Quand les fleurs manquent en juillet et août, il est certain que la ponte se ralentit beaucoup; il est également certain qu'il suffit pour la ranimer de donner de la nourriture à la colonie, ce n'est donc pas la fertilité de la mère qui fait défaut.

17. Œufs que la mère peut pondre chaque jour. — Sur cette question les Allemands et les Américains seront nos maîtres. Je ne puis faire mieux que mettre leur témoignage sous les yeux du lecteur.

1° Dzierzon : « La mère sait proportionner sa ponte aux exigences de la colonie et suivant les circonstances; elle ne pond journellement que quelques œufs dans les ruchées faibles èt par un temps froid et défavorable; au contraire, elle en pond des milliers dans des colonies populeuses et au moment d'une riche récolte.

« Une mère peut pondre par jour 3,000 œufs par un temps favorable.

« La plupart des mères, dans une ruche vaste et par un temps favorable, peuvent pondre 60,000 œufs dans le courant d'un mois. »

2° Berlepsch : « En juin 1846, j'ai compté 57,000 cellules remplies de couvain dans une ruchée qui avait une mère très-fertile. Une si énorme ponte est rare assurément, et généralement une mère dans les plus grandes ruches, pendant le temps le meilleur, ne peut pondre journellement que 1,200 œufs environ. Je répète que, en thèse générale, j'ai trouvé moi-même, aux meilleures époques, la ponte quotidienne des plus grandes ruches tout au plus de 1,200 œufs. »

3° Baldridge, apiculteur américain, enleva, en 1859, tous les gâteaux d'une ruchée à rayons mobiles, les transporta à la maison après en avoir fait tomber les abeilles. Là, ayant compté les cellules renfermant des œufs, des larves et des chrysalides, il trouva 3,643 œufs, dont 580 de bourdons; 4,354 larves, dont 652 de bourdons; 7,442 chrysalides, dont 91 de bourdons. Total : 15,439.

L'abeille mère était jeune, n'ayant guère plus de six semaines.

Observation. L'ouvrière et le bourdon étant trois jours sous forme d'œufs, les 3,643 œufs donnent une ponte moyenne de 1,214 par jour ; l'ouvrière étant cinq jours sous forme de larve, les 4,354 larves donnent une ponte quotidienne de 871 ; l'ouvrière étant douze jours sous forme de chrysalide, les 7,442 chrysalides donnent une ponte de 620 pour chaque jour.

C'est pour simplifier que nous avons confondu les larves et les chrysalides de bourdons avec les larves et chrysalides d'ouvrières. Tout le monde sait que le bourdon reste six jours douze heures sous forme de larve, et quatorze jours douze heures sous forme de chrysalide.

Voilà une mère âgée de six semaines seulement qui pond des bourdons, c'est que la colonie était forte et la saison favorable.

La moyenne des œufs est de 1,214, et la moyenne des chrysalides n'est que de 620 par jour.

Cette grande ponte d'ouvrières et de bourdons pendant les trois derniers jours indique que la récolte était beaucoup plus grande pendant ces trois derniers jours que pendant les douze premiers, durant lesquels les œufs des chrysalides ont été pondus.

18. **Une mère de quelques jours produit des bourdons.** — Une mère ne pond presque jamais des œufs de bourdons pendant les dix premiers mois de son existence. De là, on a conclu qu'elle ne pouvait pas en pondre. Placez une jeune mère dans les mêmes circonstances qu'une mère de deux ans, et vous verrez que si cette dernière pond des bourdons, l'autre en pondra aussi. Faites naître une mère sur la fin d'avril, donnez-lui une grande population, et vous aurez bientôt le plaisir de lui voir une génération masculine aussi nombreuse que dans les autres ruchées. Il faut aux abeilles, pour élever des bourdons, deux conditions essentielles : des fleurs et une forte population. Mais une jeune mère, dans nos contrées, ne se trouve presque jamais dans ces conditions. Est-il étonnant qu'elle ne ponde pas des œufs mâles ?

Deux mères, nées dans les derniers jours d'avril 1864, et une troisième, née le 21 mai de la même année, ont pondu des bourdons ; ayant visité le 21 juin les trois colonies, j'ai trouvé dans chacune d'elles une énorme quantité de couvain d'ouvrières, et autant de bourdons operculés que dans les autres colonies les plus peuplées. Deux de ces mères étaient de race alpine, la troisième de race commune. Tout

le secret de cette ponte de bourdons, c'est que les trois
ruchées étaient fortement peuplées.

19. La mère produit des bourdons sans fécondation.
— Tous les œufs de l'abeille mère sont identiques; chaque
œuf pouvant donner un mâle (bourdon) ou une femelle
(abeille mère et abeille ouvrière), suivant la manière dont
il est traité.

L'œuf qui produit le bourdon n'a pas besoin de fécondation, il possède déjà dans l'ovaire maternel le principe de
vie, mais l'œuf qui produit la femelle a besoin d'être fécondé; à cet effet, il sort de la vésicule séminale un
filament qui s'introduit dans l'œuf au moment de son passage, et qui réveille le germe vital d'un individu d'un autre
genre, qui devient alors une abeille mère ou une simple
ouvrière.

L'abeille mère fécondée peut pondre à volonté des œufs
de l'une et de l'autre sorte, selon les circonstances de récolte et de population.

Puisque le bourdon provient d'un œuf non fécondé, une
abeille mère non fécondée peut donc en produire, et, en
effet, elle en produit et ne produit que des mouches de
cette sorte.

Cette doctrine, appelée la parthénogenèse, explique admirablement la présence et la non-présence des bourdons à
certaines époques de l'année; elle donne la clef d'énigmes
qui jusqu'alors avaient paru impénétrables.

La parthénogenèse, découverte par Dzierzon, a été dé-
montrée par le grand physiologiste Théodore de Siebold,
professeur à l'Université de Munich. De Siebold poussa les
recherches jusqu'à examiner la manière dont se faisait la
fécondation des œufs d'abeilles et de bourdons, et il en ré-
sulta que les œufs de bourdons ne possèdent aucun signe
de fécondation, soit intérieur, soit extérieur, tandis que les
œufs d'ouvrières, qui pour être examinés étaient fendus en
deux, et placés entre deux verres afin d'en apercevoir l'intérieur, montraient un ou plusieurs filaments fécondateurs
souvent encore mobiles.

Un apiculteur français, M. Huillon, par des expériences
faites en 1862, confirma la découverte des Allemands.
(Voir l'*Apiculteur* de septembre 1862.)

20. Abeille mère de sauveté. — Lorsque les abeilles
ont perdu leur mère par accident ou le fait de l'homme,

2

elles s'en aperçoivent très-vite, et au bout de quelques heures elles se mettent à l'œuvre pour réparer leur perte. Elles choisissent les jeunes vers d'ouvrières auxquels elles doivent donner les soins propres à les convertir en mères, et dès ce moment elles commencent à agrandir les cellules où elles sont logées. Elles sacrifient trois des alvéoles contigus à celui où est placé le ver préféré, et élèvent une cloison cylindrique autour de ce ver; trente-six heures et même vingt-quatre heures après, on peut déjà voir des cellules maternelles ébauchées. Elles ont la forme d'un calice à gland dont le gland est sorti. Quatre jours quatre heures environ, à dater du moment de la perte de la mère, quelques-unes des cellules maternelles seront operculées, d'autres sur le point de l'être, d'autres enfin seront abandonnées. Enfin, sept jours douze heures, à partir du moment où la première cellule aura été fermée, il en sortira une mère, dont le premier soin sera d'attaquer ses rivales au berceau, ou de se battre corps à corps avec celles qui étant entièrement développées seraient également sorties de leurs cellules. Voilà ce qui ne manque pas d'avoir lieu dans une ruchée médiocrement peuplée; mais pendant la saison des essaims, lorsque la famille est grande, la mère arrivée la première à terme sort librement du berceau, les autres y sont retenues prisonnières. La première chante le treizième jour à dater du moment où l'ancienne mère a disparu; peu de temps après, celles qui sont prisonnières chantent aussi, mais d'une manière différente de la première. Le quatorzième, plus souvent le quinzième jour, la plus âgée sort à la suite d'un essaim secondaire. (Voir l'article 46, pour le chant des mères.)

Le nombre des mères de sauveté est proportionné à la force des ruchées : les faibles en élèvent trois ou quatre; les fortes, jusqu'à dix, quinze et plus. Chez ces dernières, il peut y avoir un intervalle de 36 à 48 heures entre l'arrivée à terme de la plus âgée et l'arrivée à terme de la plus jeune. Chez les faibles ruchées, au contraire, elles arrivent à terme presque en même temps.

Deux cellules de sauveté placées côte à côte supposent que les œufs ont été pondus dans le même moment et que les mères arriveront à terme en même temps.

Les Allemands appellent *cellules d'essaimage* les cellules de mères que les abeilles construisent au printemps en vue de l'essaimage, et *cellules faites après coup* les cellules de mères que les abeilles construisent après avoir perdu leur mère par accident ou le fait de l'homme.

Le fond de la cellule de sauveté est hexagone; cela doit être, puisque la cellule a été construite sur le fond d'une cellule d'ouvrière. Le fond de la cellule d'essaimage est rond comme le fond d'un dé à coudre.

J'appellerai les premières, cellules d'essaimage, comme les Allemands, et les secondes, cellules de sauveté. En effet, les abeilles bâtissent les premières au printemps, en vue de l'essaimage, tandis qu'elles ne bâtissent les autres qu'en vue de sauver la famille d'une ruine certaine, après avoir perdu leur mère par accident ou le fait de l'homme.

La cellule de sauveté est d'abord horizontale, comme les cellules d'ouvrières, mais ensuite elle se courbe en dehors de manière que sa pointe pende verticalement comme les cellules d'essaimage. Les cellules de sauveté sont très-souvent placées au milieu même des gâteaux.

Il est à remarquer que parmi les mères de sauveté, il s'en trouve parfois de la petite taille, tenant le milieu entre l'ouvrière et la mère ordinaire. Il s'en trouve également parmi les mères nées dans des cellules d'essaimage.

21. Détails sur la mère de sauveté.—*Première proposition.* —Dans une ruchée orpheline possédant, au moment de l'orphelinage, des œufs et des larves d'ouvrières de tout âge, la mère de sauveté la plus âgée arrive à terme vers la seizième heure du douzième jour après l'orphelinage.

Seconde proposition. — Dans une ruchée orpheline n'ayant plus aucun œuf, mais possédant des larves d'ouvrières de tout âge, la mère de sauveté la plus âgée arrive à terme vers la seizième heure du douzième jour après l'orphelinage, c'est-à-dire en même temps que la mère de sauveté la plus âgée dans une ruchée orpheline possédant des œufs et des larves de tout âge.

Troisième proposition. — Dans une population orpheline qui ne possède plus que des larves sorties de l'œuf depuis vingt-quatre heures et au delà au moment de l'orphelinage, la mère de sauveté la plus âgée arrive à terme vers la huitième heure du douzième jour après l'orphelinage.

Quatrième proposition. — Les ouvrières orphelines choisissent de préférence, pour la maternité, des larves d'ouvrières âgées tout au plùs de vingt-quatre heures. Nous ne serons pas long pour établir cette proposition.

La mère de sauveté la plus âgée arrive à terme environ onze jours seize heures après l'orphelinage. Cette mère, lors de son élection, n'avait donc que trois jours vingt heures d'existence, dont trois jours sous forme d'œuf et vingt heures sous forme de larve. Je dis trois jours vingt heures, puisque toute mère convenablement couvée et nourrie arrive à terme quinze jours douze heures après la ponte de l'œuf.

Il ne me paraît pas possible de contester ces chiffres, ils sont la conséquence rigoureuse de ces deux faits : 1° arrivée à terme de toute mère, quinze jours douze heures après la ponte de l'œuf; 2° arrivée à terme de la mère de sauveté, onze jours seize heures après l'orphelinage.

A défaut de larves ayant moins de vingt-quatre heures, les abeilles en prennent de plus âgées; elles peuvent même, selon les Allemands, transformer en mère une larve d'ouvrière près d'être operculée, mais naturellement la mère provenant d'une larve près d'être operculée ne donne qu'une mère de petite taille.

Les trois premières propositions sont appuyées sur des expériences que j'ai faites en 1859, 1868, 1871 et 1872, expériences qui toutes ont paru dans l'*Apiculteur* de janvier 1875, page 12. Les expériences de 1868 avaient déjà été publiées dans l'*Apiculteur* de décembre 1868, page 67.

22. Cas où la mère de sauveté n'est plus possible. — Les abeilles qui perdent leur mère, soit par accident, soit par le fait de l'homme, comme dans les essaims artificiels, la remplacent toujours si dans le même moment elles ont de jeunes larves d'ouvrières qu'elles puissent élever à la maternité; mais j'ai tenté bien des fois, et toujours vainement, de faire produire des mères à des mouches qui en étaient privées depuis cinq ou six semaines par suite d'essaimage. Elles élevaient parfaitement le couvain de tout âge que je leur donnais, mais jamais je ne les ai vues transformer en mère une seule des larves qu'elles avaient à leur disposition.

Les ruchées qui ont perdu leur mère pendant l'hiver peuvent-elles la remplacer si on leur donne au printemps de jeunes vers d'ouvrières? Mes expériences n'ayant pas été suivies avec assez de soin, je ne puis rien affirmer à cet égard.

D'après le témoignage d'apiculteurs français et allemands, une orpheline de longue date peut encore se donner une mère si, avant de recevoir des œufs et des larves, elle reçoit un nombreux couvain operculé d'ouvrières. Ce serait les jeunes abeilles issues de ce couvain operculé qui s'occuperaient de l'élevage d'une mère.

23. Mère pondant autant de bourdons que d'ouvrières. — J'ai eu occasion d'observer plusieurs mères qui pondaient, dans la bonne saison, autant d'ouvrières que de bourdons; ces mères déposaient les œufs des deux sortes dans les petits alvéoles. J'ai vu une mère de sauveté, née le 17 juin 1857, qui n'a fait qu'une ponte mélangée de bourdons et d'ouvrières; le couvain de bourdons était operculé le 10 juillet suivant, ce qui suppose nécessairement que la mère avait été fécondée, au plus tard, le douzième jour de sa vie. Cette mère, dans le courant de l'été, ayant abandonné sa ruche avec ouvrières et bourdons, je n'ai pu savoir si elle était de grande ou de petite taille.

J'ai démoli, en avril 1859, une ruchée qui produisait autant de bourdons que d'ouvrières; j'y ai trouvé une petite mère tenant le milieu entre l'ouvrière et la mère ordinaire. D'après ce fait, je soupçonne que ce sont des mères de petite taille qui produisent ces pontes mélangées; je me sers de ce mot, parce que les bourdons sont entremêlés avec les ouvrières, et qu'on ne peut les distinguer sous forme de couvain que par leurs cellules plus longues que les autres; du reste, les bourdons sont de petite taille.

Les Allemands attribuent ces pontes mélangées à deux causes : 1° à une fécondation imparfaite; 2° à une fécondation presque épuisée.

24. Mère bourdonneuse. — On appelle mère bourdonneuse celle qui ne produit que des bourdons et qui, par conséquent, n'a pas été fécondée. « La jeune mère, dit Dzierzon, peut être complétement fécondée aussi longtemps qu'elle sort dans l'intention d'être fécondée. Ce qui, dans un été chaud, peut durer tout au plus quatre semaines, et cinq à six semaines pendant un printemps ou un automne froid. »

Un Français, M. Huillon, a observé une mère qui, n'ayant été fécondée que cinquante jours après sa naissance, a produit néanmoins des ouvrières.

J'ai observé, en 1862, deux mères dont la fécondation

avait été retardée jusqu'au dix-neuvième jour pour l'une, et jusqu'au vingt-unième jour pour l'autre ; les mères ont fait une ponte aussi régulière que si elles avaient été fécondées plus tôt.

J'ai suivi, en 1867, deux autres mères nées entre le 31 mai et le 3 juin, je les ai rendues prisonnières jusqu'au 4 juillet, dix heures du matin. A partir du 10 juin jusqu'au 3 juillet, elles ont témoigné, chaque jour de beau temps, le désir de sortir de leur prison. Ont-elles profité de la liberté donnée le 4 juillet pour sortir au dehors, je l'ignore, mais, chose certaine, c'est qu'elles n'ont commencé leur ponte que le 10 juillet et une ponte de bourdons. J'ai vu, en 1862, une mère non fécondée qui a commencé à pondre, dès les onzième jour de sa vie, des bourdons et rien que des bourdons. Je crois que la question des mères bourdonneuses n'est pas encore bien élucidée.

C'est surtout au printemps que l'on rencontre des mères bourdonneuses. Ayant succédé à des mères mortes en automne ou en hiver, elles n'ont pu être fécondées en temps utile.

Les mères bourdonneuses pondent de préférence dans les cellules d'ouvrières. Cependant si la population est cantonnée à proximité des cellules de bourdons, elles pondent aussi dans les cellules de bourdons. Les mères bourdonneuses sont lentes à pondre, deux et trois fois plus lentes que les mères ordinaires. Serait-ce parce que souvent elles déposent plusieurs œufs dans la même cellule?

Les mères bourdonneuses pondent aussi quelquefois dans des cellules maternelles. Les abeilles nourrissent les vers qui en proviennent, ferment ces cellules et les couvent jusqu'à la dernière transformation des bourdons qu'elles contiennent.

Les abeilles ont autant d'attachement pour ces mères que pour celles qui sont fécondées ; elles repoussent donc toute mère étrangère qu'on leur présente.

Les faux bourdons ne sont jamais inquiétés dans les ruchées à mères bourdonneuses ; ils y sont tolérés, nourris dans le temps même où ailleurs ils sont impitoyablement massacrés.

25. Faire accepter une mère par des abeilles étrangères. — Jamais une mère étrangère n'est acceptée par des ouvrières qui ont une mère fécondée ; les abeilles de la

garde la saisissent, elles accrochent avec leurs dents ses
pattes ou ses ailes, et la serrent de si près qu'elle ne peut
se mouvoir. Peu à peu il vient de l'intérieur de nouvelles
abeilles qui se joignent à ce premier peloton et le rendent
encore plus serré; toutes les têtes sont tournées vers le
centre où la mère est enfermée, et elles s'y tiennent avec
un tel acharnement qu'on peut les prendre et les porter
quelques moments sans qu'elles s'en aperçoivent.

Le peloton qu'elles forment est de la grosseur d'une petite
noix. La fureur des assaillantes est extrême quand on essaie
de leur faire lâcher prise, et l'on n'y réussit qu'avec de la
fumée. Lorsque la mère reste longtemps dans cette dure
étreinte, souvent elle périt, quelquefois elle n'est que mutilée, rarement elle survit saine et sauve.

*Premier moyen de faire accepter une mère par des
abeilles étrangères.* — Au moment de la récolte du miel, si
on porte des calottes pleines de miel et de mouches (162
et 164) dans une chambre à une seule croisée, ces mouches
sont bientôt dans l'inquiétude : elles parcourent les gâteaux,
puis les abandonnent et vont se heurter contre la croisée;
mais avant que d'abandonner leur miel, elles ont eu soin
d'en prendre une telle charge qu'à peine peuvent-elles voler.
Ces abeilles d'origine différente et séparées de leurs familles depuis une ou deux heures à peine, non-seulement
ne se battent pas entre elles, mais elles acceptent une
mère étrangère fécondée. Accepteraient-elles une mère non
fécondée ?

Je suis disposé à le croire, mais je n'en ai jamais fait
l'essai.

Si les calottes se touchent et si dans l'une il se trouve une
mère, les mouches des autres calottes l'ont bientôt deviné;
quelques-unes s'échapperont vers la croisée, mais la masse
se dirigera avec empressement, en battant des ailes, vers
l'heureuse calotte qui aura conservé sa mère.

Témoin plus de vingt fois du premier et du second fait,
je n'ai jamais vu ni mère ni mouches tuées.

*Second moyen de faire accepter une mère par des
abeilles étrangères.* — Placez sur une ruchée très-forte
une calotte (201 et 204) contenant des gâteaux et du miel,
mais inhabitée (sans mouches). Dès que cette calotte est
occupée par un grand nombre d'abeilles, enlevez-la, en-
fermez les mouches, mettez ces mouches, après quelques

heures de prison, en rapport avec une mère fécondée ou non, de la manière suivante : la calotte doit avoir un trou à son sommet; débouchez, et placez vite sur ce trou la mère que vous aurez préalablement emprisonnée dans un étui ; couvrez l'étui, calfeutrez où besoin sera pour empêcher la fuite des abeilles; ces orphelines entourent immédiatement l'étui avec une sorte d'acharnement, et bientôt l'agitation, qui était extrème, diminue et cesse tout à fait; les ouvrières nourrissent la mère, et, après deux jours de prison, on peut ouvrir l'étui et donner la liberté à cette mère, qui sera acceptée. Dans la plupart des cas, la mère serait acceptée après vingt-quatre heures de prison, mais il est plus sûr d'attendre deux jours.

L'étui dont je viens de parler est un tube en fine toile métallique, ayant de cinq à six centimètres de longueur sur deux ou trois de diamètre. Chaque bout est fermé avec une rondelle de liége; une des rondelles est mobile, pouvant s'enlever pour introduire la mère dans l'étui ou l'en faire sortir.

Si, au lieu d'une mère adulte, on donne à nos prisonnières une cellule maternelle, operculée et renfermant une nymphe vivante, la cellule sera couvée, et la mère, à son arrivée à terme, sera acceptée.

Une mère non fécondée est acceptée presque immédiatement par des abeilles d'un essaim secondaire. Le jour même de sa sortie, une heure avant le coucher du soleil, on divise l'essaim secondaire en deux portions; au bout d'une demi-heure, on connaît les abeilles qui sont orphelines, parce qu'elles sont inquiètes et agitées; on donne à ces orphelines la mère non fécondée, puis on les emprisonne, car autrement elles pourraient bien abandonner leur nouvelle mère.

Le lendemain matin, on rend la liberté à la petite colonie, et on lui donne une place quelconque dans l'apier ; les abeilles, par cela même qu'elles appartiennent à un essaim de la veille, ne retournent pas à la souche.

Une cellule maternelle operculée sera toujours couvée par une colonie étrangère qui n'a que des mères au berceau, telle qu'une souche d'essaim naturel ou forcé, et la mère à son arrivée à terme sera acceptée, mais à la condition qu'elle y arrivera avant les mères qui sont au berceau.

26. **Nymphes maternelles tuées par la mère.**— Pour

tuer ses rivales au berceau, la mère fait une large ouverture à la base de la cellule maternelle, et, si celle-ci renferme une mère déjà développée et prête à sortir de sa coque, elle y introduit le bout de son ventre et réussit ainsi
à frapper sa rivale d'un coup d'aiguillon. Mais, si la cellule
ne contient qu'une nymphe fort jeune, la mère se contente
d'y faire l'ouverture dont il vient d'être question. Les abeilles se mettent alors à agrandir la brèche et à en tirer la
mère ou la nymphe maternelle qui s'y trouve. Car, toujours
et dès qu'une cellule maternelle a été ouverte avant le
temps, les abeilles en tirent ce qu'elle contient, sous quelque forme qu'il s'y trouve, ver, nymphe ou mère. Elles
prennent avidement la bouillie qui reste au fond de ces
cellules, et sucent aussi ce qui se trouve de fluide dans l'abdomen des nymphes.

Les ouvrières aussi détruisent les alvéoles maternels, et,
peut-être, le font-elles plus souvent que la mère ; je les ai
surprises bien des fois à faire cette œuvre de destruction.

27. Durée de la vie de l'abeille mère. — Dzierzon et
Berlepsch ont suivi des mères qui ont vécu cinq ans ; mais
ils les donnent comme des exceptions.

Dzierzon fixe la vie moyenne des mères à quatre ans.

Le baron de Berlepsch, d'après une expérience de six
ans, assure que la vie moyenne de la mère n'atteint pas
trois ans, qu'elle ne s'étend pas même à plus de deux ans.
« Le changement de mère, ajoute-t-il, arrive beaucoup plus
tôt qu'on ne le croyait jusqu'à présent et se fait si prompte-
ment qu'à peine le remarque-t-on, et sans qu'on sache
pourquoi. »

A partir du mois d'avril 1857, j'ai suivi avec une attention minutieuse treize ruchées dont les mères dataient
quelques-unes de 1855, mais le plus grand nombre, des années antérieures, en sorte que les plus jeunes avaient deux
ans, les autres, trois ans au moins. Une est morte en juin
1857, quatre en 1858, six en 1859.

J'ai trouvé toutes ces mères, mortes ou mourantes, soit
à la porte même, soit sur le sol en avant de la ruche.

Deux de ces mères, dont une morte en hiver, l'autre en
octobre, ont été remplacées par des filles bourdonneuses.

Une colonie qui perd sa mère subit toujours un état sta-
tionnaire plus ou moins long, soit avant, soit après la mort.
On est souvent étonné qu'une ruchée ne donne pas en été

ce qu'elle promettait au printemps. La cause la plus ordinaire de son peu d'activité, c'est la vieillesse ou la mort de la mère ; je dis la cause la plus ordinaire, parce qu'il y a parfois de jeunes mères peu fécondes et, dans ce cas, l'activité des ouvrières s'en ressent, car, comme nous l'avons dit (art. 5), cette activité se mesure toujours sur l'abondance de la ponte.

28. **Fonction des faux bourdons.** — Les faux bourdons ne travaillent point ; ils ne paraissent chargés que du soin de féconder la mère. Les naturalistes ne leur donnent pas d'autre destination. Mais pourquoi sont-ils aussi nombreux, puisque, d'après Huber, un seul suffit pour féconder la mère pendant deux ans au moins ? Cependant, on ne peut admettre qu'ils fassent l'office de couveuses, ainsi que quelques auteurs l'ont avancé, car les bourdons ne se tiennent pas sur le couvain ; ils habitent de préférence les gâteaux latéraux, et ceux du fond, où les abeilles emmagasinent le miel. Les ruches médiocrement peuplées, celles qui auraient le plus grand besoin de couveuses, élèvent néanmoins peu de bourdons, souvent même elles les chassent et les détruisent au fur et à mesure de leur naissance.

29. **Particularités sur les bourdons, leur nombre.** — Les bourdons, chez les populations très-fortes, naissent quelques semaines plus tôt et en plus grand nombre que dans les populations ordinaires. En mars 1858, on a pu voir, dans quelques ruches, du couvain de bourdons. C'est la première fois que j'ai vu ce fait dans nos contrées. On ne l'y voit ordinairement que dans le courant d'avril.

Il y a des bourdons de petite, de moyenne et de grande taille. Les premiers sont rares ; ils naissent dans des cellules d'ouvrières ; les seconds, plus communs, naissent dans les cellules intermédiaires, qui servent à raccorder les grands alvéoles avec ceux d'ouvrières ; enfin, les bourdons à grande taille forment la très-grande majorité.

Au sortir de la ruche, les bourdons sont plus lourds que quand ils rentrent. Aussi, dans le premier cas, il n'en faut que 2,138 pour peser 500 grammes ; tandis que, dans le second cas, il en faut 2,300. Il est à remarquer que le bourdon nymphe est plus lourd d'un tiers que le bourdon adulte, et qu'il est d'autant plus léger qu'il approche plus de l'état d'insecte parfait.

Outre la perte de poids que nous venons de signaler

chez le bourdon qui rentre dans sa ruche, perte qui ne peut provenir que des excréments dont il s'est déchargé, il faut encore tenir compte d'une autre perte plus forte, produite par la transpiration insensible. Ces deux éléments réunis nous donneront une idée de la quantité de miel qu'un bourdon mange tous les jours.

On ne peut pas estimer à moins de deux à trois mille, les bourdons qui naissent dans une forte ruchée, depuis avril jusqu'à juillet. En 1863, j'en ai compté 1,640 dans un essaim artificiel, et il en était resté dans la souche; il s'y en trouvait encore sous forme de couvain.

Les bourdons sont moins nombreux quand la fin d'avril ou le commencement de mai donne beaucoup de miel, parce que le premier miel récolté étant ordinairement emmagasiné dans les cellules de bourdons, la mère ne peut y pondre.

30. **Mœurs et habitudes des bourdons.**—Les bourdons n'ont pas l'esprit de famille. Ils rentrent par habitude dans leur ruche natale. Mais s'ils ne la retrouvent plus, ils se rendent sans crainte aucune dans la voisine, où ils entrent sans opposition.

A l'intérieur de la ruche, les bourdons se tiennent dans le repos le plus complet. Je crois même qu'ils ne se donnent pas la peine d'aller prendre leur nourriture dans les cellules à miel et qu'ils la reçoivent des ouvrières. Ils ne sortent qu'au milieu de la journée et par un beau temps. C'est entre une heure et trois heures qu'ont lieu leurs excursions dans les airs. Cependant, ils devancent d'une heure et sortent à midi s'ils n'ont pu sortir les jours précédents. Dès que l'air fraîchit, ils se hâtent de rentrer. Aussi quand on en voit qui, malgré cela, restent dehors, ce sont des exilés qui voudraient bien rentrer dans la maison natale ou même dans quelque autre, mais qui en sont expulsés par les ouvrières. Au temps de leur expulsion, vers le coucher du soleil, on en voit parfois un tas comme le poing à la porte de la ruche.

Nous ne parlons pas ici de la sortie de quelques bourdons d'une ruchée qui se dispose à essaimer.

En de certaines années pluvieuses les bourdons sortent quelquefois de neuf heures à midi, mais en petit nombre.

31. **Durée de la vie des faux bourdons.** — Les bourdons ne sont pas inquiétés dans les colonies désorganisées

qui n'élèvent que du couvain de bourdons (10 et 24). Néanmoins, ils ne paraissent pas y vivre longtemps, car il y en a beaucoup moins en septembre qu'en juin dans une ruche qui a perdu sa mère à la suite de l'essaimage.

Parfois les bourdons sont houspillés par des ruchées orphelines de longue date ; mais la querelle ne paraît pas sérieuse.

Dans les ruchées bien organisées, la présence des bourdons tient à la récolte du miel. Ils sont chassés en mai ou en juin, si les ouvrières ne trouvent point de pâture. Ils sont tolérés jusqu'au mois de septembre, quand juillet et août en fournissent, mais généralement, dans nos contrées, les bourdons disparaissent dans le courant de juillet.

Si le miel manque entièrement, la guerre est acharnée. S'il n'est que peu abondant, elle se fait plus mollement. Il arrive parfois qu'ils sont proscrits et ensuite tolérés : c'est l'abondance qui a succédé à la pénurie. Enfin, certaines populations, sans cause connue, les chasseront plus tôt ou les conserveront plus tard que les autres. Ces colonies ont une mère et du couvain de tout âge, et néanmoins elles conservent leurs bourdons dans un moment où toutes les autres ruchées s'en sont débarrassées. Une colonie qui perd sa mère par accident ou par le fait de l'homme au moment du massacre des bourdons, les conserve jusqu'à la naissance et la fécondation de la jeune mère qui doit remplacer l'ancienne.

On voit peu de bourdons tués près des ruches. Je crois que les uns, après avoir erré longtemps, tombent d'inanition et de fatigue, que les autres sont tués par les ouvrières que l'on voit souvent, cramponnées sur leur dos, se laisser emporter par eux dans l'espace.

Un indice de la tuerie très-prochaine des bourdons, c'est quand ils sont chassés des gâteaux et cantonnés sur le plateau en arrière ou sur les côtés.

ÉDIFICES, PRODUITS, MULTIPLICATION DES ABEILLES.

32. Rayons, gâteaux des abeilles. — Le premier soin des abeilles, aussitôt qu'elles sont établies dans une ruche, c'est de faire des édifices qui servent de logement pour elles-mêmes, de berceau pour le couvain et de magasin pour les vivres. Ces édifices s'appellent gâteaux, rayons. Ils sont à deux faces, composées chacune d'un grand nombre d'alvéoles ou cellules. Il y a des cellules de deux grandeurs ; les plus étroites servent de berceaux aux ouvrières, les plus grandes aux faux bourdons, et toutes peuvent être employées à emmagasiner le miel. Le même rayon contient parfois des cellules de deux espèces, soit sur les faces opposées, soit sur la même face. Dans ce dernier cas, les ouvrières savent raccorder les grands alvéoles avec les petits, au moyen d'un ou de deux alvéoles de grandeur moyenne. Les petites cellules occupent presque exclusivement le centre de la ruche et sont beaucoup plus nombreuses que les grandes.

Indépendamment de ces deux espèces d'alvéoles, on en trouve encore d'autres dans lesquels les abeilles doivent élever des mères. Ces alvéoles sont ordinairement placés sur le bord des gâteaux ou dans les passages formés dans ceux-ci. Ils ont d'abord la forme et presque la grandeur du calice d'un gland de chêne. Les ouvrières les allongent à mesure que les vers maternels grossissent. Elles leur donnent une épaisseur considérable. Le dessus présente des enfoncements comme un dé à coudre ; ils sont rongés et en partie détruits quelques jours après que les mères en sont sorties.

33. Détails sur les rayons des abeilles. — C'est dans la partie la plus élevée de leur habitation que les abeilles commencent leurs édifices. Elles bâtissent donc de haut en bas, mais elles peuvent construire de bas en haut. C'est ce qui arrive souvent lorsque, par exemple, on enlève la hausse supérieure d'une ruche et qu'on la remplace par une hausse vide. Pour le dire en passant, ces constructions, dans la hausse vide sont aussi bizarres que curieuses. Les abeilles bâtissent d'abord de bas en haut, puis, montant au sommet, elles bâtissent de haut en bas et dans une direction souvent contraire aux rayons du dessous.

On peut toujours déterminer les ouvrières à donner à leurs travaux la direction que l'on désire. Il suffit, pour cela, de fixer au sommet de la ruche une portion de rayon. Elles continuent ce rayon indicateur et construisent ainsi dans la direction désirée.

On remarque parfois qu'une moitié des rayons a une direction opposée à celle de l'autre moitié : c'est que deux essaims ont été ou se sont logés dans la même ruche, et que les constructions ayant été commencées par les familles encore complètes et indépendantes l'une de l'autre, ont été continuées quand les deux familles n'en ont plus formé qu'une, c'est-à-dire après la mort de l'une des deux mères.

Les cellules sont un peu inclinées du devant en arrière, de manière que le miel qui y est déposé y soit retenu. Par conséquent, le contraire arrive si on renverse la ruche sens dessus dessous.

34. Mesure des rayons, intervalle entre chacun. — Un rayon à cellules d'ouvrières, renfermant du couvain operculé, mesure 24 millimètres d'épaisseur, ce qui donne une profondeur de 12 millimètres pour chaque cellule.

L'opercule de l'ouvrière, sensiblement bombé dans les premiers jours, finit par devenir plat dans les derniers jours de l'incubation. Un gâteau à cellules de bourdons, renfermant du couvain operculé, mesure en épaisseur 34 millimètres, ce qui donne une profondeur de 17 millimètres pour chaque cellule.

L'opercule du bourdon est très-bombé; j'estime qu'il allonge chaque cellule de 2 millimètres, en sorte que la cellule, immédiatement avant d'être operculée, n'a que 15 millimètres de profondeur. L'intervalle qui existe entre chaque rayon est de 1 centimètre environ.

Les mesures que nous venons de donner sont reconnues exactes par les apiculteurs allemands.

En dehors des cellules à couvain operculé, toute mesure est inexacte. Le gâteau à cellules de bourdons préparé pour recevoir l'œuf n'a que 23 à 24 millimètres d'épaisseur.

Des gâteaux à cellules d'ouvrières ayant contenu ou contenant encore du miel ont parfois de 25 à 30 millimètres d'épaisseur.

35. Mesure et nombre des cellules. — Les alvéoles des ouvrières et des bourdons forment tous des hexagones.

L'apothème ou petit rayon d'un alvéole d'ouvrière a une
  longueur de 2 millimètres 6 dixièmes . . . . . 2^{mm},6000

Chaque côté du même alvéole a donc . . . .   3 ,0020

La surface en millimètres carrés est ainsi de . . 23 ,4156

Donc un gâteau d'un décimètre carré renferme
  427 cellules sur chaque face ou 854 sur les deux.

La profondeur des alvéoles est de . . . . 12 ,0000

Ceux qui servent à emmagasiner le miel ont
  quelquefois plus de profondeur.

L'apothème d'une cellule de bourdon est de. . . 3 ,3000

Chaque côté de cette cellule a, de cette sorte . . 3 ,8110

La surface, en millimètres carrés, est donc de . 35 ,4563

Un gâteau d'un décimètre carré renferme donc
  265 cellules sur chaque face, ou 530 sur les
  deux.

La profondeur des cellules est de. . . . . 15 ,0000

    D'après ces calculs, on peut savoir approximativement le nombre de cellules que renferme une ruche de la capacité de 27 litres.

    Cette ruche contient environ 64 décimètres carrés de gâteaux.

    J'estime que les cellules d'ouvrières sont dans la proportion des sept huitièmes environ, c'est-à-dire, sept cellules d'ouvrières pour une de bourdons.

    Il y a donc dans cette ruche 56 décimètres carrés de gâteaux à cellules d'ouvrières, et 8 seulement à cellules de bourdons.

    Or, le décimètre carré contenant 854 cellules d'ouvrières, les 56 donnent 48,384 cellules d'ouvrières.

    Et le décimètre carré contenant 530 cellules à bourdons, les 8 donnent 4,240 cellules de bourdons.

    La ruche renferme donc, en cellules des deux espèces, l'étonnante quantité de 52,624 cellules.

    36. **Couvercle ou opercule des cellules.** — Le couvercle qui ferme les alvéoles, contenant des nymphes de bourdons ou d'ouvrières, est jaunâtre et bombé; celui qui opercule ceux contenant du miel est blanc et plat. Enfin, le couvercle des cellules où le couvain est pourri ou desséché n'est ni bombé ni plat, mais un peu concave ou déprimé par le milieu. Avec ces indications, il ne faut pas une longue pratique pour distinguer sûrement ce que renferme chaque cellule operculée.

37. Produits des abeilles, miel. — Outre le miel, les abeilles récoltent encore deux substances nommées *pollen* et *propolis*. Quant à la cire, elles la composent avec le miel. Nous allons nous occuper de ces quatre produits.

Tout le monde sait que les abeilles récoltent leur miel sur les fleurs. Le temps le plus favorable à la sécrétion du miel est un temps doux, quelque peu humide. Le temps froid et sec, avec vent du nord, est contraire à cette sécrétion. Il en est de même après des pluies qui ont détrempé le sol, les fleurs ne donnent pas de miel. Dans les années humides, les abeilles amassent plus de miel sur les hauteurs que dans les vallées. C'est le contraire dans les années sèches. Nous supposons, bien entendu, que toutes les autres circonstances, notamment le nombre et la nature des fleurs, restent les mêmes.

La rosée, aussi bien que la pluie, empêche les abeilles de butiner sur les fleurs.

Un indice certain qu'elles trouvent beaucoup de miel, c'est lorsque le mouvement de sortie et de rentrée est aussi actif à cinq et six heures du soir qu'à midi. Une forte odeur de miel autour du rucher, un bruissement intérieur vigoureux, voilà encore des indices certains. C'est surtout dans les essaims qu'on entend, le soir, ce bruissement. Ils travaillent à leurs édifices. Les abeilles en couvrent les rayons, qu'elles prolongent sensiblement pendant la nuit, tandis que de jour ces rayons sont à découvert et n'avancent pas.

Les butineuses dégorgent leur miel la plupart du temps dans le premier alvéole qu'elles rencontrent. Ce suc est ensuite emmagasiné dans la partie supérieure de la ruche et dans les rayons de côté.

38. Miellée. — Ce n'est pas seulement dans le calice des fleurs qu'il se produit du miel; la tige herbacée de certaines plantes, entre autres les vesces d'hiver; les feuilles de plusieurs arbres, tels que le chêne vert, le tremble, le mélèze, les épicéas, etc., en sécrètent aussi et quelquefois très-abondamment. C'est cette sécrétion que l'on appelle miellée.

Les excréments de deux variétés de pucerons sont encore du miel que les abeilles recueillent ainsi que la miellée.

39. Cire, son origine; elle coûte peu de miel aux abeilles. — La cire est le produit d'une élaboration du principe sucré (miel et sucre) par des organes particuliers à l'abeille ouvrière. Elle se trouve en forme de lamelles sous les anneaux du ventre. L'ouvrière, avec une patte de la dernière paire, saisit ces lamelles, les porte à sa bouche et, après leur avoir fait subir un travail de mastication, les emploie immédiatement à la construction des rayons.

Dans la saison des fleurs, la cire coûte peu de miel aux mouches. J'oserai même dire que des expériences, faites en 1862 et 1869, m'autorisent à croire qu'une quantité de cire ne coûte guère que la même quantité de miel. Ainsi, voilà deux ruchées qui, pendant huit jours de travail, ont augmenté de poids dans la même proportion ; après ces huit jours, vous donnez à l'une une hausse vide, car elle a ses gâteaux pleins de miel et de couvain, vous donnez à l'autre une hausse toute bâtie, mais sans miel ni couvain ; eh bien ! la ruchée à hausse vide la bâtira et augmentera, néanmoins, en poids comme auparavant, et presque dans la même proportion que celle qui ne bâtira pas.

En 1844, deux savants de premier ordre, MM. Dumas et Milne-Edwards, ont renouvelé les expériences que Huber avait faites, le premier, sur l'origine de la cire. Ils ont obtenu 30 grammes de cire avec 500 grammes de sucre ; mais avec la même quantité de miel, ils n'ont obtenu que 20 grammes de cire. C'était à peu près ce que Huber avait obtenu.

Opinion des apiculteurs allemands.—Selon Dzierzon, les ruches fortement taillées au printemps développent une activité plus grande que si elles n'avaient pas été taillées ; grâce à cette activité, la nouvelle cire qu'elles produisent, ne serait-elle destinée qu'à la fonte, est un gain pur et net ; mais il admet l'utilité des bâtisses au moment des fortes miellées. Donnons la parole à Berlepsch : « La cire est formée de miel et de pollen. Les abeilles peuvent produire de la cire avec du miel ou du sucre sans pollen ; mais alors il faut plus de miel ou plus de sucre. »

Il résulte des expériences faites par Gundelach, que les abeilles sans pollen ont besoin de vingt loths de miel pour produire un loth de cire, et il résulte des expériences faites par Berlepsch et Döuhoff, que les abeilles ayant à leur disposition du pollen produisent en moyenne un loth de cire avec quatorze loths un huitième de miel. « Le résultat pratique, ajoute Berlepsch, est qu'en établissant seulement la proportion du miel à la cire comme 10 est à 1, il y a

3

grande perte à laisser bâtir les abeilles et à fondre la cire brute. »

Observation.—Les expériences des trois apiculteurs allemands, Gundelach, Berlepsch et Döuhoff, ont été faites en chambre close ; mais les choses se passent-elles de la même façon en plein air ; mais en pleine liberté, en pleine récolte, les abeilles se conduisent-elles comme en pleine prison ? Voilà la question qu'auraient dû s'adresser les savants d'outre-Rhin. Il est à peine croyable que des apiculteurs sérieux puissent s'appuyer sur de telles expériences pour affirmer qu'un gramme de cire coûte à des abeilles en liberté dix grammes de miel.

Je crois avoir prouvé jusqu'à l'évidence, dans l'*Apiculteur* de décembre 1869 et janvier 1870, que les abeilles ne perdent pas trois grammes de miel pour produire un gramme de cire. (Voir l'article 109.)

40. **Pollen.** — Le pollen est la poussière que l'on trouve sur les étamines des fleurs. Le plus souvent, il est jaune. Mais à partir du mois de mai, on en voit du rouge, du blanc, du bronzé, du noir. Les abeilles le recueillent dans la poche dont sont munies leurs pattes de la troisième paire et l'emmagasinent dans les cellules d'ouvrières les plus rapprochées du couvain ; on n'en voit pas dans les cellules de bourdons.

L'abeille chargée de pollen introduit les deux pattes qui le portent dans la cellule, les frotte l'une contre l'autre et contre les parois de la cellule.

Il arrive souvent que les abeilles placent du miel sur le pollen ; dans ce cas, les cellules sont operculées.

Le pollen sert pour la nourriture du couvain. C'est mélangé au miel et préparé sous forme de bouillie qu'il est donné au couvain.

Les deux petites pelotes de pollen que l'ouvrière rapporte sont toujours de même couleur, ce qui prouve qu'elle ne change pas de fleur pour compléter sa charge.

Les abeilles butinent beaucoup plus de pollen au printemps qu'en été. La récolte augmente ou diminue selon les besoins. Ainsi, pendant quatre jours de beau temps, elle sera plus abondante les deux premiers jours que les deux derniers.

Pendant l'été, quand les abeilles ne trouvent plus ou presque plus de miel, elles récoltent peu de pollen. Ce n'est pas que cette matière leur manque, car les colonies auxquelles on donne du miel en abondance élèvent du couvain et savent trouver du pollen pour le nourrir.

41. Pollen-rouget. — A l'arrière-saison, il y a toujours, dans les ruches, une certaine quantité de pollen en magasin ; c'est une provision qui servira à la nourriture du couvain, que les abeilles commencent à élever dès le mois de janvier. Quand ce pollen est placé dans des cellules trop éloignées du centre de la population, il est abandonné, il se durcit et devient impropre à l'usage auquel il est destiné ; il perd alors son nom propre pour prendre celui de *rouget*.

Les fortes populations se débarrassent aisément du *rouget*, en rongeant les cellules où il est entassé ; néanmoins, elles ne se livrent à ce travail qu'autant qu'elles ont besoin des cellules pour augmenter leur couvain.

On peut reconnaître, au printemps, la partie des rayons remplis de *rouget :* un petit duvet de moisissure en recouvre ordinairement la surface. On fait bien d'enlever cette matière incommode, c'est un travail qu'on épargne aux ouvrières.

42. Pollen-surrogat. — A la fin de l'hiver et au commencement du printemps, lorsque les fleurs ne sont pas encore épanouies et que le milieu du jour est beau, si les abeilles trouvent quelque part des farines de légumineuses, telles que haricots, pois, lentilles, etc., ou parmi les céréales, celles de seigle, elles y butinent et y trouvent à remplacer le pollen. Mais aussi, dès que les fleurs donnent du pollen, elles délaissent les farines, que l'on ne doit cependant pas négliger de leur présenter au sortir de l'hiver. Ce surrogat leur facilite le moyen de commencer le couvain plus vite et de renforcer les populations. Il faut les leur présenter sèches et les placer à une petite distance du rucher. (*Cours pratique d'apiculture,* par M. Hamet.)

Voir l'article 76 du *Guide.*

En 1858, du 18 au 29 mars, je voyais des abeilles poudrées d'une poussière grisâtre, et charriant cette poussière dans la corbeille des pattes de la dernière paire. J'en étais à chercher la fleur qui produisait ce pollen de nouvelle espèce, lorsque l'on me dit que des abeilles butinaient sur un tas de poussière, près du moulin ; je me hâtai d'y aller et, en effet, je les vis butinant des parcelles de farine grossière que la râpe du tarare avait arrachées au blé. Cette petite récolte cessa dès que la campagne fournit du véritable pollen.

43. Propolis. — La propolis est une substance résineuse de couleur brunâtre ou rougeâtre. Huber a vu les abeilles recueillir la propolis sur les bourgeons du peuplier, et M. Hamet assure que le saule, le bouleau, l'orme et quelques arbres à feuilles persistantes en fournissent aussi.

La propolis devient molle pendant les chaleurs, sèche et cassante par le froid. C'est surtout en juillet, août et septembre, que les abeilles recherchent cette matière pour coller leur ruche au plateau, pour en enduire les parois intérieures et en boucher les petites ouvertures.

L'ouvrière charrie la propolis, comme le pollen, dans les corbeilles des pattes de la troisième paire. On distingue assez facilement les pelotes de pollen des pelotes de propolis; celles-ci sont un peu luisantes, les autres sont mates et très-friables.

Les rainures intérieures des vieilles ruches en paille sont toujours enduites d'une couche épaisse de propolis. Quand on a de ces ruches vides, et qu'on les expose au soleil, elles sont souvent visitées par les abeilles. On peut alors se donner le plaisir de voir avec quelle célérité et quelle adresse nos ouvrières savent arracher cette résine avec les dents et la faire passer sur les pattes de la dernière paire.

La propolis se dissout dans l'ammoniaque, la térébenthine, l'esprit-de-vin.

44. Couvain. — On appelle *couvain* les abeilles considérées sous la forme d'œufs, de vers, de nymphes. L'œuf est ovale, un peu courbé, d'un blanc bleuâtre; il est placé au fond de la cellule et il y est collé par un de ses bouts, au moyen d'une matière visqueuse dont il est enduit; il est assez semblable aux œufs que les grosses mouches déposent sur la viande de boucherie. La chaleur de la ruche fait éclore les œufs sans que les abeilles aient besoin de les couver. Il sort de ces œufs un petit ver blanc et sans pieds nommé *larve;* il se roule sur lui-même au fond de l'alvéole. Les ouvrières viennent sur-le-champ lui apporter une bouillie blanchâtre et insipide. Elles la répandent autour de lui et sous lui; il en est environné, si bien que le mouvement le plus léger suffit pour lui faire prendre sa pâture, dont les ouvrières ne le laissent pas manquer. De blanche, d'insipide qu'elle était, elle prend un goût mielleux à mesure que le ver s'accroît ; à la fin, cette bouillie devient transparente et sucrée. Cette nourriture consiste dans un mélange de miel et de pollen que les abeilles préparent dans leur estomac et qu'elles modifient suivant l'âge de leurs nourrissons. Lorsque le vermisseau a rempli la capacité de sa cellule et qu'il a acquis tout son développement, les abeilles la ferment avec un couvercle bombé. Alors le vermisseau file une coque dont il s'entoure ; quelques jours après, il se débarrasse de sa peau et se transforme en *nymphe*. On donne ce nom à cet état de mort apparente auquel les larves sont sujettes avant de devenir des insectes parfaits. Dans cette dernière métamorphose, toutes les parties de la mouche sont assez distinctes. La nymphe des abeilles est très-blanche. Elle passe quelques jours sous cette forme, ensuite elle déchire son enveloppe, perce le couvercle de cire et sort de l'alvéole. Sa couleur est alors d'un gris clair, et ce n'est qu'au bout de deux jours qu'elle acquiert la force nécessaire pour voler.

La bouillie donnée aux larves maternelles est différente de celle qui est destinée aux bourdons et aux ouvrières ; cette bouillie a un goût moins fade, un peu aigrelet. Elles en ont en telle quantité qu'elles ne peuvent jamais la consommer toute. Il en reste toujours au fond de l'alvéole, tandis que, pour les larves des bourdons et des ouvrières, la quantité des vivres est tellement proportionnée aux besoins, qu'il n'en reste jamais dans l'alvéole quand ces larves se mettent à filer leur coque.

L'œuf de l'abeille mère, vu à la loupe et placé sur une règle divisée en demi-millimètres, mesure en longueur trois demi-millimètres forts, et en épaisseur ou diamètre, il mesure un demi-millimètre faible.

Le premier soin de l'abeille mère est d'examiner l'alvéole où elle veut pondre ; ensuite elle s'avance quelque peu et y enfonce son abdomen ; elle reste quelques secondes dans cette attitude et se retire après avoir déposé l'œuf.

Par une expérience bien conduite, le baron de Berlepsch a constaté que cent trente et un grammes de nourriture, miel et pollen, ont suffi pour nourrir 1,002 larves d'ouvrières, depuis la sortie de l'œuf jusqu'à l'operculation de la cellule.

La larve ne perd que par la transpiration insensible ; toute la nourriture devient substance de l'insecte.

Les ouvrières qui ont nourri ces larves étaient en chambre obscure; elles avaient une mère non fécondée. Ces ouvrières, pesant 702 grammes, ont consommé en douze fois vingt-quatre heures 277 grammes de nourriture.

La différence de position n'influe en rien sur l'accroissement des diverses larves d'abeilles. Ainsi un rayon renfermant du couvain peut être replacé dans une autre ruche, n'importe dans quel sens. Quelques apiculteurs distinguent en disant que la chrysalide de la mère peut être changée de position, mais non la larve, laquelle, selon eux, ne peut se développer que dans une cellule ouverte par le bas.

La bouillie est identique pour les trois sortes de larves; elle n'est autre pour la mère que dans les derniers jours. Une larve d'ouvrière de quarante-huit heures, qui a été choisie pour devenir mère de sauveté, n'avait pas reçu, avant son élection, d'autre nourriture que les larves ses voisines.

Par les grandes chaleurs, le couvain operculé n'est pas couvé, la chaleur que produit la présence des nourrices et des travailleuses suffit pour le faire éclore.

45. Durée de l'incubation du couvain. — Maintenant que nous connaissons les alvéoles qui servent de berceaux aux trois sortes d'abeilles, et que nous avons suivi l'œuf dans ses transformations en larve et en nymphe, il reste à savoir combien de jours il faut à chaque sorte pour arriver à son complet développement : il faut quinze jours douze heures aux mères, vingt aux abeilles ouvrières, vingt-quatre aux faux bourdons.

Naissance de la mère. — La mère reste sous forme d'œuf trois jours, et cinq sous celle de ver ou larve; après ces huit jours, les abeilles ferment la cellule et la mère arrive à terme, c'est-à-dire à l'état complet d'insecte, entre sept jours huit heures et sept jours douze heures après que la cellule a été fermée. La mère est donc quinze jours douze heures pour arriver à l'état complet d'insecte. Le temps que les ouvrières emploient à operculer la cellule doit être fort court, car je n'ai jamais pu les surprendre dans ce travail.

Mon opinion sur la naissance de l'abeille mère est appuyée sur deux expériences que j'ai faites en juin 1867, expériences publiées dans l'*Apiculteur* de novembre 1867, page 35.

Chez une faible population et en mauvaise température

extérieure ou bien chez une population ordinaire, par le froid et dans les parties les moins chaudes de la ruche, l'abeille mère ne sera operculée que neuf jours après la ponte de l'œuf et n'arrivera à terme que dix-sept à dix-huit jours après l'operculation.

Avant que la jeune mère ait atteint son terme, les ouvrières décirent la pointe de sa cellule, c'est-à-dire qu'elles enlèvent le couvercle en cire qui la fermait, et quand il ne reste plus dans cette partie que la coque filée par la larve maternelle, on est assurée que la mère est arrivée à son état d'insecte parfait.

Il paraît que cette opération de décirer la pointe est absolument nécessaire, car souvent il m'est arrivé d'ouvrir des cellules operculées depuis plus de sept jours, mais qui n'étaient pas décirées, et toujours j'y ai trouvé des mères mortes. Ainsi, quand on détache une cellule maternelle pour la donner à une ruche étrangère, si la pointe est décirée en partie, le terme de l'incubation approche; si elle ne l'est pas, ou le terme est encore éloigné, c'est le cas le plus ordinaire, ou la reine est morte.

Quand les ouvrières veulent détruire une mère sous opercule, elles commencent presque toujours par enlever la cire qui recouvre la pointe de la cellule; si l'apiculteur les surprend dans ce travail, il peut croire que la mère est arrivée à terme, tandis qu'il n'en est rien; elles veulent tuer la mère et non l'aider à sortir de sa cellule.

Naissance de l'ouvrière. — L'abeille ouvrière reste sous la forme d'œuf trois jours, et cinq sous celle de ver; ensuite les abeilles ferment la cellule et le ver arrive à son dernier état, à celui de mouche, douze jours après que sa cellule a été operculée; il est donc vingt jours pour subir ses trois métamorphoses.

En 1861, le jeudi 13 juin, à quatre heures du soir, j'ai vu trois œufs d'ouvrières dans un petit gâteau (il n'y en avait point d'autres), et le vendredi 21 juin, à huit heures du soir, j'ai compté dans le même gâteau dix-huit cellules operculées. Voilà un fait qui prouve que l'ouvrière, dans une température convenable, ne reste que huit jours sous forme d'œuf et de ver. Mes expériences sur la naissance de l'abeille mère m'ont prouvé également que l'ouvrière est operculée huit jours après la ponte de l'œuf.

Par de grandes chaleurs et au centre d'une forte population, l'ouvrière arrivera à terme en dix-neuf jours ; mais, par exemple, dans une souche d'essaim naturel ou artificiel fortement dépeuplée, l'ouvrière ne sortira de son berceau que vingt-deux à vingt-trois jours après la ponte de l'œuf.

Naissance du faux bourdon. — Le faux bourdon reste dans l'œuf trois jours ; sous la forme de ver, six jours douze heures ; il ne se métamorphose en mouche que le vingt-quatrième jour à dater de celui où l'œuf a été pondu.

J'ai pu constater, en 1863, que de nombreux bourdons sont arrivés à terme le vingt-troisième jour après la ponte des œufs, laquelle avait eu lieu dans les derniers jours de juillet. Nous avons eu, à la vérité, pendant presque tout le temps de l'incubation des chaleurs excessives.

Je n'hésite pas à dire que les Allemands n'ont pas suffisamment étudié la naissance de l'ouvrière, surtout la naissance de l'abeille mère, sa fécondation, sa ponte.

Pour l'ouvrière, ils sont unanimes à se tromper en disant qu'elle vit six jours sous forme de larve, qu'elle n'est operculée que neuf jours après la ponte de l'œuf.

Pour l'abeille mère, écoutons Oettl, Dzierzon et Berlepsch.

Oettl. La reine arrive à terme du douzième au quinzième jour après sa sortie de l'œuf ; elle est fécondée ordinairement le lendemain de l'essaimage secondaire ; elle pond le troisième ou quatrième jour après la fécondation. Ailleurs, le même Oettl dit que l'abeille mère ne pond que huit jours après sa sortie avec l'essaim secondaire.

Dzierzon. L'abeille mère arrive à terme en seize jours ; elle est mûre pour la fécondation du troisième au huitième jour après sa naissance, suivant la température et l'activité qui règne dans la ruche ; elle pond deux jours après la fécondation. Plus loin le même Dzierzon dit : « A partir du jour où la vieille mère féconde est sortie avec l'essaim primaire, jusqu'à la fécondation de la jeune mère qui est restée maîtresse de la ruchée, la ponte cesse entièrement dans la ruchée pendant environ trois semaines, quand encore un temps défavorable ne vient pas retarder la sortie de fécondation. » Ce qui revient à dire que la jeune mère ne commence à pondre que vers le douzième jour de sa naissance.

Berlepsch. La reine se développe en dix-sept jours, dont cinq et demi sous forme de larve et huit et demi sous forme de chrysalide. La reine sort pour la fécondation le troisième jour après sa naissance ; elle pond trois jours après sa fécondation.

On voit que Berlepsch est plus net, sans être plus exact ; du moins il a le mérite de ne pas se contredire.

46. Essaimage primaire, secondaire. — En plaçant les créatures vivantes sur la terre, Dieu leur a dit : *Croissez et multipliez.* Les abeilles obéissent à cette parole par l'essaimage. D'une famille elles en composent deux, et la nouvelle s'appelle *essaim.* L'essaim est un groupe d'abeilles qui, se séparant de la famille, l'abandonne pour aller s'établir ailleurs et former une autre famille. L'ancienne mère accompagne cette colonie, mais une de ses filles, mère comme elle, reste dans la mère patrie pour l'y remplacer.

La première émigration peut être suivie, à quelques jours d'intervalle, d'une seconde et même d'une troisième. La première s'appelle essaim primaire. Il est toujours accompagné de l'ancienne mère. La seconde s'appelle essaim secondaire, lequel est toujours accompagné d'une jeune mère née seulement depuis le départ de l'ancienne.

Au retour du printemps, dans une colonie bien peuplée, la mère pondra, dans le courant d'avril et de mai, une grande quantité d'œufs de bourdons ; les ouvrières choisiront ce moment pour construire plusieurs cellules maternelles ; cinq ou six jours avant que les larves issues des œufs pondus dans ces cellules (15) arrivent à l'état complet d'insectes, la mère sortira de la ruche accompagnée de l'essaim. Lorsque le temps reste plusieurs jours à la pluie ou que le miel commence à manquer à la campagne, la mère ou les ouvrières détruisent toutes les cellules maternelles qui sont operculées ; alors il n'y a point d'essaim. Les abeilles n'attaquent jamais ces cellules lorsqu'elles ne contiennent encore qu'un œuf ou une larve fort jeune.

S'il se trouve de ces œufs ou larves, l'essaimage n'est que retardé, pourvu toutefois qu'un peu plus tard le temps ou la disette de miel ne s'oppose pas encore à la sortie de l'essaim.

Quand la ruchée qui a essaimé une première fois est fortement affaiblie dans sa population, elle ne pense plus à donner un second essaim. Les ouvrières laissent sortir librement de son berceau la jeune mère qui atteint la première son entier développement. Cette mère détruit sans opposition toutes ses rivales ; elle les perce de son dard après avoir ouvert les cellules maternelles à leur base (26). Mais s'il reste encore une population passable, souvent la ruchée se dispose à essaimer de nouveau. Dans ce cas, voici ce qui arrive invariablement. La mère la plus âgée sort de son berceau aussitôt son arrivée à terme; n'ayant pas la liberté de détruire ses rivales, soit peur, soit jalousie, elle fait entendre un chant clair et plaintif, le chant *tuh, tuh*, qu'elle répète dix fois et même davantage sans interruption, et quelquefois si vigoureusement que, le soir surtout, on peut l'entendre à plus de trois pas de la ruche. Le lendemain ou le surlendemain de ce chant, l'essaim sort accompagné de cette mère.

Si, pour cause de mauvais temps, l'essaim ne sort pas le premier ou le second jour après que le chant *tuh* aura été entendu, d'autres jeunes mères arrivées à terme, mais retenues prisonnières au berceau, répondent au chant *tuh* par un autre chant étouffé, le chant *quak, quak*. Enfin au premier beau jour l'essaim sort, accompagné de la mère au chant *tuh*, et la plus âgée des mères au chant *quak* sort de sa cellule. Presque toujours on laisse à cette dernière la liberté de détruire ses rivales au berceau. Dans le cas contraire, elle fait entendre, comme sa devancière, le chant *tuh*, auquel il est répondu par le chant *quak*, et un essaim tertiaire se produit.

Ce sont les Allemands qui nous ont appris à distinguer les deux chants : le chant *tuh*, provenant de la mère en liberté, et le chant *quak* produit par les mères prisonnières au berceau. J'ai vérifié, en 1867, l'exactitude de l'enseignement allemand par deux expériences qui ont paru dans l'*Apiculteur* de janvier 1868. J'ai vu la jeune mère pendant son chant *tuh* et entendu les autres mères répondant par le chant *quak*.

Ce n'est que de vingt à vingt-quatre heures après la sortie du berceau que la mère commence à chanter *tuh* d'une manière sensible.

Le lendemain de l'essaimage secondaire, on trouvera souvent devant la souche une ou plusieurs mères sans vie ; on en trouvera souvent aussi, quoique plus rarement, devant l'essaim. Dans ce dernier cas, ce sont de jeunes mères qui, pendant le tumulte qui a précédé et accompagné l'essaimage, se sont échappées parmi l'essaim.

Je n'ai jamais remarqué de jeunes mères mortes en

avant des ruches qui n'ont essaimé qu'une fois ; mais j'ai vu souvent dans l'intérieur de ces ruches des cellules maternelles parfaitement closes, et dans lesquelles se trouvaient de jeunes mères mortes ou des nymphes desséchées.

Les jeunes mères arrivées à terme, mais prisonnières au berceau, sont nourries par un petit trou pratiqué au couvercle ; c'est par là qu'elles passent la trompe pour demander et recevoir leur nourriture. Le repas terminé, les gardiennes rebouchent le trou.

47. Essaimage irrégulier. — 1° C'est une ruchée qui essaime avant d'avoir fait des préparatifs d'essaimage ; elle n'a ni œuf, ni larve en cellule maternelle. Les ouvrières remplacent l'ancienne mère partie avec l'essaim, par des larves d'ouvrières, comme le fait la souche d'un essaim artificiel.

J'ai vu cette sorte d'essaimage le 7 mai 1865. L'essaim est sorti d'une petite ruche que j'avais négligé d'agrandir ; tout était plein de couvain ou de miel. Cet essaimage, qui est rare, est appelé par les Allemands *essaimage non préparé.*

2° C'est une ruchée qui, au printemps, perd sa mère, celle-ci est immédiatement remplacée par des larves d'ouvrières, et la ruchée, si elle est passablement forte, donne un essaim appelé par les Allemands *essaim primaire de chant.*

J'ai vu cette seconde sorte d'essaimage le 24 avril 1864. Le lendemain, 25 avril, deux cadavres de mères gisaient sur le sol devant l'essaim et deux autres devant la souche.

Ces essaims primaires de chant sont beaucoup plus communs qu'on ne pense.

Si, pendant la saison de l'essaimage, vous voyez sortir un essaim d'une ruchée moins peuplée que beaucoup d'autres du même apier, ou d'une ruchée qui n'a pas achevé ses constructions, vous avez de fortes raisons de croire que c'est un essaim primaire de chant.

L'essaim primaire de chant est ainsi appelé, parce qu'il est toujours précédé, un ou deux jours à l'avance, par le chant des mères, absolument comme l'essaim secondaire naturel. Pour celui-ci, on entend le chant *tuh* un jour ou deux avant le chant *quak*. Pour l'essaim primaire de chant, les mères arrivant à terme à des intervalles très-rapprochés, le chant *tuh* produit par la mère sortie du berceau devance de peu le chant *quak* des mères prisonnières.

SECONDE PARTIE

CULTURE DES ABEILLES.

La seconde partie comprend cinq époques : 1° les abeilles à la sortie de l'hiver ; 2° les abeilles au printemps ; 3° la saison des essaims ; 4° les abeilles en été ; 5° les abeilles en saison morte ; 6° elle comprend encore les ennemis et les maladies des abeilles.

LES ABEILLES A LA SORTIE DE L'HIVER.

48. AVIS NÉCESSAIRE. — Pour l'intelligence complète de la seconde partie, le lecteur devra, avant tout, lire les articles RUCHES.

Excepté quelques articles relatifs seulement aux ruches à calotte et à hausses, tous les autres sont communs aux trois sortes de ruches.

Les chiffres qui se trouvent entre parenthèses indiquent les articles à consulter.

49. Caractère d'une bonne colonie. — Dans la seconde moitié du mois de mars, profitez du premier beau jour pour faire l'inventaire de votre apier. Projetez une certaine quantité de fumée à l'entrée de la première ruchée ; puis, après l'avoir décollée avec un couteau à miel ou une lame solide, soulevez-la au moyen d'une cale d'un à deux centimètres d'épaisseur ; enfumez encore. Par l'emploi modéré et intelligent de la fumée, ayant rendu les abeilles inoffensives, vous allez pouvoir opérer sans masque. La ruche enlevée et placée à terre sens dessus dessous, on commence par râcler et brosser fortement le plateau, que l'on remet aussitôt à sa place. Cela fait, on s'occupe de la ruchée. Après avoir écarté les abeilles avec la fumée, on coupe tous les gâteaux moisis. D'un seul coup d'œil, le praticien se rend compte des provisions et de la population, deux choses essentielles pour la prospérité future de la ru-

chée. Il ne s'en tient pas là ; cette colonie, quoique bien
peuplée, bien approvisionnée, pourrait encore tromper ses
espérances si l'abeille mère était morte pendant l'hiver.
Pour s'assurer que ce malheur, qui est rare, n'existe pas,
il écarte avec la fumée les abeilles groupées dans le centre,
il examine attentivement les gâteaux ; s'il y voit du couvain
operculé (44), la ruchée est dans un état très-satisfaisant,
elle a une mère, une forte population, des gâteaux jaunes
plutôt que noirs et des provisions grandement assurées jusqu'au 1ᵉʳ mai (61). Content de cette visite domiciliaire, il
replace la ruche sur son plateau et ne s'en occupe plus
jusqu'à la saison des essaims. Seulement, le soir du même
jour ou le lendemain, il fera bien de calfeutrer (209) le
joint entre le plateau et la ruche.

50. **Colonies à vieux rayons.** — Après cette revue,
qui n'exige que cinq minutes, on passe à une seconde ruchée. Celle-ci, comme la première, a une forte population,
ses provisions sont suffisantes, elle a du couvain, mais les
gâteaux sont noirs ; les alvéoles, berceaux du couvain, se
trouvent durcis et en même temps rétrécis par une couche
de pellicules que les abeilles, en prenant naissance, y ont
déposées. Cette ruchée pourra vivre encore quelques années,
mais elle ne prospérera plus ; ces alvéoles à parois épaisses
nuisent au développement du couvain ; les mouches, pendant l'hiver, sont mal à l'aise entre ces gâteaux qu'elles ont
peine à échauffer, et qui s'imprègnent d'humidité. Que faire
en ce cas ? — Si la ruche est à hausses, il faut, sans hésiter,
supprimer la hausse du bas, dans le cas cependant où il y
en aurait plus de deux. Nous verrons à l'article 87 comment il faudra conduire cette ruchée en mai ; voilà tout ce
que nous avons à dire pour le moment.

Si, au contraire, il s'agit d'une ruche commune, vous
aurez deux partis à prendre : ou la laisser telle qu'elle est,
ne toucher qu'aux rayons moisis, sauf, au mois de juillet, à
tout enlever, miel et cire, et à réunir la population à une
autre population (161), ou la rajeunir ; et à cette fin, coupez tous les rayons horizontalement à une profondeur de
dix à douze centimètres, même plus, si toutefois le couvain ne s'y oppose pas. Le travail terminé et avant de passer à une autre ruchée, rassemblez tous les gâteaux que vous
venez d'extraire et transportez-les à la maison, de crainte
que l'odeur du miel et de la cire n'excite les abeilles à

s'inquiéter entre elles et à se piller. Vous vous trouverez bien de cette précaution.

51. Ce que l'on entend par vieux rayons. — Une colonie à vieux rayons est celle dont les gâteaux existent depuis cinq ou six ans au moins : un essaim de l'année précédente aura une cire d'un jaune clair dans la partie occupée par les abeilles et d'un blanc sale dans les autres parties ; à deux ans la cire sera d'un jaune plus foncé ; à trois ans, elle brunira et deviendra presque noire ; enfin, à six ans, les rayons du centre seront entièrement noirs. On aura de la peine à les froisser entre les doigts, on les déchirera plutôt qu'on ne les coupera, car les pellicules qui en tapissent les alvéoles s'opposent à l'action du couteau. En outre, ils sont beaucoup plus lourds que ceux d'une date plus récente ; avec un peu d'habitude et d'expérience, on peut, sans peine, faire cette distinction.

52. Colonie qui a souffert de l'hiver. — Passons à une troisième ruchée. Celle-ci nous présente un triste spectacle : les parois intérieures sont humides ; les rayons eux-mêmes le sont également ; une population affaiblie occupe à peine quelques gâteaux ; peut-être même les rayons latéraux sont remplis d'abeilles mortes ; du reste, elle a suffisamment de vivres. La seule chose à faire pour le moment, c'est d'enlever les rayons vides, de ne laisser que ceux habités par les abeilles ou contenant du miel. La citadelle, ainsi restreinte, deviendra plus facile à défendre contre l'invasion de la fausse teigne, dont nous parlerons à l'article 189. Comme la fausse teigne n'est à craindre qu'à partir du mois de mai, on peut, à la rigueur, attendre cette époque pour supprimer le superflu des appartements. Quoi qu'il en soit, replacez et n'oubliez pas le soir de calfeutrer.

Si cette ruchée est un essaim de l'année précédente, elle peut encore, toute faible qu'elle est, donner un bon panier ; mais autrement, c'est une ruchée perdue, dont on ne peut tirer parti qu'en la réunissant à une autre, par exemple à une souche d'essaim forcé. Oublions-la pour le moment ; nous y reviendrons plus tard, nous lui ferons une seconde visite. En attendant, elle est signalée comme une non-valeur.

53. Colonie orpheline. — La quatrième ruchée que nous avons à explorer est passablement fournie de miel et d'abeilles ; mais nous cherchons en vain à découvrir quelques traces de couvain ; écartons bien les mouches pour pénétrer au fond des gâteaux et découvrir quelque chose qui nous rassure, car le couvain est un indice certain de la présence de la mère. Rien ne vient accuser cette présence. Malgré les justes inquiétudes que doit nous inspirer l'état de cette ruchée, ne la condamnons pas sans de nouveaux renseignements; marquons-la, comme la précédente, du signe des suspects; elle est fortement soupçonnée d'être orpheline, c'est-à-dire de manquer de mère.

On peut estimer de trois à quatre pour cent le nombre des familles qui perdent leur mère en hiver.

54. Colonie dépourvue de miel. — Nous arrivons à la cinquième ruchée : elle est bien légère, point ou presque pas de miel. Enfin il faut la nourrir, si on ne veut pas la perdre. Elle est passablement peuplée; c'est une colonie laborieuse qui vous demande de lui faire des avances; elle vous les rendra plus tard avec de gros intérêts, vos prêts vous enrichiront. Elle ne vous demande que son pain quotidien. Donnez-lui quelque chose de mieux; prévenez ses besoins; donnez-lui en abondance, elle n'abusera pas de vos dons; il ne lui manque pour prospérer qu'un peu de miel, hâtez-vous de le lui donner. Notez cette ruchée et toutes celles qui sont dans le même cas. Replacez-la sur le plateau, mais sans la calfeutrer, puisque vous devez la nourrir.

55. Colonie mourante. — Une sixième ruchée se présente à notre examen; au dedans, au dehors, il n'y a ni bruit ni mouvement. Aucune abeille n'en sort, aucune n'y rentre. Soulevez cette ruche, les habitants sont morts ou du moins paraissent l'être : les uns sont tombés sur le plateau; les autres, aussi sans mouvement, sont retenus entre les rayons; quelques-uns donnent encore signe de vie. Hâtez-vous de leur venir en aide. Si leurs formes extérieures ne vous paraissent pas altérées, si la trompe se trouve ramenée sous les mandibules, si l'abdomen n'est pas raccourci et comme replié sur lui-même, peut-être que les abeilles ne sont qu'engourdies par le froid et la faim, que le principe vital existe encore, qu'il ne faut que le ranimer par l'action simultanée de la chaleur et de la nourriture. Il ne vous restera plus aucun doute si, réunissant dans le creux de la main et réchauffant au souffle de votre haleine une vingtaine de vos abeilles, vous les voyez, quelques minutes après, remuer faiblement leurs pattes ou leurs antennes. Jetez aussitôt dans la ruche les abeilles tombées sur le plateau, enveloppez-la d'une serviette pour les retenir prisonnières, et portez-la dans une chambre bien chaude auprès d'un feu modéré. Quand les abeilles commencent à se réveiller, la ruche étant placée sens dessus dessous, on répand sur la serviette qui l'enveloppe deux ou trois cuillerées de miel liquide. Les abeilles viennent sucer à travers le tissu. Bientôt des milliers de trompes s'empressent de recueillir la manne du désert. On peut leur distribuer ainsi, et par intervalles, de cent à deux cents grammes de miel. Le soir du même jour, le panier sera porté au rucher, sur son plateau et dans sa position ordinaire, mais toujours enveloppé de la serviette. Une petite cale le tiendra soulevé au-dessus du plateau pour la circulation de l'air. Le froid de la nuit fera remonter les abeilles dans les gâteaux, et le matin, après avoir enfumé à travers la serviette, on enlèvera celle-ci sans difficulté. J'ai sauvé de la sorte plus de dix paniers. N'espérez pas, toutefois, rappeler à la vie toute la population; soyez heureux si vous en sauvez la moitié ou les deux tiers. Lorsque l'engourdissement ne date que d'un jour, le chiffre des morts se réduit à peu de chose. Plusieurs ruchées, ainsi ravivées, ont donné des essaims la même année.

56. Ruche abandonnée. — Voici une autre ruche qui va nous intriguer : il y a du miel, mais la maison est déserte ; on trouve seulement quelques centaines d'abeilles, étendues sans vie sur le plateau. Pourquoi cette solitude? A quelle cause l'attribuer? C'est tout simplement une colonie qui s'est trouvée orpheline à l'automne; les abeilles se trouvant en trop petit nombre pour maintenir une température convenable, sont mortes pendant les froids de l'hiver. On peut donner le miel qu'elle renferme à d'autres ruchées nécessiteuses : et si aucune n'est dans le besoin, et que le miel en vaille la peine, après avoir retranché toutes les portions de gâteaux vides, on porte cette ruche à la cave, afin de la conserver à l'abri de la fausse teigne, jusqu'à ce qu'on ait un essaim à y loger.

57. Peuplade morte de froid. — Les sept paniers que nous venons de passer en revue représentent tous les cas, toutes les circonstances que l'on peut rencontrer dans un apier au printemps; il sera facile à chacun de comparer et de juger. Aux sept tableaux que je viens d'exposer, on pourrait en ajouter un huitième. L'hiver de 1829 à 1830 a été très-long et très-rigoureux; beaucoup de ruchées, même

très-lourdes, ont été dépeuplées par le froid et la faim.
Voici comment : les abeilles, après avoir consommé tout le
miel contenu dans les rayons qu'elles occupaient, se sont
trouvées dans l'impossibilité, à cause de la violence et
de la durée du froid, d'aller occuper ceux qui étaient remplis de miel. Ainsi, au centre de la ruche, pas une goutte de
miel : les abeilles y étaient mortes dans les alvéoles et entre
les gâteaux vides; tandis que pas une seule mouche ne se
trouvait dans ceux de côté, qui étaient remplis de miel.
Pour la ruchée dont j'ai parlé à l'article 52, on devra attribuer la perte d'une bonne partie de sa population, tantôt à la
cause que je viens d'indiquer, tantôt à la vétusté des rayons.

Les colonies à faible population, quoique bien approvisionnées, résistent rarement à un hiver long et rigoureux.

58. Oter des hausses aux ruches. — Il va sans dire
qu'on ne touche pas aux ruches composées de deux hausses
seulement; on ne fait qu'en retrancher les portions de gâteaux moisis; il n'est donc question ici que des ruches à
trois ou quatre hausses. Pour les paniers à quatre hausses,
on supprime la quatrième, c'est-à-dire celle du bas, quand
la bâtisse est vieille. Si on allait au delà, on endommagerait
le couvain. Cependant, si la ruchée était faible en population et si elle n'avait presque pas de couvain dans la
hausse suivante, il faudrait encore supprimer celle-ci.

Voici ce qu'on a à faire pour les ruches à trois hausses :
on ne touche pas à celles que l'on destine à produire du
miel ou des essaims naturels, mais on supprime la troisième
hausse : 1° de toutes celles dont les gâteaux auront plus de
cinq ans, et qu'on voudra renouveler; 2° de toutes celles
qui paraîtront médiocrement peuplées. Quand on dit qu'il
faut retrancher une hausse aux ruches qui en ont trois,
et qui sont classées dans les deux cas précédents, on suppose toujours qu'on ne touche pas au couvain de manière
à l'endommager notablement. Retrancher deux ou trois
cents cellules remplies de couvain me paraît un dommage
considérable à cette époque de l'année.

59. Récolte de cire au printemps. — Plusieurs auteurs
conseillent de faire une récolte de cire au printemps; on devrait, suivant eux, couper une grande partie des gâteaux où
il n'y aurait ni miel ni couvain. C'est une récolte, disent-ils,
qui ne manque jamais, et dont on peut tirer un assez grand
profit.

4

Il y a beaucoup à dire pour et contre cette méthode. Avec les ruches d'une seule pièce, c'est-à-dire les ruches communes, je la crois presque toujours nuisible, excepté pour le cas spécifié dans l'article 50; car si la ruche est petite, ne jaugeant, par exemple, qu'une vingtaine de litres, pour peu qu'on touche aux gâteaux, les abeilles seront à découvert et les froids d'avril les feront souffrir. Si, au contraire, la ruche est d'une plus grande capacité, on pourra, sans doute, enlever un tiers de la cire, mais ce retranchement notable retardera l'essaimage; et puis, comme c'est avec le miel que les abeilles composent la cire, je doute qu'il y ait profit à opérer cette transformation. Je suppose deux ruches passablement grandes, ayant la même population, le même poids, le même âge; je maintiens que celle à laquelle on aura retranché un tiers de la cire essaimera plus tard que l'autre. Du moins la chose arrivera trois fois sur quatre.

Quant aux ruches à hausses, si je conseille de supprimer, dans certains cas, une et même deux hausses, ce n'est pas avec l'intention de faire une récolte de cire, mais pour des motifs divers, selon le parti qu'on veut tirer d'une ruchée.

60. Pourquoi la première visite en mars? — On doit visiter son apier dans la seconde moitié du mois de mars pour deux raisons : la première, c'est que l'on connaîtra tous les paniers légers qui auront besoin de miel; la deuxième, c'est qu'à cette époque, le couvain peu nombreux, n'occupant qu'une faible partie du centre de la ruche, il sera facile de retrancher tous les vieux rayons à dix ou douze centimètres de profondeur. Pour peu qu'on attendît, le couvain remplirait toute l'étendue des rayons, ce qui rendrait l'opération impossible. Il est bien entendu que s'il n'y a pas de beaux jours en mars, on attendra le mois d'avril. Lorsque vous n'avez rien à retrancher de vos ruches, et que vous êtes sûr qu'elles ont des provisions suffisantes, rien ne vous presse, et vous êtes libre de les visiter quand bon vous semblera.

On peut se dispenser de la première visite du printemps. Les abeilles des ruchées fortes savent bien se débarrasser de tout ce qui les gêne ou leur nuit : elles sortent les morts; elles emportent la cire émiettée qui recouvre le plateau; elles nettoient les cellules remplies de vieux pollen; en un mot, elles savent, sans le secours de personne, approprier leur domicile. Quelques beaux jours suffisent pour cette besogne. Elles n'attendent pas même jusqu'au mois de mars.

Ne les voyez-vous pas, dans une belle journée de janvier ou de février, comme elles se hâtent de traîner les morts et de les emporter aussi loin que possible?

Cependant, si notre visite en mars est à peu près inutile pour les colonies fortes, elle devient nécessaire pour les populations faibles. Pour celles-ci, il faut enlever les rayons moisis ou remplis de vieux pollen (41), ceux qui ont pu être entamés par les souris; il faut râcler et brosser le plateau afin d'empêcher la fausse teigne (189) de s'établir sur les débris de cire qui s'y trouvent.

61. Miel nécessaire en mars et avril. — Maintenant que notre inspection générale est faite, rendons-nous compte de nos impressions. Nous avons visité un grand nombre de familles, les unes dans la joie et l'abondance, les autres dans le deuil et la tristesse, d'autres enfin dans l'indigence. Secourir ces dernières au plus vite, c'est une bonne action. Chacun y trouvera son profit. Notre libéralité ne doit avoir d'autres bornes que celles des besoins. Voici les règles que nous suivons à cet égard. Une ruchée ayant 2 kilogr. de miel en magasin au 20 mars peut, avec ses propres ressources, vivre jusqu'au 1er mai. Cependant, si la fin de mars et le commencement d'avril présentent de belles journées qui permettent aux abeilles d'amasser du pollen, la ponte prendra un grand développement; il faudra beaucoup de miel pour nourrir un nombreux couvain. Dans ce cas, les 2 kilogr. de miel dont nous venons de parler seront insuffisants, il en faudra trois.

Les mouches que l'on nourrit consomment plus que celles qui ont leurs provisions. 2 kilogr. de miel en magasin font autant de profit que trois donnés en nourriture (173). Ainsi, ne craignons pas de donner, chaque semaine, à une ruchée bien peuplée, 500 gr. de nourriture.

62. Estimer le miel d'une ruche. — Ce n'est pas chose bien difficile que d'estimer au printemps le miel d'une ruchée. Connaissant le poids du panier vide, ajoutez-y un kilogr. pour les abeilles, de 500 à 1,500 gr. pour la cire, suivant que la ruche est plus ou moins grande ou la cire plus ou moins vieille.

Pour plus de précision et pour être mieux compris, je vais mettre en tableau le poids de deux ruchées d'âge différent. Je suppose que la pesée se fait en mars; à cette époque, il y a peu de couvain.

Essaim de l'année précédente.

Poids brut		8ᵏ,300
Ruche vide	3ᵏ,000	
Abeilles	1 ,000	
Rayons.	0 ,700	5 ,000
Couvain, environ	0 .300	
Reste, miel		3 ,300

Ruches à vieux gâteaux.

Poids brut		8ᵏ,300
Ruche vide	3ᵏ,000	
Abeilles	1 ,000	
Rayons.	1 ,500	5 ,800
Couvain, environ.	0 .300	
Reste, miel.		2 ,500

Le poids des abeilles, que je porte à 1 kilogr., suppose une bonne population au printemps.

La ruche de paille pèse environ 3 kilogr. Le poids des gâteaux de l'essaim, que je porte à 700 gr., suppose que le panier jauge de 25 à 27 litres. Si les ruches sont plus grandes ou plus petites, on doit augmenter ou diminuer proportionnellement le poids des rayons. En réalité, il n'y a pas plus de cire dans la vieille ruche que dans l'essaim, quoique le poids en soit bien différent. Les cellules qui ont servi longtemps de berceau aux abeilles sont tapissées d'une couche épaisse de pellicules que chaque nymphe y a déposées ; ces vieilles cellules peuvent encore renfermer du pollen durci par les années ; c'est ce qui rend les vieux gâteaux deux et trois fois plus lourds que les nouveaux.

Pour la pesée des ruchées, on emploiera la balance à ressort appelée peson, mieux encore une romaine à levier, qui ne se fausse pas, qui donne les divisions en hectogr., et ne coûte que de trois à quatre francs chez les quincailliers. (Voir l'article 158.)

63. Présenter le miel aux abeilles. — La pesée que vous avez faite vous a renseigné sur la quantité de miel qu'il faut à chacune de vos colonies nécessiteuses. Je vais à l'instant vous indiquer les différentes manières de leur présenter le miel. Vous n'aurez que l'embarras du choix.

Premier mode. — Rognez à trois centimètres tous les gâteaux de la ruche. Faites fondre le miel en y ajoutant environ un huitième d'eau pour le conserver à l'état liquide ; laissez-le s'attiédir ; après l'avoir versé dans une assiette, couvrez-le légèrement de cire brute, émiettée, ou de petits brins de paille ; enfin, placez sous les gâteaux rognés votre assiette de miel qu'une médiocre population emmagasinera en une seule nuit.

Deuxième mode. — Pratiquez au milieu d'un plateau une ouverture circulaire à bord évasé et de dimension telle, qu'on puisse y loger un plat qui affleure par le dessus avec le plateau. Vous devinez maintenant comment vous allez assister vos protégées. Après avoir mis le plat dans sa case, vous le remplissez de miel, puis vous le placez sous la ruche, sans que vous ayez besoin de toucher en rien aux gâteaux. Le miel sera préparé et recouvert comme dans le premier mode, et vous pourrez en donner jusqu'à un kilogr. et demi à la fois. Une forte population emmagasinera le tout dans l'espace de douze heures.

Troisième mode. — Donnez à la ruche une hausse vide, placez-y un plat de miel, et rapprochez-le des abeilles le plus près possible, en l'exhaussant sur des planchettes ou tout autre objet. Si vous avez des gâteaux vides, vous pouvez les remplir de miel et les déposer sur le plat, de manière qu'ils touchent ceux de la ruche.

Quatrième et dernier mode. — Pour les ruches à hausses, le moyen le plus simple, quand on a du miel en rayons, c'est de le placer par-dessus le couvercle de la ruche, et de le recouvrir d'un chapeau (204). On peut ainsi, d'une seule fois, donner tout l'approvisionnement. Les abeilles n'y toucheront qu'au fur et à mesure de leurs besoins. On attendra qu'il n'y ait plus rien dans les rayons pour les enlever. En calfeutrant le chapeau, on prévient tout danger de pillage.

Ce dernier mode est préférable à tous les autres ; il a le grand avantage de ne déranger ni les ruches ni les abeilles.

Observations. — 1° Vous remarquez une population qui semble dédaigner le miel que vous lui présentez ; elle met beaucoup de lenteur à le transporter dans ses magasins. Quand pareille chose arrive, c'est que le froid est bien vif ou la famille bien réduite ; sans une cause de ce genre, jamais les abeilles ne sont indifférentes au miel. -

2° Le miel qui a été mélangé d'un peu d'eau est plus agréable aux abeilles que celui auquel on a ajouté du vin.

3° L'emmagasinement de la nourriture, miel ou sirop, est toujours accompagné d'un fort bruissement; quand ce bruit ne se fait pas entendre, on peut juger que les abeilles ne prennent pas ou presque pas la nourriture.

4° Des abeilles en nourrissement n'opposent qu'une faible résistance à des tentatives de pillage : ce sont des convives surpris au milieu d'un joyeux festin par une bande affamée. Nous devons les mettre à l'abri d'une première surprise, en rétrécissant considérablement la porte. Les assaillantes n'osent pas trop s'engager dans un passage étroit.

5° Ne donnons que la quantité de nourriture qui peut être emmagasinée dans une nuit : un demi-kilogr. à une colonie médiocre; un kilogr. et même un kilogr. et demi à une forte. Le 27 juillet 1863, une de mes plus fortes populations a emmagasiné quasi $2^k,500$ en douze heures. Nous avions une température de 24 à 25 degrés centigrades. Une autre de mes ruchées, le 17 octobre 1864, par une température de 10 à 12 degrés centigrades, a emmagasiné $3^k,500$ en moins de quinze heures; mais, au printemps, j'ignore si les mouches iraient aussi vite en besogne.

6° Par un temps pluvieux, le pillage n'étant pas à craindre, on fera bien de donner en une seule fois, à chaque colonie, toute la nourriture nécessaire. On y trouvera deux avantages : les abeilles seront dérangées moins souvent; de plus, la déperdition, chez une ruchée qui reçoit un ou deux kilogr. à la fois, sera moins grande que chez une autre qu'on nourrit au jour le jour.

7° La nourriture présentée dans un vase ayant de 25 à 30 centimètres de diamètre sera enlevée plus vite que si on l'avait mise dans un vase de moindre diamètre. La nourriture sur une grande surface, voilà la condition d'un prompt emmagasinement.

Pour nourrir les abeilles, je me sers d'un vase en fer-blanc à bord droit, ayant 29 centimètres de diamètre sur 5 de profondeur. Le fond du vase est percé, dans son milieu, d'un trou de 30 à 40 millimètres; sur ce trou s'élève, jusqu'à la hauteur du vase, un tuyau de même diamètre; cet appareil permet de donner la nourriture par le haut, pour les ruches à hausses et à calotte. En effet, quand on en couronne une de ces ruches, les abeilles du dedans montent par le tuyau, viennent prendre leur charge qu'elles rapportent par le même chemin. Pour éviter le danger du pillage, il faut avoir soin de recouvrir le vase d'une calotte bien calfeutrée dans ses joints. Ce ne sont que les fortes populations qui vont chercher si loin leur nourriture, et encore faut-il que la température soit douce. Le plus souvent le vase sera donc placé par le bas et non par le haut. La figure 6 représente le vase dont je viens de parler.

8° Du miel figé que l'on présenterait aux abeilles resterait longtemps avant de pouvoir être emmagasiné; mais je ne puis partager l'opinion des apiculteurs qui prétendent que les abeilles périssent, quand leur miel d'approvisionnement se trouve figé dans l'intérieur des paniers. En 1857 et 1858, au mois d'août, presque tout le miel de mes ruchées était figé, et cependant toutes ont traversé la mauvaise saison sans le moindre accident. Notre miel, il est vrai, se fige facilement en pot, mais il se granule peu.

9° De la cire brute, émiettée, de vieux bouchons découpés en rondelles, voilà ce qu'il y a de mieux pour couvrir le miel ou le sirop; un seul bouchon peut fournir quatre à cinq rondelles. Les bouchons ont cet avantage sur la cire que les abeilles les abandonnent aussitôt que le miel est absorbé, ce qui n'arrive pas pour la cire. Par-dessus la cire ou les rondelles, on place plusieurs bouchons entiers qui font office d'échelles pour atteindre le miel.

A défaut de cire ou de rondelles, on couvre la nourriture de brins de paille, de toile d'emballage ou de canevas.

64. Le moment de donner le miel aux abeilles. — Présenter le miel aux abeilles par un beau soleil, c'est les exposer au pillage; le donner dans le milieu de la journée, par un temps froid ou pluvieux, c'est un autre inconvénient : la famille s'émeut de joie, une partie s'échappe dans les airs, et je soupçonne fort que les aventurières ne rentrent pas toutes à la maison. Il faut donc attendre jusqu'au coucher du soleil pour ravitailler les ruches. On doit placer le miel le plus près possible des abeilles, le mettre, qu'on me passe l'expression, sous leur nez, et de façon qu'il touche les gâteaux. On rétrécit ensuite la porte, on calfeutre partout, et cela afin de concentrer la chaleur intérieure et de prévenir toute tentative de pillage pour le lendemain.

Les émanations du miel appelleraient les abeilles étrangères; c'est pour empêcher ces émanations, qu'on recommande particulièrement de bien calfeutrer.

Il arrive parfois que, même en ne donnant la nourriture qu'après le coucher du soleil, les abeilles, folles de joie, s'aventurent encore au dehors. Pour éviter ce grave inconvénient, on ferait bien de fermer l'entrée avec une toile métallique, et de n'enlever cette toile qu'à la nuit; de cette façon, l'étouffement ne serait point à craindre.

Quand on présente le miel, il y a presque toujours des abeilles sur le plateau. On les chasse, afin de pouvoir placer le vase. Mais elles reviennent immédiatement. Il faut donc qu'il y ait encore assez de lumière pour les guider vers leur domicile. Par conséquent, on n'attendra pas jusqu'à la nuit pour donner la nourriture.

Toute nourriture, miel ou sirop, doit être donnée plutôt froide que chaude. Si on la donnait chaude, un certain nombre d'abeilles trop avides périraient d'indigestion. Il est mieux de la donner tiède.

Recommandation. — Ne touchez jamais aux ruchées avant d'y avoir soufflé quelques bouffées de fumée. Vous préviendrez par là la colère des abeilles et vous maintiendrez le calme dans la famille. Ainsi, soit que vous placiez, soit que vous retiriez le vase à miel, faites-vous précéder de la fumée. C'est un ambassadeur qui réussit toujours à négocier une paix honorable pour les partis.

Ne laissez traîner auprès de l'apier rien qui rappelle le miel. Au printemps comme à l'automne, pour peu que vous excitiez la convoitise des abeilles par quelques gouttes de leur mets bien-aimé, gouttes qui seraient restées dans les gâteaux ou sur les assiettes, elles s'y abattent avec une sorte de frénésie et de là vont porter l'inquiétude, le trouble et la guerre dans tout l'apier (168). Portez donc à la maison assiettes et gâteaux, après en avoir chassé les mouches qui pourraient s'y trouver.

65. Sirop de sucre substitué au miel. — Une colonie, nourrie et approvisionnée exclusivement avec du sucre, prospère aussi bien que nourrie avec du miel. Un sirop composé de sept parties de sucre et de quatre parties d'eau est, pour les abeilles, une nourriture aussi saine, aussi agréable, aussi nutritive que du miel de bonne qualité. Par l'expression *aussi nutritive,* j'entends qu'un kilogr. de ce sirop nourrira une colonie aussi longtemps qu'une égale quantité de miel.

Depuis quatorze ans (de 1861 à 1874) j'ai employé, pour mes expériences et mes colonies indigènes, une très-grande quantité de sirop de sucre, et toujours j'en ai obtenu, comme nourriture, les résultats les plus satisfaisants.

On pourra regretter d'avoir nourri avec du miel dont on ignorait la fabrication et la provenance. Dzierzon et d'autres apiculteurs allemands en savent quelque chose.

La manière de préparer le sirop est simple. On verse dans une chaudière quatre litres d'eau avec 7 kilogr. de sucre divisé en morceaux de 100 à 200 gr.; on place la chaudière sur un feu modéré; on remue et on brise avec une spatule les morceaux les plus résistants; aussitôt que le sucre est complétement dissous, — c'est l'affaire de trente à quarante minutes, — on retire la chaudière, et après refroidissement, on met le sirop en bouteille, pour s'en servir au besoin. J'en ai conservé de la sorte, sans aucune altération, depuis juillet 1862 jusqu'en avril 1863.

En juillet 1863, ayant dissous un pain de sucre de $8^k,300$ dans quatre litres sept décilitres d'eau ($4^k,700$), j'en ai obtenu neuf litres cinquante et un centilitres de sirop pesant en totalité $12^k,493$; c'est une réduction de 507 gr., puisque sucre et eau avaient pesé 13 kilogr. Comme c'est l'eau qui s'évapore et non le sucre, le sirop n'avait donc plus qu'une partie d'eau pour deux parties de sucre.

On présente aux abeilles le sirop de sucre comme le miel; elles l'emmagasinent avec autant d'empressement.

De la cassonade dans la proportion de deux parties pour une partie d'eau (2 kilogr. de cassonade pour un litre d'eau) ne se dissout pas entièrement dans de l'eau froide; il faut, comme pour le sucre en pain, mettre le mélange sur le feu et remuer avec une spatule.

Un kilogr. de cassonade dissoute dans un litre de moût de raisin bien mûr est une bonne nourriture qui se conservera en bouteille jusqu'au printemps suivant.

Les Allemands font un grand usage du sucre candi, soit à l'état solide, soit à l'état de sirop; ils l'emploient à l'état solide, en le plaçant dans l'intérieur de la ruche où les abeilles viennent le lécher.

66. **Glucose substituée au miel.**—La glucose est de la fécule de pomme de terre transformée en sucre, sous forme de sirop ou de pâte; sous forme de sirop, elle s'appelle

dans le commerce, *sirop de froment,* ou *sirop de fécule,* selon qu'il est plus ou moins concentré; sous forme de pâte, elle se nomme *sucre de fécule.* Ce dernier est employé dans la brasserie; il pourrait nuire aux abeilles par l'acide sulfurique qu'il renferme. Le sirop de fécule, aussi liquide que du sirop ordinaire, ne renferme pas autant de sucre que le sirop de froment. Bouillant, il ne marque que de 30 à 33 degrés au pèse-sirop, tandis que le sirop de froment en marque 40. Le sirop de fécule est sujet à fermentation; je n'en ai jamais fait usage pour nourrir les abeilles, mais je sais que des apiculteurs l'emploient sans inconvénient; plusieurs y ajoutent moitié miel. Le sirop de fécule, contenant moins de sucre, est naturellement moins cher que le sirop de froment.

Le sirop de froment est très-concentré, très-gluant, incolore, parfaitement limpide. Il est d'un grand usage chez les confiseurs et les liquoristes. Il peut servir également à nourrir les abeilles, qui l'emploient tout aussi bien que le miel pour élever du couvain.

Ayant employé, en 1858 et 1859, au moins 80 kilogr. de sirop de froment en nourriture à des colonies nécessiteuses, je m'en suis bien trouvé. Quand ce sirop ne vaut que de 50 à 60 francs les 100 kilogr., il y a économie à s'en servir; mais en disette de pommes de terre, lorsqu'il se vend de 70 à 80 francs, on fera mieux, à mon avis, d'employer le sucre ordinaire.

Le sirop de froment, avons-nous dit, est très-gluant; aussi les abeilles ne peuvent que difficilement en séparer les parties, s'il n'est délayé dans un sirop de sucre. Voici une formule qui m'a réussi: dissolvez un kilogr. et demi de cassonade dans un litre d'eau chaude; dans cette liqueur, faites couler doucement 3 kilogr. de sirop de froment, en ayant soin de remuer avec une spatule pour faciliter la dissolution; conservez ce mélange dans des bouteilles.

Le sirop de froment pur est, pour ainsi dire, inaltérable: j'en ai conservé pendant cinq ans dans un petit flacon mal bouché sans qu'il eût subi la moindre altération; mais, délayé, il est sujet à un léger mouvement de fermentation. On ne doit donc pas faire le mélange trop longtemps avant son emploi.

Le sirop de froment serait plus agréable aux abeilles s'il y entrait du miel pour moitié.

67. Quand faut-il cesser de nourrir les abeilles? —
On doit assurer les vivres jusqu'au 1er mai; voilà la règle.
Cependant cette époque ne peut être fixée comme première
et dernière limite. Supposez des pluies ou des froids continus pendant les mois d'avril et de mai, il est évident que
les abeilles auront besoin de votre assistance pendant ces
deux mois de pluie et de froid. J'ai vu des ruchées périr de
faim dans le mois de juin. Si le mois d'avril se présente
bien et qu'il fasse chaud, les abeilles, au lieu de consommer leurs provisions, les augmenteront. Mon opinion, basée
sur l'expérience, c'est que les abeilles, avant les premiers
jours de mai, amassent rarement assez de miel pour se
suffire, et qu'après cette époque elles ont rarement besoin
de notre assistance. Pour être bien compris et pour n'in-
duire personne en erreur, je dois avertir que mes observations ont été faites dans un pays agricole où l'on cultive le
colza, où l'on rencontre des vergers couverts de cerisiers et
de pruniers, dont les abeilles affectionnent particulièrement
la fleur. Dans les années ordinaires, ces fleurs se succèdent
depuis le 15 avril jusqu'au 15 mai. Dans les montagnes des
Vosges, où la végétation est un peu plus tardive que dans la
plaine, on fera bien d'assurer les vivres jusqu'au 10 mai.

LES ABEILLES AU PRINTEMPS.

68. Deuxième visite des ruchées. — La seconde visite n'a d'autre but que d'examiner de près les quelques
ruchées douteuses que nous avons signalées dans les articles 52 et 53. Cette visite se fera du 15 au 30 avril. Il faut,
avant de la faire, que ce mois ait fourni au moins huit jours
de beau temps et de travail pour les abeilles, sinon on attendra au mois de mai. Pourquoi cette condition de huit
jours de beau temps? C'est qu'alors les abeilles en auront
profité pour multiplier le couvain et le proportionner à la
population, et que tous les paniers ayant une mère auront
aussi du couvain. Pour cette visite, choisissez une belle journée, un beau soleil, depuis dix heures du matin jusqu'à trois
heures du soir. C'est le moment de la plus grande activité.

69. Colonie de 1er, 2e et 3e ordre. — Pour mieux faire
comprendre l'état des ruchées malheureuses que nous allons

visiter, nous jetterons préalablement un coup d'œil rapide
sur l'apier; nous étudierons en quelque sorte la physionomie de chaque ruchée. Examinez attentivement l'entrée de
la première : le passage suffit à peine, tant est grand le
nombre des ouvrières qui reviennent des champs et qui y
retournent. Dans une minute, on peut compter jusqu'à une
trentaine d'abeilles, chargées de pollen, qui se hâtent de
rentrer dans la ruche. Au milieu de ce mouvement d'entrée
et de sortie, on remarque de quinze à vingt abeilles placées
tantôt de file, tantôt de front, comme des tambours en tête
d'un bataillon. On les voit cramponnées au plateau, la tête
baissée, l'abdomen en l'air, agitant vivement les ailes. Ces
abeilles sont en bruissement, elles font l'office de ventila-
teur, elles renouvellent l'air de la ruche. Tous ces signes
indiquent une ruchée de premier ordre; inutile d'y toucher.

La seconde est moins animée. Les abeilles qui sont en
bruissement, celles qui reviennent chargées de pollen sont
moins nombreuses. De ces dernières on ne compte qu'une
vingtaine à la minute, mais c'est un mouvement régulier et
continu d'entrée et de sortie. Ne touchez pas encore à cette
ruchée, elle essaimera si l'année est favorable.

En voici une troisième, encore moins animée que la précédente. A l'entrée, trois ou quatre abeilles sont en bruissement, huit ou dix seulement rentrent chargées dans l'espace
d'une minute. Si c'est un essaim de l'année précédente,
cette ruchée prospérera d'une manière remarquable; elle
ne fournira pas d'essaim, mais, à l'automne, on la comptera
très-probablement au nombre des meilleurs paniers. Si, au
contraire, les gâteaux sont anciens, on ne pourra pas beaucoup espérer de son avenir. Du reste, qu'on soit sans inquiétude sur la présence de la mère. Je suis encore d'avis
de ne pas toucher à cette troisième ruchée.

70. **Colonie sans valeur.** — Nous venons de voir trois
colonies qui nous donnent des espérances plus ou moins
grandes; mais voici une quatrième ruchée qui nous en
laisse bien peu. Quelques rares abeilles montant la garde,
deux ou trois en bruissement, quatre ou cinq à la minute
entrant avec du pollen, voilà le triste spectacle qu'elle nous
présente. Selon toute apparence, elle a une mère, mais que
peut faire un général sans soldats?

Examinez l'intérieur de cette ruchée. Si vous y trouvez
du couvain d'ouvrières, conservez-la, coupez tous les

rayons qui ne sont ni occupés par les abeilles, ni remplis de miel; la garde sera plus facile et la ruchée sera moins exposée aux attaques de la fausse teigne.

Vous utiliserez cette petite colonie soit en donnant sa mère, sa population et son couvain à une souche d'essaim forcé, soit en la fortifiant par un essaim naturel.

71. Colonie orpheline qu'il faut réunir. — Enfin nous arrivons à une dernière ruchée. Elle a passablement d'abeilles à l'entrée; cependant tout, à l'extérieur, paraît triste et désœuvré. De loin en loin une ouvrière sort, une autre chargée de pollen rentre; l'une et l'autre semblent hésiter pour sortir ou pour rentrer; une ou deux abeilles essaient de faire le bruissement; c'est un bruissement qui paraît les fatiguer et les ennuyer, car il est souvent interrompu; voilà la physionomie d'une ruchée orpheline. Visitez l'intérieur, regardez jusqu'au fond de la ruche, coupez quelques gâteaux du centre, à une profondeur de quinze centimètres, examinez-les de près, regardez dans le fond des cellules; si vous n'y découvrez pas des œufs ou des vers d'abeilles ouvrières (44), vous pouvez avoir la certitude que la ruchée manque de mère. Il peut arriver que cette ruchée n'ait pas de couvain d'ouvrières, mais qu'elle en ait de faux-bourdons; le mal est également irréparable, car ce sont des ouvrières pondeuses ou des mères bourdonneuses qui produisent ce couvain, elles n'en produisent jamais d'autre.

La colonie pourrait n'avoir point de couvain d'ouvrières operculé, et avoir des œufs et des larves dans des cellules d'ouvrières, mais ces œufs, ces larves sont peut-être des bourdons; il faut attendre que le couvain soit operculé pour en juger. (Voir l'article 24.)

Une ruchée qui n'a point de couvain d'ouvrières en avril doit être réunie à une autre. N'essayez pas de lui procurer une mère, ce serait souvent peine perdue; et si par hasard vous y réussissiez, il serait encore très-douteux que cette ruche pût se repeupler pour la saison du miel. Mais alors, une moissonneuse après la moisson est-elle bien utile?

72. Réunion en avril des ruchées sans valeur. — On ne doit supprimer au printemps que des ruchées à ouvrières pondeuses (10) ou des ruchées à mères bourdonneuses (24). L'opération est très-simple. On choisit un beau temps et un moment de la journée où les ouvrières vont à la campagne. Après avoir enfumé la ruchée, on coupe hori-

zontalement tous les gâteaux, à quatre ou cinq centimètres du fond de la ruche, on secoue légèrement contre terre, les abeilles tombent ; on secoue de nouveau jusqu'à ce qu'il n'en reste presque plus ; les abeilles se relèvent, retournent à leur place, et ne trouvant plus leur ruche, elles entrent sans beaucoup de cérémonie dans les ruchées voisines, où elles ne sont pas trop mal accueillies.

Quand la bâtisse est d'un essaim de l'année précédente, on coupera les gâteaux non à cinq, mais à huit ou dix centimètres du fond de la ruche, et l'on prendra plus de précautions pour la chasse des abeilles, afin de ne pas détacher les gâteaux. On peut secouer la ruche avec ses bras sans donner contre terre.

On mettra la ruche à la cave, la réservant pour y loger un essaim.

La petite bâtisse de cinq ou dix centimètres laissée au fond de la ruche permettra à l'essaim de travailler immédiatement après sa mise en ruche, avec presque autant d'activité que s'il avait une bâtisse complète. J'en ai fait l'expérience.

Si c'est une ruchée à mère bourdonneuse, on verra, en y regardant de près, la mère tombée à terre avec les ouvrières. Il faut la tuer. Gardez-vous de réunir une pareille colonie à une colonie bien organisée, en plaçant ruche sur ruche ; j'ai perdu plusieurs belles ruchées au printemps pour avoir commis cette faute ; la mère utile était tuée et la mère bourdonneuse était conservée.

73. Les abeilles sont coutumières. — Les mouches d'un essaim naturel ne reviennent pas à la souche. C'est le seul cas où les abeilles ne soient pas coutumières.

Les abeilles d'un essaim artificiel reviennent, en grande partie, à la souche ; il faudrait, pour qu'elles n'y revinssent plus, les dépayser en les éloignant à une distance de deux ou trois kilomètres de la souche.

Si vous mettez un essaim naturel ou artificiel à la place de la souche, une bonne partie de la population de la souche retournera à l'essaim, et cela par habitude.

Une jeune abeille, dans ses premières excursions, se retourne avant de prendre son vol ; elle s'oriente, elle se met en mesure de retrouver la famille ; celle-là reviendra à la souche ; mais une autre qui a l'habitude de la campagne, ne soupçonnant pas le changement qui a eu lieu, sort comme à l'ordinaire et retourne à son ancienne place par les chemins qui lui sont connus.

Des abeilles, après avoir adopté une mère étrangère et être restées prisonnières pendant vingt ou trente jours, reviennent encore, en partie, à la souche; l'accueil qu'elles y reçoivent n'est pourtant pas encourageant, car on les tue.

Quand on change le plateau d'une ruchée et qu'on lui en donne un autre de physionomie différente, les abeilles s'en aperçoivent; elles en sont contrariées. Dans cette circonstance, je les ai vues plusieurs fois se jeter dans la ruchée de droite ou de gauche, et cela parce que le plateau de la voisine ressemblait à celui qu'on leur avait enlevé.

74. Ne pas changer les ruchées de place. — Que les ruches soient sous un apier couvert ou en plein air avec des surtouts, on ne doit pas les déplacer pendant toute la belle saison; si on le fait, les abeilles, accoutumées à leur place, y reviennent et sont désorientées quand elles n'y trouvent plus leur ruche; elles se jettent dans les voisines plutôt que d'aller à la recherche du nouveau domicile de la famille. Si, pour de bonnes raisons, on se trouve obligé de changer les ruches de place, on le peut depuis novembre jusqu'en mars; même à cette époque, il y a encore des inconvénients, mais bien moindres qu'en été. Je ne parle pas du cas où l'on transporterait des colonies à une distance considérable, à deux kilomètres, par exemple. Il n'est pas question non plus des essaims naturels : le jour même de leur sortie et avant que les abeilles aient pris l'habitude de la place qu'ils occupent, on peut les placer où l'on veut, excepté à côté de la souche.

75. Portes des ruches plus ou moins avantageuses. — C'est par la porte d'entrée que les abeilles respirent et que l'air se renouvelle; si donc les gâteaux de la ruche se trouvent en travers, et barrent en quelque sorte le passage de l'air, les abeilles en souffriront; en hiver, la mortalité sera plus grande, et, en été, le couvain prospérera moins bien. Il est à remarquer que le couvain et le gros des abeilles se trouvent plutôt en avant que par derrière ou de côté. Vous vous étonnez quelquefois que certaines de vos colonies, quoique bien peuplées, n'essaiment jamais ou bien rarement; cela tient souvent à la direction des gâteaux relativement à la porte d'entrée.

Comparez ces gâteaux avec ceux de vos ruchées qui essaiment souvent, et vous verrez que dans ces dernières, les gâteaux, au lieu d'être placés en travers de la porte, vont, au contraire, d'avant en arrière. Avec cette disposition, l'air rencontre moins d'obstacles pour pénétrer dans l'intérieur, puisque chaque galerie vient aboutir sur le devant. Si la porte est entaillée dans le plateau, il sera facile de placer la ruche de manière que les gâteaux aient la position indiquée; pour cela, il suffira de faire faire un quart de tour à la ruche. Mais si l'entrée est pratiquée dans la ruche, il faut en faire une autre dans la direction des gâteaux et boucher l'ancienne.

Les Allemands appellent *construction chaude*, lorsque la surface des gâteaux regarde la porte de sortie; *construction froide*, lorsque la tranche des gâteaux se dirige vers la porte, c'est-à-dire d'arrière en avant, et *construction oblique* ou diagonale, celle qui tient le milieu entre les deux précédentes.

Les apiculteurs allemands préfèrent généralement la *construction froide*, parce que l'air y pénétrant avec plus de facilité empêche l'humidité et la moisissure, et que la ruchée se conserve en meilleur état. (Oettl.)

76. **Printemps précoces.** — Je crains autant les printemps précoces que certains apiculteurs les désirent. Je redoute par-dessus tout que les abeilles amassent beaucoup de pollen en mars, car les abeilles amassant beaucoup de pollen sont portées à élever beaucoup d'ouvrières et de bourdons. Mais comme à cette époque la récolte du miel est loin d'être abondante, les provisions s'épuisent, et si avril est froid ou pluvieux, elles viennent quelquefois à manquer totalement. Alors les mêmes abeilles sont réduites à tuer ce couvain et même à en faire leur pâture. En effet, on les voit sucer entièrement l'abdomen des jeunes nymphes.

Quand la dernière quinzaine de mars a été belle, et que le mois d'avril devient froid et pluvieux, il ne faut pas ménager la nourriture aux ruchées légères, et cela dès les premiers jours d'avril.

77. **Émigration des abeilles en avril.** — Sur la fin d'avril et quelquefois en mai, il peut arriver que les mouches, par un beau soleil, abandonnent leur ruche toutes ensemble, et se jettent dans une autre ruche, ou bien qu'elles se réunissent sur une branche d'arbre. Cet accident n'a lieu que pour les ruchées dépourvues de provi-

sions : c'est la nécessité qui force ces pauvres abeilles à émigrer. Quand elles se fixent contre un arbre et qu'elles sont encore en grand nombre, on les recueille en les faisant rentrer dans la ruche qu'elles ont abandonnée, et on les nourrit le soir même. Le plus sûr, si elles sont peu nombreuses, c'est de les recueillir dans une ruche vide, et de les réunir à une autre ruchée. Consultez à cet égard l'article 111 qui traite de la réunion des essaims.

78. **Traînée d'abeilles en avant d'une ruchée.** — Vous voyez en avant d'une ruchée une longue traînée d'abeilles à moitié engourdies ; ce n'est pas le froid qui les a réduites à cet état, c'est la faim. En soulevant la ruche, vous voyez le plateau couvert d'autres pauvres créatures qui se meurent aussi ; hâtez-vous de venir en aide à toutes ces victimes de la faim, et à celles du dehors et à celles du dedans ; renversez la ruche, versez-y toutes les abeilles tombées à terre et sur le plateau, enveloppez-la d'une serviette, et sur la serviette étendez une vingtaine de cuillerées de miel ; c'est assez pour le moment. Quand tout le miel est sucé, replacez la ruche dans sa position ordinaire, enlevez la serviette, vous n'aurez plus qu'à traiter la colonie de la même façon que les colonies en nourrissement. (Voir les numéros 61 et 64.)

79. **Abeilles tombées à terre, transies de froid.** — En avril et mai, vers le coucher du soleil, il n'est pas rare de voir, en avant d'un apier mal abrité, des abeilles tombées à terre et transies de froid : ce sont des pourvoyeuses fatiguées qui, ayant voulu se reposer avant de rentrer chez elles, ont été transies par le froid et n'ont pu se relever. Il y a moyen de raviver et de rendre à la famille et au travail ces pauvres petites ; recueillez-les dans un verre, renversez ce verre sur une forte ruchée au sommet de laquelle vous avez pratiqué une ouverture (si elle n'existe déjà) ; en moins de 15 ou 20 minutes, les abeilles, tombées dans l'intérieur de la ruche, s'y réchauffent, se hâtent d'en sortir en fugitives et retournent chacune à sa famille.

80. **Faut-il fournir de l'eau aux abeilles ?** — J'ai donné de l'eau aux abeilles en observant toutes les prescriptions que j'avais lues dans les livres. Les mouches, comme pour me plaire, allaient s'y abreuver dans les journées pluvieuses et lorsqu'elles pouvaient trouver de l'eau sur toutes les feuilles ; mais, par le beau temps, elles oubliaient complétement de le faire.

5

Les Allemands recommandent de donner de l'eau à une souche d'essaim artificiel remplacée par son essaim et mise à une place vacante de l'apier, et encore à une forte ruchée qui a cédé sa place soit à une ruchée faible, soit à une souche d'essaim artificiel. Nous n'avons pas en France cette attention délicate et nous ne nous en trouvons pas plus mal.

81. **Récolte de miel au printemps.** — Récolter le miel au printemps, comme on le fait en certains pays, est un usage plus sûr pour les apiculteurs inexpérimentés. Mais le miel qui passe l'hiver dans la ruche sera toujours inférieur au miel que l'on récolte soit en juillet, soit en septembre.

Une ruchée, forte en population, n'a pas trop de 4 kilogr. de miel pour la seconde quinzaine de mars et le mois d'avril. Ce serait imprudence d'enlever du miel à une ruchée qui n'aurait que cette quantité.

82. **Parade devant la ruche.** — On remarque par des jours chauds, surtout à l'heure de midi ou un peu après, que pendant un temps plus ou moins long, une certaine quantité d'abeilles (mêlées de bourdons dans la saison des bourdons) sortent de la ruche, décrivent devant la porte des centres plus ou moins grands, et font entendre un certain bourdonnement joyeux, semblable à celui que l'on entend au moment de l'essaimage. J'appelle cela la parade.

On remarque la parade principalement à la première sortie du printemps. On la voit encore le premier beau jour qui survient après quelques journées ou semaines pluvieuses pendant lesquelles les abeilles ont été obligées de garder la maison. Enfin on la remarque tous les jours pendant l'été, au moment de la récolte, et aussi en juillet et août, et alors la parade est générale pour toutes les ruchées, plus tôt pour les unes, plus tard pour les autres. Pendant cette espèce de petite promenade qui dure à peine trente minutes, les jeunes abeilles apprennent à voler, à étudier les environs, à s'orienter. On les reconnaît très-bien à leur manière de voler en se retournant souvent de-ci, de-là, et à leur couleur grisâtre.

Pendant la parade, les jeunes abeilles difformes sortent de la ruche, essaient de voler et tombent par terre.

Un vol tumultueux et considérable indique une ruchée forte en population et possédant une mère.

Les ruchées faibles ne font la parade que médiocrement, et celles qui sont orphelines ne la produisent pas du tout.

C'est pendant la parade que la mère s'envole pour se

faire féconder; c'est aussi par la parade que commence l'acte solennel de l'essaimage. (Extrait en grande partie d'Oettl.)

83. Empêcher l'essaimage. — Il n'y a que les colonies très-peuplées au printemps qui puissent essaimer avantageusement ; pour toutes les autres, on se contentera d'en espérer du miel et de diriger tous ses soins vers ce but. On peut hardiment estimer à moitié le nombre de ces ruchées qu'on doit destiner à fournir du miel et empêcher d'essaimer. En général, on empêche les essaims en agrandissant à temps l'habitation des abeilles ; le moyen n'est pas infaillible, mais il réussira au moins quatre fois sur cinq. Trois semaines avant l'époque présumée de l'essaimage, on ajoutera une hausse ou un chapiteau à toute ruchée forte qu'on destine à donner du miel. Si l'on ne donnait la hausse ou le chapiteau que lorsque déjà la disposition intérieure est faite pour l'essaimage, on n'empêcherait rien ; cette disposition préparatoire qui précède de dix à douze jours la sortie de l'essaim, c'est la ponte de la mère dans les cellules maternelles. Ainsi prenez vos précautions et donnez à temps de l'espace à vos ruchées.

Nous avons dit à toute ruchée forte. Ce serait un enfantillage de donner hausse ou chapiteau à une ruchée médiocrement peuplée : cette ruchée certainement n'essaimera pas. Si, plus tard, sa population ou son poids augmente sensiblement, on lui donnera de l'espace.

Aucune séparation ne doit exister entre la hausse et la ruche, il faut que les abeilles puissent prolonger sans interruption leurs gâteaux dans la hausse. En négligeant cette condition, on empêcherait rarement l'essaimage.

Il ne faut pas attendre, pour donner une seconde hausse, que la première soit pleine ; il suffit qu'elle soit bâtie aux deux tiers. Une ouverture de 12 à 13 centimètres de diamètre, pratiquée dans le dôme de la ruche à calotte et dans le couvercle de la ruche à hausse, empêchera plus sûrement l'essaimage qu'une ouverture de 6 à 7 centimètres. Les abeilles occuperont plutôt le chapiteau, surtout si l'on a soin de mettre dans celui-ci un gâteau jeune ou vieux qui descende jusqu'aux gâteaux de la ruche.

Avant de mettre le chapiteau, il faut agrandir par des hausses, jusqu'à capacité de 30 litres au moins, toute ruche à hausse ou à calotte qui jaugerait moins.

Pour les ruches communes, comme il n'est pas possible

de leur donner un chapiteau, il faut les agrandir par des
hausses jusqu'à capacité de 35 à 40 litres.

Pour les contrées à bruyère ou à sarrasin, l'essaimage
des ruchées de second ordre est plus souvent avantageux
que nuisible ; il ne faut donc pas l'empêcher.

84. Retarder l'essaimage. — Les petites ruches ne
donnent ordinairement que de petits essaims. Un autre inconvénient, c'est qu'elles essaiment plus tôt que les autres,
et avant d'avoir amassé la moitié de leurs provisions. En les
laissant essaimer, on s'expose beaucoup à perdre la souche
et l'essaim. Voilà des faits incontestables. Il faut donc augmenter la capacité des petites ruches, afin d'en obtenir
des essaims convenables. Ainsi, on ajoutera une hausse à
toutes les ruches qui n'en ont que deux. Je vais plus loin :
comme dans les années pluvieuses, les abeilles amassent
peu de miel et sont très-disposées à donner des essaims,
on fera bien de retarder l'essaimage, de l'empêcher même,
s'il est possible, en plaçant une quatrième hausse sous toutes
les ruches composées de trois. Il serait à désirer que, avant
d'essaimer, une ruche eût au moins 6 ou 7 kilogr. de miel en
magasin.

On suppose ici que la hausse jauge 8 ou 9 litres; une
ruche à quatre hausses jauge donc 32 à 36 litres.

Ce que je dis des petites ruches à hausses s'applique
aussi aux petites ruches communes; il faut donner à celles-
ci une hausse pour les mettre en état de fournir un essaim
qui ait chance de réussite. Une petite ruche est celle dont
la capacité ne dépasse pas 25 litres.

Les abeilles, dans les montagnes des Vosges, donnent
moins d'essaims, mais beaucoup plus de miel que dans la
plaine. Les petites ruches et leurs essaims, année commune, y amassent leurs provisions d'hiver. Ce serait donc
une faute de retarder l'essaimage, car il arrive parfois que,
ne voulant que le retarder, on l'empêche tout à fait.

**85. Une orpheline de quelques jours accepte des
ouvrières étrangères.** — Une colonie qui a perdu sa
mère depuis quelques jours seulement, telle qu'une souche
d'essaim naturel ou forcé, reçoit sans difficulté des ouvrières étrangères. Ainsi, la souche d'un essaim, mise à la place
d'une ruchée forte, accepte, le jour même et les jours suivants, les ouvrières de la ruchée forte qui reviennent de la
campagne (73). L'accord a lieu sans fumée et sans tuerie.

Les nouvelles venues respectent toujours les cellules maternelles qui sont operculées ; quelquefois elles détruisent celles qui ne le sont pas ; enfin, si les nouvelles venues viennent d'une ruchée qui chassait ses bourdons, elles les chasseront aussi dans la souche, mais elles sentiront bientôt qu'elles en ont besoin pour féconder les mères au berceau et alors elles ne les inquiéteront plus.

86. Rajeunir une ruchée à vieille bâtisse. — Une colonie, dont les édifices datent de cinq à six ans, ne prospère plus. On nous opposera plusieurs exemples de vieilles ruchées qui essaiment et donnent du miel ; ce sont des exceptions dont on ne doit pas tenir compte. Il faut donc chercher un moyen de renouveler les vieilles constructions. La ruche à hausse se prête admirablement à cette rénovation, mais les ruches communes et à calotte présentent des difficultés sérieuses. Nous allons exposer la pratique de plusieurs apiculteurs distingués qui font usage de ces dernières ruches.

1° Quand nous avons plus de colonies que nous ne voulons en conserver, notre conduite est toute tracée : nous supprimons autant de vieilles ruchées que nous avons d'essaims pour les remplacer ; mais, au lieu de tuer sottement et brutalement les abeilles avec leur couvain, nous opérons une réunion qui sauvegarde tous les intérêts. L'article 161 nous donne les moyens d'y arriver.

2° Si nous voulons augmenter le nombre de nos ruchées, il faut rajeunir les vieilles, et pour cela il se présente trois moyens qui réussiront dans les bonnes années. Le premier moyen consiste à couper au printemps tous les rayons à 10 ou 12 centimètres de profondeur. C'est ce que nous avons conseillé dans l'article 50. Les abeilles, après avoir reconstruit la portion enlevée, placeront une grande partie de leur couvain dans la cire nouvelle. C'est là le point essentiel, car la vieille cire est nuisible surtout au couvain. Ce moyen n'est qu'une demi-mesure, mais il a l'avantage de ne rien hasarder et de ne pas effrayer les gens peureux.

Le second moyen est plus énergique ; il est employé avec succès par des apiculteurs habiles qui ont la ressource de la bruyère et du sarrasin : avant la floraison de ces deux plantes, ils pratiquent une taille sur toutes leurs vieilles colonies. Ils enlèvent complétement tous les rayons d'une moitié de la ruche, et, l'année suivante, ils retranchent ceux de l'autre

moitié, en sorte que les édifices se trouvent entièrement renouvelés. On nous dira qu'avec ce mode, on sacrifie du couvain, mais cette perte est peu regrettable, vu l'avantage
qu'on a de renouveler ce qui est vieux.

Le troisième moyen, quoique radical, ménage tous les
intérêts; il consiste à transvaser les abeilles de la vieille
bâtisse dans une ruche vide, à mettre celle-ci à la place de
la souche, et pour sauver le couvain de cette dernière, la
placer par-dessous une autre colonie; la vieille bâtisse renversée sens dessus dessous sera placée absolument comme
il est dit dans l'article 161 ; et au moment de récolter le
miel, on la supprimera.

Le troisième moyen, peu hasardeux pour les contrées favorables aux abeilles, l'est beaucoup pour celles qui leur
offrent peu de ressources. Cependant, tout bien considéré,
on ne perd rien en aucun cas, car si l'essaim ne réussit pas,
on a le peu de miel qu'il a amassé, ainsi que celui de la
souche.

Le transvasement peut être retardé jusqu'à la fleur de la
bruyère et du sarrasin, mais quand on n'a pas cette ressource, il faut le faire au moment de l'essaimage.

Le premier moyen est praticable pour toutes les vieilles
colonies, quelle que soit leur population, mais le second et
le troisième n'ont de chances de succès que sur des colonies bien peuplées. Il faut que la totalité des abeilles puisse
présenter le volume d'un essaim ordinaire.

Il y a encore un quatrième moyen de rajeunir les vieux
gâteaux. Pour cela, il faut que la ruchée essaime, ce qui est
assez rare. Vingt jours après son essaimage, on enlève
quatre ou cinq rayons du centre ; on y trouve peu de miel,
et tout le couvain est éclos. Les années suivantes on enlèvera les rayons des côtés.

87. Rajeunir les ruchées à hausses. — Voir la *méthode nouvelle pour le printemps.*

88. Rendre forte une ruchée faible. — Vous remarquez, dans le courant du mois de mai ou au commencement
de juin, une ruchée faible de population et légère de miel ;
à moins que l'année ne soit très-favorable, vous prévoyez
qu'elle ne pourra se refaire. Venez-lui en aide ; donnez-lui
de la population et fournissez-lui ainsi le moyen d'amasser,
en peu de temps, le miel qui lui manque. Vous y réussirez
en opérant de la manière suivante : Choisissez une belle

journée de travail, entre neuf heures et midi. Adressez-vous d'abord à une ruchée que vous savez très-forte et bien pesante ; mettez-la en état de bruissement, ce qui est toujours facile quand les abeilles sont en pleine récolte. Venez ensuite à votre protégée, enfumez-la jusqu'à bourdonnement ; enlevez-la pour la poser à terre ; allez chercher la première ruchée, et placez-la sur le plateau de la seconde ; reprenez celle-ci et portez-la sur le plateau de l'autre ; vous terminez en soufflant quelques bouffées de fumée pour mettre les deux ruchées en état de bruissement (217). C'est, vous le voyez, une simple mutation, c'est la ruchée faible qui est mise à la place de la forte et réciproquement. Les plateaux restent, il n'y a que les paniers de changés.

L'histoire de nos deux ruchées va vous intéresser. Les mouches de la plus forte reviennent en masse de la campagne ; elles entrent d'abord sans défiance dans celle qui lui a été substituée, parce qu'elles reconnaissent leur plateau et les abeilles qui y sont restées ; ce n'est que quand elles sont entrées qu'elles se trouvent dépaysées et qu'elles témoignent de l'inquiétude. Elles sortent, puis elles rentrent et finissent par s'acclimater ; c'est l'affaire d'un jour. Du reste, il n'y a ni lutte ni combat. Le lendemain tout est tranquille. La ruchée faible reçoit de la forte une nombreuse population, et amasse en peu de temps ses provisions. La forte, au contraire, ayant perdu les trois quarts de ses ouvrières, n'amasse presque plus rien ; elle ne peut guère que suffire à la subsistance de son nombreux couvain ; mais vous admirerez avec quelle promptitude elle réparera sa perte. Un mois après, elle se trouvera aussi peuplée que les autres.

Ce sera toujours une ruchée très-forte et pourvue de ses provisions d'hiver que vous choisirez pour permuter avec la faible ; et vous ne ferez cette opération que dans la saison des fleurs et du miel.

Avant de rien faire, visitez l'intérieur de la ruchée faible, et assurez-vous bien qu'elle a du couvain d'ouvrières (44) ; c'est une condition essentielle de succès. Quand le couvain de cette espèce lui manque, c'est qu'elle n'a pas de mère. On ne peut que lui donner un essaim ou la réunir à une autre ruchée ; il n'y a pas de permutation possible. Si vous omettez ou négligez quelqu'une de toutes ces conditions, ne faites retomber que sur vous-même la responsabilité de vos œuvres.

En 1863, dans le courant du mois de mai, ayant deux ruchées d'abeilles jaunes médiocrement peuplées, je voulus
les rendre fortes ; voici ce qui me réussit à souhait. Je fis
deux essaims artificiels sur deux colonies d'abeilles communes ; une heure après, quand je fus bien certain que
chaque essaim avait sa mère, je mis les essaims à la place
des souches, celles-ci sous les ruchées alpines ; vingt jours
après cette opération, les deux ruchées jaunes pouvaient
être regardées comme les plus fortes de l'apier.

En 1864, le 16 mai, ayant fait quatre essaims artificiels,
je les mis à la place des souches, et celles-ci par-dessous
quatre colonies qui me paraissaient médiocrement peuplées ;
vingt jours après, ces colonies étaient devenues visiblement
les plus fortes ; je dois dire, cependant, que les quatre ruchées que j'appelle les moins peuplées n'étaient faibles que
relativement aux autres colonies de l'apier. Ce moyen de
rendre forte une ruchée faible ne présente aucun danger de
tuerie ; il suffit de lancer quelques bouffées de fumée dans
les deux ruchées à réunir, avant d'opérer la réunion.

89. **Colonies plus actives que d'autres.** — C'est un
fait bien constaté que certaines ruchées ont beaucoup plus
d'activité que d'autres. Ainsi, au printemps, j'espère toujours plus d'un essaim de l'année précédente que d'une
autre ruchée, quoique les populations soient égales de part
et d'autre ; ainsi une ruchée, qui a donné un essaim dans
la dernière campagne, réussira généralement mieux qu'une
autre qui n'a pas essaimé, quand même les populations seraient équivalentes.

Les colonies les plus fortes du printemps ne conservent
pas toujours leur supériorité. On en voit qui déclinent et
passent du premier au second rang, comme d'autres du
second s'élèvent au premier. Les abeilles sont d'autant plus
actives que la mère est plus féconde ; le couvain réussit
mieux dans une jeune cire que dans une vieille ; d'un autre
côté, la mort de la mère fait toujours subir à la population
un temps d'arrêt : c'est à l'une de ces trois causes que l'on
doit attribuer la prospérité plus ou moins grande des colonies. Enfin, il y a des populations qui augmentent à vue
d'œil et amassent un butin surprenant ; dans ce cas, on doit
croire que les abeilles n'ont pas assez respecté le bien
d'autrui, et qu'elles se sont enrichies par le pillage latent (169)
au préjudice d'autres colonies.

Les essaims primaires de l'année précédente ayant de vieilles mères sont plus exposés à dépérir que les ruchées qui ont de jeunes mères, telles que les souches d'essaims.

90. **Distance à établir entre chaque ruchée.** — Dans les grandes chaleurs de l'été, il peut arriver que les abeilles d'une ruchée communiquent avec celles de la ruchée voisine. Ce mélange des deux populations donne lieu à des combats d'avant-postes; de la défiance on passe quelquefois à l'intimité, au point que les deux peuples finissent par ne plus en faire qu'un seul : l'une des ruchées perd sa mère et sert ensuite à l'autre de magasin à miel. Pour prévenir ces accidents, il suffit de dresser une planchette entre les deux ruchées, ou bien, si la chose est possible, de mettre un intervalle de 10 centimètres entre les deux plateaux.

SAISON DES ESSAIMS.

91. **Saison des essaims.** — La saison des essaims dure environ six semaines; elle commence à l'époque où la séve coule abondamment dans les plantes, c'est-à-dire en mai et en juin pour les climats tempérés; elle varie aussi selon les années. On a lieu de croire qu'elle commencera de bonne heure lorsque les différentes productions de la terre paraissent plus avancées qu'à l'ordinaire. Dans notre département de la Meurthe, les ruchées les plus fortes essaiment communément du 20 mai au 1er juin ; quelquefois l'essaimage ne durera que de dix à quinze jours. Une grande chaleur et une sécheresse soutenue en sont la cause.

La saison des essaims commence six ou sept semaines après l'apparition des premières fleurs. Nécessairement, cette règle doit participer de l'irrégularité des printemps. Si les abeilles amassent beaucoup de pollen dans la seconde moitié de mars, et que le mois d'avril soit beau, il y aura des essaims dans les premiers jours de mai. Si, au contraire, le printemps est tardif, et que les abeilles ne recueillent du pollen que dans le milieu d'avril, les essaims ne paraîtront que sur la fin de mai ou au commencement de juin.

Les ruchées très-fortes commencent à élever des bourdons à partir du moment où elles peuvent se procurer du pollen. Les bourdons sont vingt-quatre jours pour éclore, et l'essaim ne sort au plus tôt que six ou huit jours après leur naissance.

Cependant on voit des essaims avant l'apparition des bourdons adultes, quand la miellée a donné fortement, fin d'avril ou commencement de mai.

L'essaimage est généralement plus hâtif à proximité des bois où se trouvent en abondance le saule marceau, le noisetier, le cerisier.

92. Colonies qui essaiment les premières. — Un mois à l'avance, un observateur attentif distinguera facilement celles de ses ruchées qui donneront les premiers essaims ; il se trompera rarement dans ses prévisions. Il remarque deux ruchées très-fortes ; la porte suffit à peine pour livrer passage aux nombreuses ouvrières qui sortent et qui rentrent, l'une des deux est un essaim de l'année précédente ; voilà celle qui donnera le premier essaim. Voici deux autres paniers aussi très-forts ; mais l'un est d'une capacité plus faible que l'autre ; ce sera le panier à moindre volume qui essaimera le premier. Enfin, de deux ruches de volumes égaux et de populations équivalentes, la plus lourde donnera son essaim la première. Ainsi, une ruche se trouvera dans les meilleures conditions possibles pour l'essaimage, quand cette ruche sera un essaim de l'année précédente, d'une capacité ordinaire (25 à 30 litres), et qu'elle réunira à une bonne provision de miel une nombreuse population.

93. Indices d'un prochain essaimage. — On regarde généralement comme un indice de la sortie prochaine des essaims, l'apparition des bourdons. Ils commencent à paraître dans les premiers jours de mai, quelquefois en avril. Ce sont toujours les ruchées les plus fortes qui fournissent les premiers ; ordinairement une ruchée n'essaime qu'elle n'ait montré ses bourdons six ou huit jours à l'avance. Entre midi et trois heures, par un beau soleil de mai, vous pouvez les voir sortir tout joyeux pour se donner le plaisir d'une promenade aérienne. Cependant, cette apparition des bourdons n'est pas toujours une preuve que la ruche essaimera.

L'apparition des bourdons en avril suppose une belle récolte de pollen dans la seconde quinzaine de mars, ce qui est rare dans nos contrées.

Quand le printemps a été tardif, les bourdons paraissent

tard, et si la fin d'avril ou le commencement de mai donne beaucoup de miel, les essaims sortiront avant l'apparition des bourdons.

Les bourdons sont aux essaims ce que les fleurs sont aux fruits : il n'y a pas de fruits sans fleurs, mais' les fleurs ne donnent pas toujours des fruits; de même il n'y a pas d'essaims sans bourdons, mais trop souvent il y a des bourdons sans essaims.

Un autre indice de la sortie prochaine d'un essaim, c'est quand le trop-plein force une partie des abeilles à se tenir en dehors de la ruche, à faire *la barbe*. Le logement ne suffit plus à la famille qui déborde de toutes parts. L'essaim ne se fera pas attendre longtemps. Cependant, il peut arriver que de grandes chaleurs, devançant l'apparition des bourdons, obligent les abeilles à se tenir ainsi groupées à l'extérieur; dans ce cas, elles lasseront votre patience, en n'essaimant que de dix à quinze jours plus tard. Il manque quelque chose à la famille; elle attend qu'elle soit pourvue de mères au berceau. D'autres fois, les ruchées essaimeront sans que rien indique un excès de population; les abeilles ne débordent pas, le logement suffit à toutes, et cependant vous avez des essaims; c'est que les nuits précédentes ayant été fraîches et les journées d'une température modérée, les ouvrières se sont resserrées davantage dans l'intérieur et ont dissimulé leur nombre. Règle générale, les apparences d'une population excessive donnent des espérances prochaines pour les ruchées peu âgées, et seulement des espérances éloignées pour celles à vieux gâteaux.

Après le coucher du soleil, comparez le bruissement que font entendre vos ruchées; dans les faibles ou celles qui ne sont pas remplies de gâteaux, il est presque nul; dans les fortes, le bruissement est sourd, grave, fortement soutenu; dans les très-fortes, il devient aigu, plus éclatant; espérez un essaim de ces dernières ruchées dans quelques jours. Voulez-vous encore un autre signe : voyez et considérez ces nombreuses abeilles venir de l'intérieur, s'avancer en toute hâte sur le plateau, comme pour apporter un message, puis s'en retourner et rentrer avec le même empressement; espérez un essaim dans quatre ou cinq jours.

Une ruchée très-forte semble rester dans l'inaction; les ouvrières qui vont à la campagne et celles qui en reviennent ne sont pas aussi nombreuses que de coutume; l'activité n'est plus en rapport avec la population ; les mouches paraissent être dans l'attente d'un grand événement. Oui, le grand événement se prépare pour le jour même ou pour le lendemain.

La sortie de quelques bourdons avant l'heure accoutumée présage encore le départ de l'essaim pour le jour même.

94. Nul indice d'essaimage n'est certain. — Tous les signes dont nous venons de parler ne donnent que des espérances ; ils précèdent presque toujours le départ des essaims, mais les essaims n'en sont pas la suite nécessaire. La pluie, le vent, une grande sécheresse, l'une de ces trois causes peut, d'un jour à l'autre, retarder l'essaimage et même y mettre un terme d'une manière absolue.

Il peut arriver que des ruchées très-fortes n'essaiment pas et que d'autres de second ordre le fassent. L'explication de ce double fait est facile : au moment où la ruchée forte est prête à donner son essaim, il survient des mauvais temps continus qui déterminent la mère ou les ouvrières à tuer les nymphes maternelles, tandis que le beau temps revient pour le moment où la ruche de second ordre est disposée à l'essaimage. (Voir l'art. 129.)

Il sort quelquefois des essaims des ruches qui ne sont pas pleines, ce sont souvent des essaims primaires de chant. (Voir l'art. 47.)

95. Départ, mise en ruche de l'essaim. — C'est ordinairement de dix heures du matin à une heure de l'après-midi que les essaims prennent leur essor Les abeilles, comme un torrent impétueux, se précipitent hors de la ruche ; celles de l'intérieur et celles qui sont groupées à l'extérieur, toutes partent pour de nouvelles destinées. Les voilà dans les airs ; c'est une nuée qui se meut et se croise en tous sens. Après quelques minutes de ce vol incertain, le peuple émigrant se dirige vers un arbre qu'il trouve à sa portée ; il s'attache au tronc ou à une branche, formant une masse tantôt arrondie, tantôt allongée, tantôt hémisphérique, selon l'emplacement qu'il a choisi. La ruche qui doit le recevoir est préparée ; elle est propre ; on a frotté l'intérieur avec des feuilles de fèves de marais, ou avec du thym, de la mélisse, ou bien on y a passé un linge humecté d'eau salée. Dès qu'on ne voit plus que quelques centaines de mouches voler autour du groupe, il est temps de le recueillir. Après avoir mis un masque, tenez d'une main la ruche ren-

versée sous l'essaim; de l'autre main, saisissez la branche
et secouez vivement; l'essaim s'en détache et tombe dans
la ruche; un plateau est là tout près pour recevoir cette
ruche, et vous avez soin de la soulever d'un côté au moyen
d'une petite cale. Alors les abeilles, qui étaient tombées en
masse au fond de la ruche, retombent sur le plateau; les
unes s'échappent et s'envolent, les autres sortent vivement
et s'avancent en bataillon serré, prêtes à prendre de nouveau
leur essor, puis s'arrêtent tout à coup dans leur marche, se
retournent et se mettent à faire le bruissement toutes en
chœur; c'est le signal du rappel. Toute la troupe l'entend
et s'empresse de rejoindre la mère. Alors on enfume les
abeilles qui sont restées à la branche; on enfume aussi,
mais modérément, celles qui, posées sur le plateau ou sur
la ruche, tardent d'entrer. Un quart d'heure ou une demi-
heure après, tout est rentré; quelques abeilles seulement
voltigent autour de la ruche ; il ne faut pas vous en inquiéter. Portez l'essaim à la place qui lui est destinée et qui
doit être à quelque distance de la souche. Si vous attendiez
jusqu'au soir, vous vous exposeriez à voir un second essaim
venir se mêler avec le premier dans la même ruche.

Un autre inconvénient, c'est que beaucoup d'ouvrières
reviendraient les jours suivants voltiger autour de l'arbre
qui leur a servi de station.

Pour réussir dans la mise en ruche de l'essaim, il est bon,
mais il n'est pas absolument nécessaire, que la mère se
trouve d'abord dans la ruche; quand elle ne s'y trouve pas,
les abeilles du dedans font entendre pendant quelque temps
un bruissement qui appelle aussi bien la mère que le reste
de la troupe. L'essentiel consiste à enfumer la place où l'on
peut supposer que la mère se trouve. Souvent je l'ai vue
aller rejoindre sa famille. On doit toujours approcher la
ruche le plus près possible de l'endroit où l'essaim s'est fixé.

Les essaims primaires ne sortent ordinairement que par
une belle journée, ils sortent parfois par une température
douteuse; ce fait arrive quand la pluie, le froid des jours
précédents les ont retenus dans la ruche. La vieille mère
profite alors de la première journée passable pour fuir les
jeunes mères qui sont tout près d'arriver à terme; de là le
chant des jeunes mères trois jours après l'essaimage primaire.

Il faut se hâter de mettre en ruche un essaim exposé à

un soleil ardent, autrement il quitterait bientôt la station pour se réfugier je ne sais où.

Il n'est presque jamais nécessaire de prendre des précautions pour s'approcher d'un essaim, excepté pour celui qui est fixé depuis plusieurs heures ou depuis la veille.

96. Essaim difficile à recueillir. — Quand les abeilles, au lieu de s'attacher à une branche qu'on peut secouer, se placent contre un mur, un gros tronc d'arbre, ou dans une fourche formée par les branches, on présente la ruche de son mieux ; on passe un petit balai sur les abeilles pour les détacher et les faire tomber. Le reste se fait comme on a dit dans l'article précédent. On voit encore des essaims se poser à terre, ce qui annonce la lassitude de la mère, et donne à peu près la certitude qu'elle ne reprendra pas son essor. La mise en ruche de ces essaims n'offre aucune difficulté : on pose doucement la ruche par-dessus ; on la tient soulevée d'un côté ; on enfume modérément dans l'intérieur afin d'y provoquer le bruissement ; on enfume ensuite les abeilles du dehors ; bientôt tout l'essaim monte dans la ruche.

Pour recueillir un essaim suspendu à une branche très-élevée, il faut avoir un sac de grosse toile, haut d'environ un mètre, taillé en rond par le bas et attaché autour d'un cerceau ; on fait, à 25 centimètres du haut, une espèce d'ourlet dans lequel on passe un cordon assez long pour le tenir dans la main lorsque le sac est élevé. Quand il s'agit de s'en servir, deux personnes le présentent sous la branche au moyen de deux perches ; elles secouent les abeilles par un mouvement de bas en haut et ferment ensuite le sac en tirant le cordon ; elles versent aussitôt l'essaim dans la ruche qui lui est destinée ; enfin, on enfume la branche, s'il est possible, pour en chasser le reste des abeilles. Au lieu d'un sac, on pourrait encore, au moyen d'une fourche, élever la ruche, y secouer les abeilles, et vite la retourner sur le plateau.

97. Rentrée des essaims. — Quelquefois l'essaim rentre dans la ruche d'où il est sorti ; il se balance quelque temps dans l'air, et puis, sans se reposer, il revient en masse serrée. Si la mère est rentrée avec la famille, une seconde émigration aura lieu le lendemain ou au premier beau jour.

On peut supposer qu'il en est ainsi quand, au moment du départ, il fait du vent, que le soleil se couvre, ou qu'il tombe quelques gouttes de pluie. Mais si c'est une journée chaude, avec un beau soleil sans vent, il est à présumer, au contraire, que la mère n'est pas rentrée et qu'elle est tombée à terre. Dans ce dernier cas, l'essaim ne ressortira plus que le huitième ou le neuvième jour (118) ; il doit attendre la naissance des jeunes mères.

D'autres fois, au lieu de rentrer paisiblement, la colonie se jette dans une ruche voisine, et là une bataille furieuse s'engage entre les deux peuples. La mère s'est introduite dans la ruche par erreur, les abeilles l'ont suivie ; de là cette confusion, cette guerre à mort. Aussitôt qu'on s'aperçoit de la méprise, s'il en est temps encore, on enlève pour quelques minutes la ruche assaillie, et on y substitue celle d'où sort l'essaim ; quand tout est rentré, on remet chaque chose à sa place. Si la mère s'est réellement introduite dans le panier étranger, en le visitant vous verrez sur le plateau un peloton immobile d'abeilles gros comme une noix ; la mère en forme le noyau, elle est pressée par les ennemis qui l'entourent et qui finissent par l'étouffer si on ne vient pas vite à son secours ; les abeilles sont tellement acharnées contre la pauvre captive que la fumée est seule capable de leur faire lâcher prise.

Lorsque la mère tombe à terre ou s'égare, il est à remarquer que l'essaim ne se décide pas aisément à rentrer ; il cherche sa mère, il se répand dans toutes les directions ; on voit qu'il lui manque quelque chose. Un observateur attentif, soupçonnant l'accident, s'attend bien à voir rentrer l'essaim dans quelques minutes ; s'il cherche avec soin, il finit très-souvent par découvrir la mère tombée en avant de la ruche, surtout lorsqu'il y a des herbes, des plantes qui contrarient le vol des abeilles.

Les Allemands prétendent que l'ancienne mère une fois envolée ne rentre plus ; ainsi, quand l'essaim primaire rentre, c'est parce que la mère, ou s'est égarée, ou n'est pas sortie de la ruche.

98. Essaim forcé après la rentrée d'un essaim naturel. — Lorsqu'un essaim naturel est rentré, on peut faire, le jour même ou le lendemain, un essaim artificiel, non sur la souche de l'essaim rentré, mais sur une autre colonie forte ; on met alors l'essaim artificiel à la place de sa propre souche, et celle-ci à la place de la souche de l'essaim rentré, et cette dernière à une place vacante de l'apier.

99. L'abeille mère tombée et rendue à l'essaim. —

Voici un exemple choisi entre dix autres. Un essaim sort, le voilà dans l'espace, bientôt il se montre inquiet; je cherche en avant de la ruche, j'y trouve la mère; mais la pauvrette, elle n'a plus que l'aile gauche, encore cette aile unique est-elle échancrée. Que faire de cette royauté mutilée et sans sujets? Je m'avise de la ramasser dans le creux de ma main, et de la réunir à un peloton gros comme le poing, qui essayait de se rassembler à une branche d'arbre. Dans moins de dix minutes, les abeilles, qui commençaient à battre en retraite, se sont toutes groupées autour du peloton. L'année suivante cet essaim, avec sa mère mutilée, a donné à son tour un autre essaim; j'en épiais la sortie depuis huit jours; enfin il sort, je cours en avant de la ruche et je trouve encore, comme je m'y attendais, la mère tombée, mais dans un état pitoyable. L'année précédente, il lui restait encore l'aile gauche; cette fois, il n'y avait pas même trace d'aile; je la recueille encore, et ne voyant aucun peloton d'abeilles auquel je puisse la réunir, je pense à un autre moyen qui déjà m'avait réussi plusieurs fois. Je renferme la mère sous verre, j'enlève la ruche qui vient d'essaimer, et la remplace par celle destinée à l'essaim, et au moment où celui-ci se dispose à rentrer, je rends à la mère sa liberté, en la faisant entrer dans la ruche vide. Les choses se sont encore passées comme je l'espérais: l'essaim s'est rassemblé autour de sa mère, et un quart d'heure après, la souche se retrouvait à sa place et l'essaim à celle qui lui était destinée. Quand on enlève la souche pour mettre à sa place la ruche vide, il faut laisser le plateau avec les abeilles qui s'y trouvent; la mère est tout de suite en pays de connaissance, et l'essaim entre sans défiance, pensant rentrer dans sa ruche.

100. Départ simultané de deux essaims. —

Dans un apier composé de nombreuses colonies, deux essaims peuvent sortir en même temps, se réunir et ne plus former qu'un seul groupe; je ne conseillerai jamais de les séparer, je connais trop les avantages des essaims forts sur les faibles. Cependant, voici un moyen de les diviser qui réussira souvent.

On recueille ce double essaim de la même façon que les autres, et on ajoute une hausse si la ruche ne suffit pas. Vers le coucher du soleil, près de l'apier, sur un sol uni, on secoue légèrement l'essaim contre terre, de manière à ne faire tomber qu'une partie de la population, un quart par exemple. On secoue une autre partie à un mètre plus loin, un troisième quart à égale distance, le reste est conservé dans la ruche; chaque portion est à l'instant recouverte d'une ruche vide. On tourne avec de la fumée tout autour de chaque groupe d'abeilles pour les forcer à monter dans leur ruche respective; c'est l'affaire d'un quart d'heure pour bien isoler les groupes. Au bout d'une demi-heure, peut-être plus tôt, on saura si les mères sont dans des ruches différentes. Les groupes qui auront une mère seront tranquilles et paisibles; les autres commenceront à se troubler, à s'agiter; il suffira alors de rapprocher de chaque ruche à mère une de celles qui n'en ont pas. La réunion des abeilles orphelines avec celles qui ont une mère s'opérera plus vite si on envoie à ces dernières quelques bouffées de fumée pour provoquer le bruissement comme signal de rappel. C'est intéressant de voir comme les pauvres orphelines s'empressent de rejoindre leur mère. En divisant l'essaim en six portions, les chances de séparer les mères seront plus grandes.

Il n'y a pas d'inconvénient d'attendre jusqu'au soir pour opérer la division des essaims, parce que les mères surnuméraires ne sont ordinairement tuées que pendant la nuit.

Lorsque deux essaims sont rassemblés dans une même ruche, il est possible que les deux mères périssent en même temps. L'explication de ce fait est facile : chaque mère, isolée de sa propre famille, s'est trouvée au milieu des abeilles de l'autre famille, qui l'ont enveloppée et pressée de toutes parts. Quand cet accident a lieu, les abeilles retournent à leurs ruches respectives, et l'on trouve sur le plateau de l'essaim une des mères retenue dans une prison bien étroite et bien dure. C'est un petit peloton d'abeilles, nous l'avons dit, qui entoure la pauvre mère et qui finit par l'étouffer.

Quelquefois ces essaims, malgré la perte des deux mères, n'abandonnent pas la ruche; ils construisent alors des gâteaux composés uniquement de cellules à bourdons. Ne pouvant pas élever de couvain, ils ne recueillent point de pollen, mais ils amassent du miel; j'en ai récolté jusqu'à 8 kilogr. dans une seule ruche. Ces sortes d'essaims sont excessivement rares, j'en ai rencontré peut-être une dizaine en tout.

6

101. Empêcher les essaims de se réunir. — Il n'est guère possible d'empêcher la réunion de deux essaims qui sortent de leur ruche au même moment. Mais si l'un est rassemblé à la branche d'un arbre, ou recueilli dans une ruche, lorsqu'il plaît à l'autre de quitter la maison maternelle, il sera facile de s'opposer à la réunion qui aurait très-probablement lieu si on n'y mettait obstacle. Il suffit de se placer avec un enfumoir entre les deux populations; une fumée abondante, dirigée contre le second essaim, l'éloignera et le forcera à s'établir à quelque distance du premier. Si ce premier essaim se trouve déjà rassemblé dans la ruche, on se contentera de le transporter à quelque distance. Inutile alors d'employer la fumée contre le second, qui s'établira où il lui plaira.

102. Essaim à la station d'un essaim précédent. — Assez souvent les essaims du lendemain vont s'établir à la branche qui a servi de station à ceux de la veille. La raison de cette préférence, c'est que la nouvelle colonie est attirée par les quelques abeilles de la première qui reviennent voltiger autour de l'arbre où elles s'étaient posées la veille. Une seule fois j'ai eu occasion d'en reconnaître les inconvénients. Un essaim vint s'établir sur le même arbre qu'un autre essaim de la veille; il fut recueilli sur-le-champ; mais, à mon grand étonnement, au bout de deux heures les abeilles se mirent en mouvement, elles sortirent et s'en retournèrent une à une à la souche. Enfin, je soulevai l'essaim; il ne restait plus qu'un quart de la population; je vis sur le plateau un petit peloton d'abeilles gros comme une noix; la mère en formait le triste noyau, elle était dans un état désespéré. Alors tout me fut expliqué : c'étaient les quelques abeilles de l'essaim de la veille, qui, s'étant rencontrées avec cette mère, l'avaient enlacée et étreinte jusqu'à ce que mort s'ensuivît.

103. Poids et volume d'un bon essaim. — Un bon essaim doit peser 2 kilogr. environ. Il est bon de dire ici que les abeilles, en quittant leur domicile pour aller fonder une nouvelle colonie, se munissent toutes d'une provision de miel qui les rend plus lourdes que dans leur état habituel; la différence de poids est même assez sensible. D'après des expériences que j'ai faites et dont je garantis l'exactitude, il faut 11,200 abeilles à leur état habituel de vie pour peser 1 kilogr.; tandis qu'il n'en faut, pour for-

mer le même poids, que 9,400, quand on les prend dans
un essaim et qu'on les pèse quelques heures après leur sortie. Quant au volume, un essaim dont les abeilles pèsent
2 kilogr., occupe aux trois quarts une ruche jaugeant 18
litres, et un essaim de 2^k,500 l'occupe à peu près entièrement. Ceci suppose une température modérée; car, par
de grandes chaleurs, l'essaim de 2 kilogr. s'étendra et remplira toute la ruche.

Le volume apparent d'un essaim est au moins quatre
ou cinq fois plus grand que le volume réel; tel essaim qui
remplit la ruche, si on le fait tomber sur le plateau,
forme à peine une couche de 4 ou 5 centimètres d'épaisseur.

Je suis tenté de croire qu'ils n'ont rien vérifié, les auteurs
qui portent à 3 kilogr. le poids des essaims ordinaires. Ce
poids me paraît exagéré d'un tiers ou d'un quart.

Les Allemands n'estiment pas à plus de 17 à 20,000
mouches la population d'un essaim primaire; mais les
20,000 mouches d'un essaim ne donnent que 2^k,227.

104. Installation de l'essaim. — L'essaim, dès la première nuit de sa mise en ruche, travaille à se couvrir, c'est-
à-dire à faire des constructions entre lesquelles il puisse
se loger. Pour peu que la saison soit favorable, il ne lui
faut que six à sept jours pour remplir de rayons tout l'espace qu'il occupait dans la soirée de sa mise en ruche.
Quand ce premier travail est terminé, les gâteaux n'avancent
plus qu'autant que de nouvelles cellules deviennent nécessaires pour loger le miel et le couvain.

Les ouvrières, pendant les deux ou trois premiers jours,
charrient peu de pollen; on le comprend facilement, puisque
les quelques œufs qui ont été pondus la première nuit
n'écloront que trois fois vingt-quatre heures après.

On ne parle ici que d'un essaim logé en ruche vide.

L'essaim, le jour même de son installation et les trois
jours suivants, acquiert peu de poids comparativement aux
autres ruches; mais, à partir du quatrième jour, il acquiert,
à peu de chose près, le même poids qu'un essaim en bâtisse
complète.

105. Rendre fort un essaim faible. — Si, pour une
cause quelconque, une ruchée très-forte ne vous donne
qu'un essaim faible, il sera toujours aisé de le rendre fort,
et cela sans le moindre inconvénient. Aussitôt que l'essaim

est recueilli et prêt à être porté à l'apier, enlevez la souche,
et sur le plateau de celle-ci mettez l'essaim. Les abeilles
restées sur le plateau et celles qui vont revenir des champs,
en augmenteront bientôt le volume. Le lendemain, de nouvelles ouvrières, venant encore s'y réunir, votre essaim se
trouvera être très-fort. N'ayez aucune inquiétude sur la
souche si, toutefois, elle est lourde. Elle aura réparé le déficit de sa population avant un mois.

Il est bien entendu que la souche doit rester à sa nouvelle
place. Pour faire cette mutation en toute sécurité, il faut
avoir la certitude que l'essaim est sorti de telle ruche et non
de telle autre ; sinon, en mettant à la place d'une ruche un
essaim qui n'en serait pas sorti, les abeilles monteraient
difficilement dans l'essaim à cause du vide de la ruche. Il y
aurait alors désordre et confusion.

La permutation de l'essaim avec la souche, quand celle-ci
est lourde, présente deux avantages : l'essaim, où se trouve
réunie presque toute la population, aura bientôt fait ses vivres ; la souche, de son côté, est trop affaiblie pour donner
un essaim secondaire.

106. **Nourrir l'essaim.** — Inspiré par une prévoyance
admirable, un essaim, au départ, emporte toujours avec lui
des provisions pour plusieurs jours. Déjà, la nuit suivante,
des cellules sont ébauchées, et la mère y dépose quelques
œufs. Si les trois premiers jours, après l'établissement de
l'essaim, sont favorables au travail, c'en est assez pour
donner aux abeilles le temps d'amasser des provisions qui
les mettront en état de supporter huit ou dix jours de mauvais temps. Mais si, pendant les deux premiers jours de son
installation, l'essaim ne peut aller chercher sa nourriture à
la campagne, il faut lui venir en aide et lui donner du miel
qui le fasse vivre jusqu'au retour du beau temps. 60 grammes
par jour me paraissent suffisants. On croit communément
qu'un essaim emporte des provisions pour trois jours. J'aimerais mieux le nourrir le troisième jour que d'attendre
au quatrième.

Ce que je viens de dire regarde les apiculteurs qui ne
voudront pas laisser un essaim mourir de faim, mais je
conseille fortement de donner, en cas de mauvais temps,
1 kilogr. de nourriture à chaque essaim; ce sera prêter
à de gros intérêts.

107. **Fuite des essaims faute de nourriture.** — Voilà

un essaim primaire qui, le lendemain de l'essaimage ou les jours suivants, abandonne sa ruche pour aller je ne sais où; cependant cet essaim, en sortant de la souche, s'était établi à une branche avec une régularité parfaite; il s'était laissé mettre en ruche avec la plus louable docilité; il avait passé la première nuit dans le calme le plus rassurant. Pourquoi est-il devenu volontaire et capricieux? Ne cherchez pas d'autre cause de la fuite de cet essaim que le défaut de vivres; si vous lui aviez donné un peu de nourriture, il n'aurait jamais songé à courir de nouveaux hasards.

Qu'un essaim naturel, faute de nourriture, abandonne la ruche le lendemain ou le surlendemain de sa sortie, c'est un fait que j'ai vu trop souvent pour pouvoir en douter, fait qui se produit lorsque l'essaimage a lieu dans une journée peu mielleuse, ce qui indiquerait qu'en pareille circonstance les abeilles n'emportent pas toujours des provisions pour trois jours.

Il y a, dans la saison des essaims, des journées qui sont belles en apparence, mais qui ne sont pas bonnes pour les abeilles. C'est alors qu'il faut craindre la fuite des essaims nouvellement établis.

Voici un indice rarement trompeur pour distinguer les journées belles des journées bonnes.

Quand vous voyez, entre trois et quatre heures du soir, les ouvrières de toutes les ruchées ralentir considérablement leur travail, dites: la journée n'a pas été bonne pour le miel; si, au contraire, vous voyez presque autant d'animation entre cinq et six heures du soir qu'au milieu du jour, c'est que les fleurs donnent du miel.

Autre indice de miel: lorsque, au coucher du soleil, le bruissement des colonies est plus vigoureux que les jours précédents, dites encore: la journée a été bonne en miel.

108. **Loger l'essaim dans une bâtisse.** — Quelques apiculteurs sont dans l'usage de loger des essaims dans des ruches contenant des gâteaux; on leur donne, disent-ils, un appartement tout meublé qui leur épargne beaucoup de peine et de travail. Ils conservent donc, pour cette destination, des ruches dont les rayons ne soient pas de trop ancienne date. Cette méthode est bonne, pourvu que ce soient des gâteaux d'essaims de l'année précédente. Je suis persuadé qu'un essaim recueilli dans une ruche renfermant un bâtiment tout fait, se trouvera, à l'automne, plus lourd qu'un

autre du même jour et d'une population équivalente, mais recueilli dans une ruche vide.

Quand on voudra conserver intactes les constructions faites par des essaims de l'année précédente, on les suspendra pendant l'hiver dans un grenier. Pendant les mois d'avril et de mai, on les descendra à la cave, afin de les préserver des attaques de la fausse-teigne.

109. Considérations sur la bâtisse des abeilles. — La bâtisse coûte peu de miel; mais faute de bâtisse, les abeilles perdent parfois beaucoup de miel. Ces deux propositions demandent quelques développements.

1° Les abeilles bâtissent généralement de nuit et, pour les abeilles, la nuit dure de treize à quatorze heures. Après six heures du soir et avant neuf heures du matin, les abeilles récoltent peu. Elles peuvent, dans cet intervalle, bâtir sans perdre de temps, sans nuire à la récolte.

2° Un essaim logé en ruche vide ne récolte rien ou presque rien le jour même de son installation, et récolte peu les trois jours suivants. Il y a donc perte pour lui et grande perte si le miel est abondant à la campagne. La bâtisse lui manque et peut-être autre chose encore.

3° Un essaim logé en tiers de bâtisse travaille énergiquement le jour même de son installation. Il continue, les jours suivants, à travailler avec la même énergie. Cet essaim, dont la population pèse par exemple $2^k,500$, peut, sans nuire en rien à la récolte, bâtir chaque jour 6 à 8 décimètres carrés de gâteaux. Pourquoi un essaim en ruche vide ne peut-il pas en produire la même quantité pendant les premiers jours de son installation? Les faits sont constants, les expliquer c'est autre chose.

Un essaim n'ayant pour toute bâtisse que des rayons régulateurs aura, en bonne miellée, un grand avantage sur l'essaim en ruche vide; c'est une expérience que j'ai faite en 1871. Les rayons régulateurs réunis représentaient à peine une bâtisse de 4 décimètres carrés.

Le capital, en bonne miellée, est d'avoir un commencement de bâtisse.

4° Toute comparaison entre essaim logé en ruche vide et essaim en bâtisse grasse (avec miel) est défectueuse. L'essaim en bâtisse grasse peut supporter une crise alimentaire, c'est-à-dire un manque de récolte sans que la ponte soit interrompue; tandis que l'essaim en ruche vide souffre énormément si les premiers jours de l'installation sont mauvais. La mère, pendant toute la durée du mauvais temps, ne pondra pas, faute de cellules ; les ouvrières ne bâtiront pas ; ces pauvres ouvrières, au premier beau jour, affaiblies par la faim, tenteront d'aller aux vivres, mais toutes pourront-elles supporter les fatigues du voyage et revenir avec des provisions ? Dans ce cas, il peut y avoir une très-grande différence de produits en faveur de l'essaim à bâtisse grasse.

5° Un essaim logé en ruche vide ne sera pas sensiblement inférieur à un autre essaim du même jour logé en bâtisse, si les quatre premiers jours, y compris celui de la naissance, ne fournissent au dernier qu'une récolte de 200 à 300 grammes chaque jour. A la fin de la campagne l'essaim en ruche vide aura acquis un poids presque égal au poids de l'essaim en ruche bâtie.

6° Vous voilà avec deux essaims du même jour : l'un est mis en ruche vide, l'autre en ruche bâtie ; le lendemain et le surlendemain, le mauvais temps ne permet à personne de faire ses vivres, mais le troisième jour, la température est belle, le miel est abondant ; dans ce cas l'essaim en ruche vide se trouve dans une triste position ; n'ayant pas de bâtisse, il ne peut faire qu'une récolte insignifiante, tandis que son concurrent peut déployer toute son activité, ayant reçu une bâtisse qui est là pour recevoir œufs, miel et pollen.

7° Une ruchée forte à laquelle on donne au printemps une hausse vide, remplit cette hausse à peu de frais ; elle ne perd pas 3 grammes de miel pour 1 gramme de cire. Elle bâtira la hausse d'autant plus vite que les abeilles pourront prolonger les gâteaux de haut en bas, sans rencontrer aucun obstacle, tel que plancher ou barrettes par-dessus la hausse.

Deux colonies très-fortes en population reçoivent au printemps, l'une une calotte bâtie, l'autre une calotte vide avec gâteau-échelle pour déterminer les abeilles à monter plus vite. La première colonie, celle à calotte bâtie, possède encore dans le corps de la ruche des cellules disponibles où elle pourrait loger sa récolte ; cependant elle préfère la transporter dans la calotte. En cela elle ne fait que suivre son instinct qui lui dit de mettre ses provisions dans la partie haute et la plus sûre de son habitation.

La seconde colonie n'ayant pas de bâtisse dans la calotte est bien forcée de loger sa récolte dans le corps de la ruche ; mais avant que les cellules lui fassent défaut dans le bas, elle se met à bâtir dans le haut, et dès ce moment, à l'exemple de sa sœur, elle transporte dans la calotte son butin de chaque jour. Elle fait sa bâtisse à peu de frais, parce qu'elle peut en faire chaque jour, sans nuire à la récolte, 6 décimètres carrés, ce qui est plus que suffisant pour emmagasiner 2 kilogr. de miel. Je maintiens que, dans le cas présent, la colonie perdra au plus 3 grammes de miel pour 1 gramme de bâtisse. Un décimètre carré de bâtisse neuve peut loger de 350 à 400 grammes de miel, selon l'épaisseur du gâteau.

Des apiculteurs peu attentifs me diront : La calotte bâtie de la première colonie sera souvent pleine de miel quand celle de la seconde sera à peine bâtie au tiers. Oui, la chose est possible; mais n'allez pas conclure que la première colonie a récolté beaucoup plus de miel que la seconde. Si vous aviez pesé les deux ruchées avant de leur donner des calottes et encore avant de les enlever, vous auriez reconnu que le poids acquis était à peu près le même pour chaque ruchée; que ce qui manquait de miel dans la calotte bâtie au tiers seulement, se retrouvait dans le corps de la ruche.

Il n'est pas si facile qu'on pourrait se l'imaginer d'avoir des bâtisses sèches, propres à loger des essaims; il ne faut ni mouches mortes, ni vieux pollen dans les cellules.

Mes nombreuses expériences sur la bâtisse des abeilles ont été publiées dans le journal *l'Apiculteur* de novembre, décembre 1869, et janvier 1870; elles ont été reproduites dans le journal allemand, la *Bienenzeitung,* et sans contradiction en Allemagne comme en France.

110. Essaim allant s'établir dans une bâtisse. — On a laissé par négligence sur l'apier un panier dont les abeilles sont mortes. Les constructions existent, mais il n'y a plus personne pour les habiter. Au moment de l'essaimage, on remarque dans ce panier autant d'animation que dans les autres. D'où vient cette population qui est venue si à propos le raviver? C'est tout simplement un essaim qui s'y est établi. De tels cas ne sont pas rares.

111. Réunion des essaims. — Un propriétaire qui comprend ses intérêts, préfère la qualité des colonies à la quantité. Il aime mieux deux bons essaims que quatre médiocres. Il réunira d'abord les essaims, même précoces, qui ne rempliraient pas les trois quarts d'une ruche de 18 litres. Il réunira aussi les essaims forts, mais tardifs. Il profitera de l'essaimage pour fortifier une ruchée faible et peu ancienne. On peut affirmer qu'en général un apier ne prospère qu'autant qu'on pratique largement la réunion des essaims. Sans doute, les essaims médiocres réussissent dans les bonnes années, mais ces années sont rares, elles sont exceptionnelles.

Nos abeilles, généralement parlant, n'amassent plus rien à la mi-juillet; mais c'est précisément à partir de cette époque que, dans les pays à bruyère et à sarrasin, commence la grande récolte de miel. Des essaims médiocres, mais précoces, ou des essaims forts, mais tardifs, y ont donc plus de chances de réussite que dans la plaine; on fera donc bien de ne pas les réunir.

Nos réunions se font toujours le soir, depuis une demi-heure avant le coucher du soleil jusqu'à la nuit. Nous voici avec deux essaims du même jour; aucun n'est assez fort pour rester seul; il faut les réunir, autant que possible, le jour même de leur sortie. Choisissons, près de l'apier, un sol uni et sans herbe; étendons deux baguettes longues de 50 centimètres et de la grosseur d'un doigt, distantes l'une de l'autre de 15 centimètres environ. Apportons les deux essaims à droite et à gauche; enfumons modérément jusqu'à ce que nous entendions un fort bourdonnement dans les deux. Une fumée trop abondante ferait tomber les abeilles sur le plateau. Prenons ensuite un des essaims, secouons-le fortement sur les baguettes et couvrons-le par l'autre essaim. Les abeilles tombées à terre débordent de toutes parts; elles semblent vouloir s'enfuir; promenons de la fumée tout autour pour les décider à retourner dans la ruche. Quand elles sont à peu près toutes rentrées, lançons quelques bonnes bouffées dans l'intérieur pour entretenir ou rétablir le bourdonnement. Ne craignons jamais rien si l'état de bruissement se soutient fort et continu pendant une demi-heure au moins après la réunion, craignons, au contraire, lorsqu'on entend seulement un bruit faible dans l'intérieur. En observant les règles que nous venons d'indiquer, nous ferons très-peu de victimes.

Des apiculteurs, dignes de toute confiance, assurent que

quand la réunion de deux essaims du même jour se fait le jour même de l'essaimage, la fumée devient inutile, et que jamais il n'y a de tuerie. Depuis que j'ai eu connaissance de la chose, je n'ai pas eu occasion d'en vérifier l'exactitude.

Je n'y mets pas toujours tant de façon pour réunir deux essaims du même jour : je les enfume jusqu'à bruissement; ensuite, par un coup sec et ferme, je fais tomber l'essaim le plus faible dans le plus fort; puis, appliquant vite le plateau sur la ruche et les tenant collés ensemble, je les retourne dans leur position naturelle.

Quand c'est un essaim du jour qu'il s'agit de réunir à un autre des jours précédents, c'est toujours ce dernier qu'on doit conserver, à cause des nouvelles constructions qui s'y trouvent déjà; mais alors n'employez pas le moyen expéditif dont je viens de parler. En renversant la ruche, les gâteaux tomberaient infailliblement.

Voulez-vous donner un essaim du jour à une ruchée faible? Vous pouvez suivre indifféremment l'une des deux méthodes. Aimez-vous la plus expéditive? Dans ce cas, frappez un premier coup sur l'essaim, les abeilles tombent et s'enfoncent bien vite entre les gâteaux de la ruchée faible; un second coup en fait tomber d'autres qui s'enfoncent comme les premières; enfin, un troisième et dernier coup fait tomber le reste. En secouant le tout à la fois, il y aurait engorgement et reflux.

Le bourdonnement est une condition essentielle de réussite; il faut le provoquer avant l'opération et le maintenir encore après.

112. **Réunion plus ou moins difficile.** — En été, par les temps orageux ou pluvieux, il est assez difficile de mettre les abeilles en état de bruissement. Les réunions d'essaims sont plus difficiles à opérer avec succès.

Une population dont on vient de retirer la mère et qui a du couvain, fraternise facilement avec une autre population à laquelle on la réunit. Quelques bouffées de fumée, avant et après la réunion, suffisent pour prévenir tout combat.

Les apiculteurs qui voudront réunir un essaim secondaire à un essaim primaire feront bien, avant la réunion, de s'emparer de la mère de l'essaim secondaire; avec cette précaution et un peu de fumée, tout ira bien. (Voir l'article 123.)

Il y a antipathie bien prononcée entre essaim primaire et essaim secondaire. Les Allemands le savent, aussi recommandent-ils de s'emparer de la mère de l'essaim secondaire avant de réunir les deux familles. La mère de l'essaim primaire est fécondée, celle de l'essaim secondaire ne l'est pas; elle peut périr lors du vol de fécondation, et fécondée elle ne pondra que le onzième jour de la vie au plus tôt.

113. Réunion d'un essaim à deux ruchées médiocres. — Vous avez un essaim fort, mais tardif, dont vous ne savez que faire; vous ne devez pas le rendre à la souche, dans la crainte qu'il ne ressorte les jours suivants; mais vous pensez à deux ruchées médiocres que vous aimeriez à fortifier. Apportez ces dernières sur un sol uni; laissez entre elles un espace suffisant pour y secouer l'essaim fortement et d'un seul coup; les abeilles entrent à droite et à gauche; elles se porteront peut-être en plus grand nombre vers l'une des ruches; quand vous jugez que la moitié est entrée dans la plus favorisée, éloignez-la, revenez vite avec de la fumée pour diriger le reste des abeilles vers la moins heureuse. Je vous répéterai ici que si vous avez soin d'établir d'abord l'état de bruissement, et de le maintenir ensuite, vous ne trouverez pas vingt mouches mortes le lendemain. Ne tentez jamais de réunion tant qu'il n'y aura pas un fort bourdonnement dans les ruchées.

114. Essaim provenant d'un essaim ou reparon. — Dans les années où le temps de l'essaimage dure un mois ou six semaines, on voit parfois un fort essaim précoce donner aussi un essaim. Cet enfant que, dans certains pays, on appelle reparon (rejeton), fait courir à sa mère et court lui-même grand risque de mourir de faim. Le rendre à sa souche, c'est exposer celle-ci à essaimer de nouveau dans deux ou trois jours; lui enlever sa mère et ensuite la réunir à sa ruchée natale, c'est encore pire, c'est provoquer presque sûrement cette dernière à donner un essaim secondaire sept ou huit jours après. Que faire donc de ce malheureux enfant qui nous donne tant de soucis? Réunissons-le à une ruchée faible. Quant à la souche, on ne peut en tirer parti qu'en la réunissant à une autre ruchée. Mais pour cela il faut attendre le mois suivant, ou même l'arrière-saison. Le reparon serait excessivement rare si l'on avait soin de donner une hausse ou une calotte à un essaim fort et précoce, et cela dès que la ruche est pleine de rayons.

L'essaim d'un essaim est appelé par les Allemands, *essaim de vierge*.

ESSAIMAGE SECONDAIRE.

115. Essaims secondaires. — On appelle essaim secondaire celui qui est produit par une ruchée qui a déjà essaimé huit ou neuf jours auparavant. Ce qui distingue essentiellement l'essaim secondaire de l'essaim primaire, c'est que celui-ci est toujours accompagné de l'ancienne mère, tandis que l'autre, l'essaim secondaire, est suivi d'une mère âgée de quelques jours seulement. Ainsi, un essaim primaire, qui, après être sorti de sa ruche, y rentre avec sa mère et ressort deux ou trois jours après, n'est point un essaim secondaire, car c'est toujours l'ancienne mère qui l'accompagne ; mais, si la mère s'est égarée pendant le jet, les abeilles, nous l'avons dit ailleurs (97), rentrent et ne ressortent plus que huit ou neuf jours après. Elles attendent la naissance des mères qui sont au berceau et qui n'arrivent à terme que le cinquième ou sixième jour après le départ de l'ancienne. Alors ce sera un essaim secondaire, parce qu'il entraîne avec lui une jeune mère.

116. Colonie à essaim secondaire. — Premièrement, la ruchée dont l'essaim primaire est rentré par suite de la perte de sa mère, donnera très-probablement un essaim secondaire. En second lieu, une ruchée dont les gâteaux ne datent que d'un ou de deux ans, est très-exposée à fournir un essaim secondaire quand, après avoir essaimé une première fois, elle conserve encore une population passablement forte. Enfin, dans certaines années, presque toutes les ruchées donnent des essaims secondaires ; d'autres fois, ces essaims seront peu communs, mais toujours vous serez prévenu de leur départ dès la veille.

117. Provoquer la sortie de l'essaim secondaire. — L'essaim secondaire amasse très-rarement ses provisions d'hiver (122) ; souvent il cause encore la ruine de la souche (125) ; mais il y a un moyen bien simple d'obtenir un essaim secondaire, volumineux, qui puisse faire ses vivres sans nuire à la souche.

Aujourd'hui, une ruchée donne son premier essaim, et nous voulons que, dans huit jours, elle nous en donne un second qui soit fort ; à cette intention, mettons, le jour même ou le lendemain de l'essaimage, le premier essaim à la place de sa souche (105), celle-ci à la place d'une ruchée à forte population, et cette dernière à une place vacante de l'apier. Au moyen de ces trois mutations, on provoquera presque sûrement la sortie d'un essaim secondaire volumineux.

Il n'y a pas d'apiculteurs qui n'aient à se plaindre de certaine ruchée, à population excessive, qui s'obstine néanmoins à ne pas essaimer ; c'est au lieu et place de cette ruchée qu'on doit mettre de préférence la souche dont on veut provoquer l'essaim secondaire.

La mutation de la souche avec la ruchée forte se fait sans fumée et sans tuerie (85).

Quoique la souche soit redevenue très-peuplée, ne vous attendez pas néanmoins à ce qu'elle donne un essaim secondaire aussi fort que le primaire. Il lui restera donc encore assez de mouches pour une troisième émigration, mais un essaim tertiaire serait chose fâcheuse ; il faut l'empêcher, et pour cela, mettez l'essaim secondaire à la place de la souche, et celle-ci à une place vacante de l'apier, et non à la place d'une ruchée forte.

118. Indice très-probable d'un essaim secondaire. — L'essaim secondaire part ordinairement le huitième ou neuvième jour après la sortie du primaire, et toujours il se fait précéder, dès la veille ou l'avant-veille, par le chant de la mère.

Exemple. — Voilà l'essaim primaire qui part le dimanche ; s'il doit être suivi d'un essaim secondaire, la mère chantera tantôt le samedi suivant, tantôt le dimanche. Elle chantera quelquefois plus tôt, mais rarement plus tard que les deux jours que nous venons d'indiquer.

L'essaim, s'il fait beau temps, sortira le lendemain ou le surlendemain du jour où la mère aura commencé de chanter. Mais, si le temps est mauvais pendant quatre ou cinq jours, vous entendez d'autres mères, et vous distinguez parfaitement plusieurs chants qui alternent, ou, mais rarement, qui se produisent en même temps ; dans ce cas, l'essaim sera probablement accompagné de plusieurs mères ; et alors la souche court grand risque de devenir orpheline (171) si on ne lui rend pas son essaim.

Quand la sortie de l'essaim primaire a été retardée par la pluie ou le froid, le chant de la mère peut se faire entendre plus tôt. Ainsi, en 1858, du 15 au 28 mai, à une belle journée succédaient trois ou quatre jours de froid ; pendant

cette période, on entendait parfois le chant des mères trois
jours après la sortie de l'essaim primaire. La régularité ne
s'est rétablie que pour les colonies qui ont essaimé après le
28 mai, parce que le temps a été constamment beau jusqu'au 20 juin. (Voir, pour le chant des mères, l'article 46.)

Les jeunes mères attendent quelquefois jusqu'au douzième
jour avant de chanter; mais c'est une exception si rare que
je n'en parle que pour mémoire. Il n'est pas question ici
des ruchées dont on a tiré un essaim artificiel; pour celles-
là, les mères ne chantent jamais avant le treizième jour (138).

Une ruchée où les mères chantent nous donne presque
la certitude qu'il en sortira, le lendemain ou les premiers
beaux jours suivants, un essaim secondaire; cependant,
quand le miel devient rare et que la guerre aux bourdons
est commencée dans les autres colonies, dans ce cas, malgré
le chant de la mère, la ruchée pourra bien ne pas essaimer.

Plusieurs apiculteurs de notre temps sont tombés dans
une confusion d'idées regrettables, en assurant que les essaims primaires, aussi bien que les essaims secondaires, se
font annoncer, dès la veille, par un bruit intérieur tout par-
ticulier et par le chant de la mère. Ce bruit, ce chant, quelque soin que j'y misse, je n'ai jamais pu ni les saisir, ni les
entendre avant le départ de l'essaim primaire, excepté deux
fois dans des circonstances de mauvais temps tout à fait
exceptionnel; mais toujours les mères chantent avant le
départ de l'essaim secondaire.

119. Faire artificiellement l'essaim secondaire. —
L'essaim secondaire sort communément entre midi et trois
heures. Il est volontaire et capricieux, il sortira et rentrera
peut-être plusieurs fois avant de se fixer quelque part. D'autres fois il se jettera comme une tourbe indisciplinée dans
une ruchée étrangère, ou bien, se jouant de tous vos efforts,
il prendra un vol rapide et droit comme la balle, pour aller
je ne sais où, dans une cheminée abandonnée, dans un trou
de vieux arbre. Une autre fois, quoique rassemblé dans une
ruche, il l'abandonnera quelques heures après pour retourner à la souche ou s'enfuir pour toujours. Il n'est pas rare
de voir un essaim se grouper entièrement à la station qu'il
a choisie, sans que pour cela la mère s'y trouve. Les abeilles
sentent bientôt qu'elles sont orphelines, elles retournent
alors à la souche. Souvent j'ai épié la sortie de la jeune
mère : quelquefois elle rentrait presque immédiatement

après sa sortie, elle abandonnait l'essaim répandu comme une nuée dans les airs.

Les sorties, les rentrées successives de l'essaim secondaire diminuent considérablement les provisions de la souche; d'un autre côté, la surveillance et la mise en ruche deviennent ennuyeuses.

Pour s'épargner les soucis, les embarras que cause souvent l'essaim secondaire, nous engageons fortement à prévenir sa sortie en le faisant artificiellement.

Vous avez entendu le chant de la mère dans une souche d'essaim primaire, la journée du lendemain est belle, la sortie de l'essaim secondaire est à craindre; prévenez-le. De neuf heures du matin à une heure du soir, transvasez les abeilles dans une petite ruche, ou mieux dans une hausse fermée par un couvercle. Le transvasement terminé, l'essaim est porté à quelques mètres plus loin, la souche est remise à sa place.

Après une demi-heure ou une heure d'attente, l'essaim vous dira ses joies ou ses peines : s'il est accompagné de la mère, il sera heureux et calme; mettez-le à la place de la souche et celle-ci à une place vacante de l'apier.

Le jour suivant dans la matinée, si la souche ne chante plus, rendez-lui son essaim et la place qu'elle occupait avant le transvasement; mais si elle chante encore, attendez que tout chant ait cessé pour opérer la réunion. (Voir l'article 122.)

Quand le transvasement s'est opéré dans une hausse, au lieu de faire la réunion selon le procédé de l'article 122, il est plus simple de déboucher le trou du couvercle de la hausse et de mettre celle-ci par-dessous la souche. Il va sans dire que la hausse est enlevée dès que l'essaim est remonté dans la souche.

Tout ce que nous venons de dire concerne l'essaim réussi; mais il est manqué, la mère ne l'a pas suivi, les abeilles commencent à retourner à la souche. Sans perdre ni courage ni patience, attendez que tout soit rentré dans l'ordre, et le jour même ou le lendemain tentez un nouveau transvasement. Avec la ruche à hausse et à calotte, si l'on emploie la fumée par-dessous, comme c'est indiqué à la fin de l'article 136, la réussite du transvasement est presque certaine.

L'apiculteur qui voudra, du même coup, faire l'essaim artificiellement et débarrasser la souche de ses bourdons, suivra le procédé suivant : Il prendra une hausse de 6 à

8 litres, il pointera sur cette hausse une grille à bourdons, il couvrira la grille d'une toile pour empêcher les ouvrières et la mère de s'échapper par la grille, il transvasera dans la hausse ; le transvasement terminé et réussi, la hausse sera mise à la place de la souche, et celle-ci, le lendemain matin, sera placée par-dessus la hausse après avoir enlevé la toile qui couvre la grille. Quant aux bourdons prisonniers dans la hausse, consultez l'article 215, *destruction des bourdons*.

Il existe un moyen certain de retenir volontairement dans la hausse l'essaim non réussi : dès qu'il y a un semblant d'agitation, on l'emprisonne avec une toile claire pour empêcher l'asphyxie, on l'enfume modérément par-dessous la toile afin de provoquer l'état de bruissement ; cela fait, on se hâte d'extraire de la souche un petit gâteau d'ouvrières operculées, portant une cellule de mère operculée ; le trou du couvercle de la hausse étant débouché, le gâteau est placé au-dessus du trou, et puis recouvert par une calotte ou un objet quelconque ; enfin la hausse est portée dans un lieu frais et obscur. En moins de trois heures, les abeilles, revenues au calme, couvent le gâteau. On peut alors porter la hausse à l'apier et traiter cette sorte d'essaim comme l'essaim réussi, et quand il en sera temps, le rendre à la souche, moins toutefois la cellule maternelle.

Il serait plus sûr de donner deux cellules maternelles, car il y en a qui ne renferment que des nymphes sans vie ; celles-ci ne sont pas couvées.

120. **Empêcher la fuite de l'essaim secondaire.** — Dès qu'un essaim secondaire est sorti, on examine la direction qu'il prend ; s'il paraît s'éloigner de l'apier, ou se porter vers un lieu dénué de tout arbrisseau, on essaie de l'arrêter en lui jetant de l'eau avec un aspersoir, une grande brosse, une touffe de paille ; on peut encore lui lancer du sable, de la poussière. Les gens de la campagne gratifient d'un petit charivari tous leurs essaims indistinctement, pensant empêcher ainsi leur fuite. Cette pratique, dont je ne connais pas la valeur, doit être conservée, ne fût-ce que pour attester l'existence de l'essaim et donner au propriétaire le droit de le réclamer. Il est bien rarement nécessaire de recourir à l'eau et à la poussière pour arrêter les essaims primaires : leurs mères, plus lourdes que celles des essaims secondaires, ont un vol plus pénible qui ne leur permet guère de s'éloigner de l'apier.

121. Histoire de la souche de l'essaim secondaire. —
Lorsque la ruchée a donné un essaim secondaire, elle est
réduite à une très-faible population ; dans ce cas, elle a peut-
être encore plusieurs mères sorties de leurs cellules, mais
ces mères ne chantent plus ; elles se livrent un combat
acharné, la nuit suivante ; la plus forte ou la plus heureuse
va tuer ensuite ses rivales au berceau, et reste ainsi seule
maîtresse du champ de bataille. Le lendemain matin, on voit
souvent les victimes de la nuit tombées en avant de la ruchée.

Cependant, il est encore possible que le lendemain vous
entendiez le chant des mères. Quand ce cas très-rare se
présente, un essaim tertiaire est à craindre. Gardez-vous
bien alors de rendre à la souche l'essaim secondaire, comme
nous allons le conseiller dans l'article suivant : en augmen-
tant la population, vous détermineriez très-probablement la
sortie de l'essaim.

En pareille circonstance, il faut mettre l'essaim secondaire à la place de la souche et celle-ci à une place vacante,
laisser les choses en cet état, et quand la souche ne chante
plus, réunir l'essaim à la souche et remettre celle-ci à son
ancienne place.

122. Réunion de l'essaim secondaire. — Dans nos
contrées, les essaims secondaires n'amassent pas leurs provisions d'hiver ; que peut-on attendre, en effet, d'une colonie
qui forme à peine la moitié d'une population ordinaire ? Il
faut absolument les réunir à d'autres ruchées, mais de préférence à la souche, quand on sait d'où ils viennent. On
ferait bien de ne rendre l'essaim secondaire à la souche
que le lendemain ; on pourrait alors parier dix contre un
qu'il ne ressortirait plus.

Entre cinq et six heures du matin, on enfume légèrement
la souche, uniquement pour la calmer et se garantir des
piqûres ; on la renverse en la posant à terre ; sans autre
préparation, on secoue une portion de l'essaim, puis une
seconde, puis enfin une troisième par un dernier coup ferme
et sec ; les abeilles tombent et s'enfoncent entre les gâteaux
de la souche. On remet ensuite celle-ci sur son plateau. La
réunion est terminée. Comme c'est la même famille, aucun
combat n'est à craindre, l'usage de la fumée devient inutile.
Peut-être quelques abeilles tomberont à côté de la ruche ;
ne vous en occupez pas, elles sauront bien rejoindre la
souche.

7

Si ce moyen ne vous plaît pas, secouez l'essaim à terre sur deux baguettes, placez la souche par-dessus, enfumez les abeilles pour hâter leur rentrée ; une demi-heure après, reportez la souche à sa place. Il n'est pas question ici de la réunion des essaims secondaires qui viennent à la suite d'un essaim primaire, que la perte de sa mère a forcé de rentrer. Il est clair que ces sortes d'essaims, étant aussi forts que les primaires, auront les mêmes chances de succès.

123. **Trouver la mère d'un essaim.** — Voici comment on réussira neuf fois sur dix à trouver la mère d'un essaim. On le secoue doucement et successivement dans cinq ou six ruches ; les abeilles tombent et s'étendent sur les parois intérieures ; on retourne les ruches ; un quart d'heure ou une demi-heure après, les groupes commencent à s'agiter : les uns un peu plus tôt, les autres un peu plus tard. Un seul reste calme, c'est celui qui possède la mère, c'est là qu'il faut la chercher.

On enfume une des portions qui sont agitées, le bruissement y est bientôt établi, on secoue à 30 centimètres de distance le groupe qui tient la mère, les abeilles entendent le bourdonnement voisin, elles se dirigent vers ce côté, quelques bouffées de fumée les engagent toutes à suivre le même chemin. Quand on les voit en marche pour franchir les 30 centimètres qui les séparent de leurs sœurs, on regarde attentivement, et dès qu'on aperçoit la mère, on la couvre avec un verre qu'on tient à la main.

C'est curieux de voir les abeilles dans cette circonstance. Elles ressemblent à un troupeau de moutons qui se pressent de rentrer dans la bergerie.

On peut faire cette chasse à la mère dans une chambre à toute heure de la journée ; mais elle ne devra être faite en plein air que le soir, une heure avant le coucher du soleil, ou le matin avant six heures.

124. **Reconnaître d'où sort un essaim secondaire.** — Nous avons dit, art. 122, qu'il fallait rendre à la souche l'essaim secondaire. Mais souvent on ignore de quelle ruchée est sorti ce petit essaim que l'on voit suspendu à une branche d'arbre et qui est très-probablement un essaim secondaire. Si vous êtes curieux de le savoir, suivez-moi. Vous aviez une ruchée où la mère chantait ; allez écouter, et si vous n'entendez plus rien, c'est que l'essaim est sorti de cette ruchée. Si vous n'avez pas fait attention au chant de

la mère, il vous reste encore un autre moyen de constater
l'origine de votre essaim. Le lendemain au lever du soleil,
mettez quelques pincées de farine au fond d'un verre, pui-
sez dans l'essaim quelques centaines d'abeilles; les mouches
emprisonnées dans le verre tombent et retombent dans la
farine, elles s'en font un vêtement. Donnez-leur alors la
liberté. Elles vont d'abord voltiger là où, la veille, elles ont
été mises en ruche, mais n'y retrouvant plus la famille, elles
se décident enfin à retourner à la souche et fournissent
ainsi leur acte de naissance.

Quand même nos abeilles réussiraient à se débarrasser de
leur vêtement d'emprunt, elles trahiraient encore leur origine en rentrant à une heure où personne, dans les autres
ruchées, ne rentre, parce que personne n'est encore sorti.

125. L'essaim secondaire ruine la souche. — L'expérience m'a constamment démontré que les essaims secondaires causaient souvent la ruine des souches. Sur vingt
ruchées qui auront essaimé deux fois dans une année ordinaire, la moitié au moins se trouvera, à l'automne, sans
provisions suffisantes. Quelques-unes perdront leur mère et
deviendront la proie de la fausse-teigne. On peut estimer à
un cinquième le nombre des ruchées qui deviennent orphelines par suite d'un second essaimage. Cet accident arrive
surtout à celles dont les gâteaux sont anciens, et à celles
qui, contrariées par le mauvais temps, ne donnent l'essaim
secondaire qu'après le douzième jour à partir de la sortie
du primaire. La ruchée qui a fourni deux essaims n'est plus
en état d'augmenter ses provisions : le nombre des ouvrières
est trop réduit ; les faux-bourdons, toujours nombreux dans
ce cas, consomment beaucoup ; de plus, la ponte abondante
de la nouvelle mère nécessite une grande dépense de miel,
et la nouvelle population ne verra le jour qu'à l'époque où
la campagne, dépouillée de ses fleurs, n'offrira plus aucune
espèce de ressources. De toutes ces causes, il résultera que
cette ruchée, qui était encore lourde en juin, n'aura plus
que la moitié de ses approvisionnements en septembre. Le
seul cas où une ruchée puisse essaimer deux fois sans trop
d'inconvénient, c'est quand il lui reste, au printemps, une
réserve qui puisse suppléer au manque de l'année courante.
Il faut donc empêcher la formation de tout essaim secondaire, ou, s'il s'en est formé un, le réunir à sa souche.

126. Empêcher l'essaim secondaire. — Un moyen

d'empêcher la formation de l'essaim secondaire, moyen qui réussira au moins neuf fois sur dix, c'est de mettre l'essaim primaire à la place de la souche et celle-ci à une place vacante de l'apier, en se conformant aux prescriptions de l'article 105. La mutation doit se faire le jour même ou le lendemain de l'essaimage primaire.

Il y a un second moyen, connu en Champagne, qui réussira souvent; je l'ai employé une année, et aucune des ruchées sur lesquelles je l'ai tenté n'a fourni d'essaim secondaire, tandis que presque toutes les autres en ont donné. Ce moyen consiste à détruire les faux-bourdons au berceau, le jour même de la sortie de l'essaim primaire, ou les trois jours suivants, au plus tard. Pour y parvenir, on renverse la ruche comme si on devait y prendre du miel. On écarte les abeilles avec de la fumée pour reconnaître les cellules à bourdons, très-faciles à distinguer des cellules d'ouvrières. Souvent le même gâteau en renferme des deux espèces; mais les cellules à bourdons dépassent les autres de trois millimètres; il n'y a pas de méprise possible pour l'observateur attentif. Les cellules à bourdons étant reconnues, on enlève avec un couteau bien aiguisé la pellicule qui les ferme, de façon à découvrir la tête des jeunes bourdons. En ne faisant qu'ouvrir la cellule, on ne craint pas d'endommager le couvain d'ouvrières qui pourrait se trouver dans le même gâteau, puisque le couteau n'enlève tout au plus que l'épaisseur de deux millimètres, et que les cellules à bourdons dépassent les autres de trois millimètres environ (35). On remet ensuite la ruche à sa place. Aussitôt les abeilles se mettent à l'œuvre : elles retirent des cellules les bourdons mis à découvert, et dont la tête est endommagée. Vous les voyez traîner leurs cadavres hors de la ruche et s'en débarrasser au plus vite.

Je vois un double avantage dans cette pratique : d'abord on empêche souvent la sortie de l'essaim secondaire, ensuite on débarrasse la ruchée de beaucoup de bouches inutiles qui lui seraient à charge dans un avenir prochain.

Pour prévenir la sortie de l'essaim secondaire, des apiculteurs conseillent, les uns, de mettre une hausse sous la souche, après le départ de l'essaim primaire; les autres, d'enlever toutes les cellules maternelles, moins une. Le premier moyen n'est bon que pour prévenir l'essaim primaire, la hausse n'empêchera que bien rarement l'essaim secondaire. Le second moyen est impraticable ; comment trouver et détruire toutes les cellules maternelles ? Pourrez-vous voir celles qui sont cachées sous les rayons ou dans le fond de la ruche ? Dans une ruchée à rayons mobiles, aucune cellule maternelle ne vous échappe, mais êtes-vous bien rassuré sur la valeur de la cellule unique que vous laissez ? Ne savez-vous pas que maintes cellules ne renferment que des mères avortées ? Après de nombreux essais, je ne crois pas plus à l'efficacité du premier moyen qu'à la possibilité du second.

M. Huillon recommande un troisième moyen qui consiste à donner à la souche une jeune mère non fécondée.

Voici ce que je puis dire à ce sujet. Le 23 juin 1860, une de mes fortes ruchées donne un essaim primaire ; celui-ci, après sa mise en ruche, va prendre la place de la souche, et celle-ci va occuper la place d'une colonie excessivement peuplée (117) ; grâce aux ouvrières de la ruchée dont elle occupe la place, la souche devient la plus forte de l'apier Le 25 juin, vers la nuit, je présente à la porte de la souche une mère âgée de trente-six heures, mère que j'avais conservée sous verre avec une cinquantaine d'ouvrières. Cette mère entre avec une telle précipitation que les gardes ne s'en aperçoivent pas. Elle a été acceptée et la souche n'a pas essaimé. C'est le seul essai que j'aie fait sur une souche d'essaim naturel. Ayant tenté au moins quatre ou cinq fois de faire accepter de jeunes mères par des souches d'essaim artificiel, j'ai toujours échoué : les mères ont été tuées et les souches ont donné des essaims secondaires (143).

Une mère, dans un étui, mise en rapport avec les abeilles de la souche, serait probablement acceptée après un ou deux jours de prison, et empêcherait l'essaim secondaire. (Voyez l'article 25.)

127. Empêcher infailliblement l'essaim secondaire. — Couvrez d'un plancher mince une hausse en paille ou en bois ; au centre du plancher, pratiquez un trou de 10 à 12 centimètres d'ouverture en tous sens ; placez sur cette ouverture la grande grille en tôle, figure 5. La hausse ainsi disposée est mise à la place et par-dessous la souche dont on veut empêcher l'essaim secondaire. Ce n'est pas tout, dressez à la porte de la hausse la petite grille aussi en tôle, figure 4. Voilà nos deux appareils en place, voyons comment ils fonctionneront. La grande grille donne un passage facile aux ouvrières et à l'abeille mère, mais elle ne permet pas aux bourdons de descendre dans la hausse et de venir obstruer la petite grille : ils sont prisonniers dans la souche. Les trous de la petite grille, trop étroits pour le passage de l'abeille mère, suffisent à celui des ouvrières ; la mère peut donc descendre dans la hausse, mais elle ne peut pas sortir au dehors, ni, par conséquent, accompagner l'essaim qui serait tenté de s'échapper.

Le premier jour, à la vérité, il y a timidité, hésitation, embarras de la part des ouvrières pour franchir le passage ; mais le second jour, elles manœuvrent avec autant de célérité que d'adresse, elles perdent peu de pollen au passage. Il en serait autrement si les trous de la petite grille, au lieu d'être longs, étaient ronds : les ouvrières perdraient au passage tout ce qu'elles porteraient aux pattes.

La petite grille sera toujours placée de manière à ce que les trous soient horizontalement dans le sens de leur longueur, et non pas verticalement, ce qui leur donnerait l'inconvénient de trous ronds.

On ne doit mettre sous la souche la hausse avec les deux grilles, qu'à partir du moment où la mère chante, mais il faut l'enlever dès qu'on n'entend plus son chant, parce que l'essaimage n'est plus à craindre.

C'est toujours dans la hausse que l'on trouve mortes les mères surnuméraires.

L'essaim secondaire est empêché infailliblement par le procédé que nous venons d'indiquer, mais ce procédé a ses inconvénients. Il n'empêche pas les abeilles de sortir, d'aller s'établir en forme d'essaim à une branche, puis de rentrer ; elles peuvent répéter ce manége chaque jour de beau temps, et cela pendant huit à dix jours ; ces sorties, ces rentrées épuisent les provisions (106), interrompent le travail à l'intérieur et à l'extérieur. Il faut donc ne pas abuser du procédé, ne l'employer que dans de certaines circonstances et pendant deux ou trois jours au plus. Par exemple, vos occupations ou d'autres motifs ne vous permettent pas de faire artificiellement l'essaim le lendemain du chant de la mère et vous craignez de perdre l'essaim, placez la hausse et les grilles jusqu'à ce que vous puissiez le faire comme nous l'avons dit article 119. C'est une petite affaire que de placer la hausse et les grilles par-dessous la ruchée chantante.

128. **Indices de la fin de l'essaimage.** — Pendant tout

le temps que dure l'essaimage, vous remarquez un grand mouvement dans l'apier; les ouvrières se pressent, les unes d'aller à la campagne, les autres d'en revenir; c'est un travail actif, vigoureux, de moissonneuses qui ne veulent laisser rien dépérir dans les champs. Mais quand, à cette grande activité, succède une espèce de relâche et de repos, quand les abeilles paraissent moins empressées pour le travail et qu'elles rapportent peu de pollen, c'est que la saison des essaims touche à son terme. Peut-être quelques essaims aventureux, des essaims secondaires surtout, voudront-ils encore, en enfants insoumis, abandonner le toit maternel; mais hâtez-vous de les réunir à la souche ou à une autre ruchée. Enfin, il arrive un moment où les abeilles font une guerre générale et acharnée aux bourdons devenus inutiles, ou plutôt à charge à la communauté : ce moment, facile à saisir, indique que non-seulement c'en est fait pour les essaims, mais encore que le miel fait défaut à la campagne. La récolte est à peu près terminée et malheur aux derniers essaims et aux ruchées qui ont essaimé deux fois, si essaims et ruchées n'ont pas leurs provisions d'hiver ! Cependant, à une guerre générale succède quelquefois une trêve plus ou moins longue ; c'est que le temps a changé, et que la campagne fournit de quoi vivre (31).

129. Bruissement différent après l'essaimage. — Le bruissement des colonies très-peuplées, qui se disposent à essaimer, est tout différent du bruissement des populations très-fortes après la saison des essaims : dans le premier cas, il est plus éclatant; dans le second, plus sourd. Pendant l'essaimage, les ruchées qui barbent font entendre le premier bruissement; après l'essaimage, elles font entendre le second.

Il y a plus, vous remarquez au printemps une ruchée très-peuplée, vous en attendez votre premier essaim ; mais lorsqu'elle est prête à le donner, une grande sécheresse, des pluies, des froids surviennent, alors les mères au berceau sont détruites, et il n'y a plus d'essaim à espérer de cette colonie ; alors le bruissement n'est plus le même, il est moins bruyant. Ainsi cette ruchée de premier ordre n'essaimera pas, tandis qu'une autre de second ordre le fera, si la saison redevient bonne au moment où elle sera prête à donner son essaim.

CONSIDÉRATIONS SUR L'ESSAIMAGE.

130. Avantage de l'essaim fort sur le faible. — Dans les précédentes éditions, je disais qu'un essaim double amassait au moins trois fois autant de miel qu'un seul essaim. Cette proposition exige une explication : deux petits essaims réunis pesant ensemble 2 kilogr. amasseront au moins trois fois autant de miel qu'un autre petit essaim de 1 kilogr. Celui-ci ayant besoin de la plus grande partie de sa population pour chauffer la ruche, faire la bâtisse et nourrir le couvain, ne peut envoyer aux travaux extérieurs qu'un petit nombre d'ouvrières. Mais une population de 4 kilogr. n'amassera pas trois fois autant qu'une population de 2 kilogr.; elle est contrariée dans les travaux intérieurs par une température trop élevée, ce sont des ouvriers trop nombreux dans le même atelier. Ainsi un essaim à trop grande population ne fera pas proportionnellement autant de bâtisse qu'un essaim à population ordinaire, c'est un fait que j'ai constaté en 1869. Cela dit, faisons connaître les belles expériences de Berlepsch sur le produit comparatif de ruchées différentes en population.

Le poids dont s'est servi Berlepsch, pour peser ses essaims, est la livre prussienne divisée en 32 loth.

La livre est égale à 468 grammes ; le loth, égal à 14 grammes sept dixièmes.

1ʳᵉ *Expérience*. — Le 16 juin 1855, six livres d'abeilles sont mises dans une ruche à 16 cadres mobiles, et trois livres dans une autre ruche à 16 cadres.

Le 8 octobre, le couvain étant éclos, les cadres seuls, sans les abeilles, sont pesés, la population double avait acquis 40 livres 13 loth ; et la population simple, 17 livres.

2ᵉ *Expérience*. — En 1856, six livres d'abeilles sont mises dans une ruche, et quatre livres dans une autre ruche. A la mi-octobre, les cadres de la première ruchée avaient acquis 19 livres 4 loth, et les cadres de la seconde ruchée, 10 livres 18 loth.

3ᵉ *Expérience*. — Dans la même année 1856, six livres d'abeilles sont mises dans une ruche, et cinq livres dans une autre ruche. Vers le milieu d'octobre, les cadres de la population plus forte avaient acquis 20 livres, et ceux de la population plus faible, 15 livres 30 loth.

L'année 1856 avait été entièrement mauvaise.

4e Expérience. — En 1857, sept livres d'abeilles sont mises dans une ruche, et six livres dans une autre ruche. A la fin de la saison, les cadres de la ruchée à sept livres d'abeilles avaient acquis 50 livres; mais ceux de la ruche à six livres avaient acquis 50 livres 22 loth.

L'année 1857 avait été très-favorable.

Les abeilles des quatre expériences étaient des abeilles transvasées, provenant d'un apier éloigné, abeilles moins lourdes par conséquent que des abeilles d'essaim naturel. De ces dernières on ne compte que 9,400 individus dans un kilogramme, tandis que, pour les abeilles transvasées, Berlepsch en a compté 5,600 dans la livre, c'est-à-dire 11,965 dans le kilogramme.

Pour les expériences de 1856 et 1857, Berlepsch ne donne aucune date; excepté cette omission, tout s'est passé comme en 1855. Ainsi les abeilles ont été mises dans des ruches à cadres, et les cadres étaient amorcés, c'est-à-dire à rayons régulateurs; en octobre, le couvain étant éclos, les cadres seuls, sans les abeilles, ont été pesés.

L'expérience de 1857, ayant donné 50 livres de produit pour la ruche à sept livres d'abeilles, mais 50 livres 22 loth pour la ruchée à six livres, indique qu'une population qui dépasse une certaine limite ne travaille plus en proportion du nombre. L'expérience serait décisive si, renouvelée plusieurs fois, elle donnait le même résultat qu'en 1857.

131. La souche d'un essaim donne peu de miel. — Dans nos contrées, les abeilles n'ont pas la ressource du sarrasin et de la bruyère; elles n'amassent pas de grandes quantités de miel. Quand les ruchées de premier ordre en amassent 10 kilogr., non compris celui de leurs essaims qu'on peut estimer à la même quantité, et quand les ruchées de second ordre en amassent sept ou huit et leurs essaims autant, nous sommes contents et nous appelons cela une bonne année. D'après ces données, on voit que, même dans les bonnes années, les ruchées qui essaiment donnent peu de miel, puisqu'il en faut 7 ou 8 kilogr. pour leurs provisions d'hiver. Que sera-ce donc dans les années ordinaires? Il n'y aura que les plus fortes colonies qui pourront essaimer utilement. Toutes les autres, à moins qu'elles n'aient conservé de bonnes réserves de l'année précédente, se ruineront en donnant des essaims, et ceux-ci seront aussi malheureux que leurs souches. J'entends souvent dire par les uns : J'ai beaucoup d'essaims, mais peu de miel ; par les autres : J'ai beaucoup de miel, mais peu d'essaims. Eh bien ! soyez sûr que le propriétaire qui a eu beaucoup d'essaims, avait incontestablement le meilleur apier au printemps, et aurait eu bien plus de miel que le second, s'il eût empêché d'essaimer ses ruchées de second ordre. C'est n'avoir pas l'expérience des abeilles que de prétendre obtenir de la même ruchée, à la fois, un essaim et du miel.

132. Produit de deux ruchées, dont une a essaimé. — Dans cette question, il s'agit d'apprécier au juste et de comparer le produit de deux ruchées dont une seulement a essaimé. Mes recherches à cet égard ont été faites avec la plus grande attention ; je vais en donner le résultat consciencieux. Au printemps, vous avez deux paniers à peu près égaux pour le poids, l'âge et la population ; tous deux ont les mêmes chances de succès. L'un donne un essaim qui est recueilli et logé à part ; l'autre n'essaime pas, parce que vous lui donnez à temps une hausse pour continuer ses constructions (83). Vérifiez les produits à la fin de la récolte. D'une part, pesez la souche et son essaim, tenez compte du poids de la cire, des abeilles et des paniers ; la soustraction faite, vous savez le poids total du miel qui se trouve dans les deux. D'autre part, prenez le poids brut de la ruchée qui n'a pas essaimé, défalquez aussi le poids du panier, des abeilles et des gâteaux, pour avoir le poids de son miel. Comparez ce poids au total que vous aviez tout à l'heure, et vous trouverez, à votre grande surprise, que cette dernière a amassé, à elle seule, plus de miel que les deux autres ensemble, et que la différence sera de 1 à 3 kilogr. La différence se réduira à peu de chose, peut-être même sera-t-elle en faveur de l'essaim et de la souche, si la récolte du miel se prolonge jusqu'en août ; mais elle sera de 2 à 3 kilogr., si, quinze jours ou trois semaines après l'essaimage, les abeilles ne trouvent plus à se nourrir. C'est ce qui arrive trop souvent chez nous. Donc, lorsqu'un apier est suffisamment garni de ruchées, il ne faut permettre l'essaimage qu'aux plus fortes, et uniquement dans le but de remplacer celles qui périssent par accident, et celles encore qu'on supprime pour cause de vieillesse ou de caducité.

Dans les montagnes des Vosges et les pays où se pratique l'apiculture pastorale, c'est-à-dire le transport des abeilles à la bruyère et au sarrasin, il arrive souvent que la même ruchée donne un essaim et encore du miel. Aussi, pour ces contrées, l'essaimage est presque toujours avantageux.

133. Est-il avantageux qu'une ruchée essaime ? — On ne peut espérer à la fois de la même ruchée un essaim et du miel, nous l'avons dit à l'article 131. Une colonie forte qui n'essaime pas, amassera, à elle seule, plus de miel que n'en amasseront ensemble une souche et son essaim : c'est encore ce que nous avons établi dans l'article 132. Il y a donc pour l'année même, désavantage et perte évidente. Mais un propriétaire doit consulter l'avenir autant que le présent, et sous ce point de vue, une ruchée lourde et forte qui essaime, lui présente de grands avantages pour l'année suivante. Observons les travaux de deux paniers également peuplés, également approvisionnés. Le premier donne un bel essaim ; le second, pour une cause quelconque, n'en donne point ; voyons l'histoire de chacun : le premier, après avoir donné son essaim, est dans une position difficile, il a perdu peut-être les deux tiers de sa population ; les travaux s'en ressentent ; les provisions n'augmentent plus que dans une faible proportion, et, à la fin de la campagne, il n'aura peut-être que le nécessaire pour la mauvaise saison ; mais ce qu'il a perdu d'un côté, il l'a gagné de l'autre ; il a réparé la perte de sa population, et, au printemps, prochain, vous le compterez encore parmi vos bonnes ruchées.

L'histoire du second panier n'est pas moins intéressante : il n'a pas essaimé, sa population est excessive ; cependant elle ne reste pas dans l'oisiveté, comme beaucoup de gens le pensent ; le soir et le matin elle se tient en dehors de la ruche ; mais pendant la journée elle travaille et amasse beaucoup ; le poids de la ruche augmente sensiblement tous les jours ; il faut ajouter un chapeau ou une hausse pour suffire à l'abondance de la récolte ; en un mot, tout va bien jusqu'ici ; mais à l'automne la famille a plutôt diminué qu'augmenté, et au printemps suivant elle ne paraît guère plus nombreuse que celle du premier panier.

La conclusion à tirer de l'histoire de nos deux ruchées, c'est que dans les années ordinaires les colonies fortes procurent un grand avantage en essaimant ; à la vérité, elles ne donnent pas de miel ; mais on s'en trouve dédommagé l'année suivante, car alors on a deux bonnes colonies au lieu d'une, on a l'essaim et la souche.

Dans les années mauvaises, il est toujours regrettable

qu'une ruchée essaime ; lorsque cela arrive, les provisions de la souche diminuent tous les jours ; l'essaim n'amasse que peu de chose, et comme il est dénué de tout approvisionnement, sa population disparaît comme par enchantement, de sorte que le seul moyen de sauver la souche et l'essaim, c'est de les réunir à une autre ruchée.

Observations. — Nous avons vu (art. 88) qu'une colonie lourde et forte que l'on substitue à une colonie faible, a bientôt réparé la perte de sa population. Nous constaterons le même fait (art. 138) pour la ruchée qu'on a déplacée pour y substituer celle dont on a tiré un essaim artificiel. Eh bien ! la même chose a lieu dans les colonies qui sont essaimé dans de bonnes conditions de miel et de population : elles se repeuplent d'une manière merveilleuse, elles redeviennent presque aussi fortes qu'elles l'étaient avant l'essaimage, les abeilles qui la composent semblent ne plus avoir qu'une pensée, celle d'augmenter les membres de leur famille. Aussi, j'ai cru remarquer que le couvain en juillet était plus nombreux dans ces ruchées que dans celles qui, quoique très-fortes, n'avaient pas essaimé. La population de ces dernières reste à peu près la même, tandis que dans les autres elle augmente sensiblement tous les jours.

134. **Est-il avantageux d'avoir des essaims ?** — Cette question est en partie résolue par tout ce que nous venons de dire. Ici, comme dans beaucoup d'autres choses, la vérité se trouve entre les extrêmes. Les essaims forts et précoces réussissent presque toujours ; ils seront, l'année suivante, l'espoir et l'orgueil du propriétaire. Il faut des essaims pour réparer les pertes inévitables qu'on peut estimer sans exagération à 15 p. 100. J'entends par pertes inévitables, des ruchées qui dépérissent, soit par suite de l'hiver, soit même en été, pour des causes souvent inconnues. Ainsi, en supposant qu'on ne veuille pas augmenter son apier, il faut toujours des essaims pour remplacer les ruchées qui périssent. Les bons essaims sont donc avantageux et nécessaires pour augmenter et même pour conserver un apier ; mais les essaims faibles ou tardifs causent des pertes sans compensation. Les trois quarts du temps, ils n'amassent qu'une faible portion de leurs approvisionnements ; c'est une richesse apparente qui se réduira presque à rien, attendu que, après avoir affaibli les souches, on sera encore obligé d'en réduire le nombre pour les réunir en automne. Un api-

culteur bien avisé ne négligera jamais, au moment de l'essaimage, de doubler tous les essaims faibles ou tardifs ; il
ferait encore mieux de prévenir leur sortie en donnant des
hausses à temps. J'appelle essaims tardifs, tous ceux qui
viennent à une époque où l'on voit déjà d'autres essaims
qui ont amassé 2 ou 3 kilogr. de miel. Un essaim du 1ᵉʳ juin
sera précoce dans les années tardives, et il deviendra tardif
dans les années précoces.

ESSAIMAGE FORCÉ DES ABEILLES.

135. Essaim artificiel. — L'essaim naturel se compose
d'un groupe d'abeilles qui, se séparant de la famille, l'abandonne pour aller s'établir ailleurs et former une autre famille. Ce que les abeilles font par instinct, l'homme le crée
par l'art. Moyennant certaines conditions et en suivant certaines règles, d'une peuplade, il en fera deux, et le résultat
de cette opération s'appellera essaim artificiel. Ainsi, *un
essaim artificiel se compose d'un certain nombre d'abeilles
que l'homme sépare de la famille, pour en faire une autre
famille.* Il a réussi dans son œuvre si chaque peuplade est
pourvue d'une mère, ou possède les moyens de s'en procurer.

La portion d'abeilles où se trouve l'abeille mère s'appelle
essaim artificiel, essaim forcé ; l'autre portion, qui n'a plus
que des mères au berceau ou du couvain d'ouvrières suscep-
tibles de devenir mères, s'appelle *souche d'essaim artificiel,*
ou simplement *souche forcée.*

Pendant la saison des essaims, les colonies lourdes et bien
peuplées ont souvent des mères au berceau. Si on retire de
ces colonies la mère et une bonne partie de la population,
il est clair que dans ce cas les abeilles pourront facilement
remplacer leur mère. Mais si les jeunes mères manquent, il
reste encore aux abeilles une ressource supplémentaire :
elles agrandiront la cellule d'un ver destiné à donner une
abeille ouvrière (20) ; elles donneront à ce ver privilégié
une nourriture particulière, le mets des dieux enfin (44), et
douze jours après, chose admirable, du sein du peuple sortira une reine de bon aloi, sinon de bonne condition, et sa
royauté en vaudra une autre de plus haute naissance. Re-
marquons cependant que les abeilles ne recourent à la roture
qu'à défaut de race royale.

136. Essaim par transvasement. — La méthode de faire l'essaim artificiel par transvasement est applicable à toutes les formes de ruche.

Le transvasement consiste à chasser la population d'une ruchée, abeille mère comprise, dans une ruche vide.

Le transvasement, qui paraît une grosse affaire, n'est qu'un jeu d'enfant pour quiconque a été témoin de cette opération. On peut, avec un aide et sans trop se presser, transvaser en douze minutes toute une population. Un apiculteur qui en a l'habitude fait la besogne, sans être aidé de personne, en moins de quinze minutes.

Les populations les plus fortes sont aussi les plus dociles pour l'émigration, mais on a quelque peine à chasser une famille d'une ruche qui n'est pas entièrement bâtie.

Afin qu'un apprenti n'éprouve aucun embarras et devienne maître du premier coup, nous décrirons l'opération dans ses détails les plus minutieux.

Avant de nous mettre à l'œuvre, préparons : 1° deux petits bâtons, épais de 1 centimètre et demi et longs de 30 à 40 ; 2° autant de ruches vides que de transvasements à faire ; 3° une forte ficelle pour serrer la ruche vide contre la ruchée à transvaser ; 4° une bande de toile de couleur, assez longue pour faire deux fois le tour des ruches à leur point de jonction, lorsqu'elles seront placées l'une sur l'autre ; 5° un ciseau pour décoller la ruchée à transvaser ; 6° un enfumoir ; 7° un masque pour les timides ; 8° une ruche vide pour mettre sur le plateau de la ruchée pendant son transvasement ; 9° enfin un objet quelconque, par exemple un tabouret, pour recevoir la ruchée à transvaser.

Tout est prêt, commençons. Enfumez légèrement par la porte, puis avec le ciseau décollez la ruchée et soulevez-la au moyen d'une cale de 15 à 20 millimètres d'épaisseur, enfumez de nouveau par la nouvelle ouverture, enfumez légèrement, mais plus longtemps que la première fois : il faut que la fumée atteigne les abeilles qui sont sur le plateau et dans le bas des rayons. Avec cette précaution qui ne vous fait pas perdre deux minutes, vous vous rendez maître des abeilles et vous pouvez les manipuler sans masque. Cela fait, vous soulevez fortement le devant de la ruchée et regardez dans quelle direction vont les gâteaux. C'est alors seulement que vous la transportez à la place que vous avez choisie pour opérer. Cette place, autant que possible, sera à l'ombre. Renversez la ruchée sens dessus dessous, mais de façon que pendant la manœuvre les gâteaux soient toujours de champ et ne penchent pas sur leur flanc, autrement, par les grandes chaleurs, ils pourraient s'affaisser les uns sur les autres. La ruchée étant à ciel ouvert, vous l'établissez sur le tabouret ou un autre objet, de manière qu'elle ne puisse vaciller. On la recouvre de la ruche vide, on assujettit et on serre ruchée et ruche vide l'une contre l'autre avec la ficelle. Toutes les issues capables de donner passage aux abeilles sont soigneusement bouchées au moyen de la bande de toile que l'on passe en cravate autour des deux ruches à leur point de jonction.

Ces dispositions prises, et c'est l'affaire de deux minutes, vous frappez, un bâton à chaque main, en bas et tout autour de la ruchée, et cela pendant six à huit minutes ; les coups seront précipités, mais modérés, afin de ne pas détacher les gâteaux. C'est un vrai tambourinage qui inquiète les abeilles, et les engage à chercher un asile dans la ruche du dessus. Elles y montent, la mère les suit ; un vigoureux bourdonnement accompagne toujours ce déménagement. D'abord faible et partiel, il devient bientôt bruyant et général ; c'est l'indice que les abeilles se dirigent en masse vers la ruche vide ; quelques minutes encore, et l'émigration sera suffisante. Il y aura presque certitude d'avoir attiré dans la ruche vide la mère et la majeure partie des ouvrières, quand le bourdonnement se fait entendre plus fortement dans celle-ci que dans celle du bas. Dès lors, vous séparez vos ruches sans secousse, et vous portez l'essaim sur l'apier à quelque distance de la souche et vous mettez celle-ci à sa place ordinaire, pour recevoir les abeilles qui reviennent des champs.

Une demi-heure ou une heure après, vous saurez à quoi vous en tenir sur le succès de l'opération. Si la mère se trouve dans l'essaim, les abeilles seront dans un repos absolu ; soyez alors fier de votre œuvre, car vous avez réussi. Mais si elle ne s'y trouve pas, il y aura désordre et confusion ; les abeilles, comme folles, parcourront en tous sens l'intérieur de la ruche ; puis elles sortiront une à une pour ne plus rentrer. Voyez ensuite le contraste que présente la souche : les travaux continuent, nulle inquiétude au dehors ; vous remarquez, au contraire, bon nombre d'abeilles agiter leurs ailes à l'entrée ; sans aucun doute, ce sont celles qui viennent de l'essaim et qui témoignent ainsi, à leur manière, toute la joie qu'elles ressentent de retrouver une mère qu'elles croyaient perdue. Pour cette fois, vous avez échoué, car la mère n'étant pas avec l'essaim, toute la peuplade reviendra à la ruche, et bientôt la famille, que vous avez tenté de diviser, sera toute réunie dans la souche. Ne vous découragez pas cependant; vous pouvez faire une seconde tentative le lendemain et les jours suivants, et j'ose dire que vous serez bien malheureux ou bien maladroit si vous échouez encore. Une personne ayant l'habitude de ce transvasement a rarement besoin de recommencer l'opération.

N'accusons pas toujours notre maladresse de la non-réussite de l'essaim; la mère est peut-être morte de vieillesse, de jeunes mères sont au berceau pour la remplacer; dans ce cas, qui n'est pas rare, l'essaim artificiel est impossible.

Avec la ruche à calotte et à hausses, le transvasement des ouvrières se fera plus vite et celui de l'abeille mère sera plus assuré avec le moyen suivant. Avant de transporter la ruchée sur le tabouret, on débouche le trou supérieur; on fixe sur ce trou une toile métallique pour empêcher les abeilles de passer; cela fait, la ruchée, renversée sens dessus dessous, est établie sur le tabouret; du chiffon allumé, produisant de la fumée mais point de flamme est mis au-dessous du trou; la fumée pénètre dans la ruchée à travers le tissu métallique, chasse les abeilles de bas en haut, et les détermine à monter plus vite dans la ruche vide. La fumée ne dispense pas du tambourinage; ainsi fumée et tambourinage simultanés.

137. L'essaim remplace la souche; celle-ci, une ruchée forte. — Nous avons remis provisoirement la souche à sa place ordinaire, et l'essaim à quelque distance de l'apier; mais quelques heures après, lorsque la tranquillité absolue de l'essaim nous aura donné la certitude que la mère s'y trouve, nous le rapporterons à la place de la souche; nous mettrons celle-ci à la place d'une ruchée lourde et forte en population; et, enfin, cette dernière, nous la placerons à quelque distance dans l'apier.

Observations. — Deux fois, j'ai été témoin d'un accident qui est arrivé immédiatement après le transvasement: c'est que la mère, quoique dans l'essaim, l'a abandonné pour se jeter dans une colonie étrangère. Pour prévenir cet accident on peut mettre une grille à mère à la porte de l'essaim, grille qui permettra aux ouvrières de sortir, mais non à la mère.

Lorsqu'il jugera que l'essaim artificiel est fait, l'apiculteur curieux posera la ruche sur un linge de couleur tranchante ; au bout de vingt ou vingt-cinq minutes, on la lève doucement, et on visite attentivement le linge. Si la mère est dans l'essaim, on doit trouver sur ce linge dix œufs que, poussée de pondre, elle a laissé tomber.

C'est l'auteur espagnol Zayme Gil qui le premier, en 1621, a fait connaître ce moyen.

Gardez-vous bien de faire ces sortes d'essaims par une grande chaleur ; vous vous exposeriez à voir les gâteaux se détacher et tomber les uns sur les autres. Il y a grande chaleur quand le thermomètre centigrade marque vingt-cinq degrés à l'ombre. Si les gâteaux sont bien assujettis par des baguettes transversales, le degré de chaleur indiqué plus haut ne devra pas être un obstacle.

Ne faites encore ces essaims que par une belle journée, lorsque les abeilles vont à la campagne, depuis neuf heures du matin jusqu'à trois heures du soir ; vous serez plus sûr d'attirer la mère dans la ruche vide.

Avant de commencer le transvasement, vous ferez bien de mettre à la place de la souche une ruche vide pour retenir et amuser les abeilles restées sur le plateau, ainsi que celles qui reviendront des champs ; vous feriez encore mieux, si vous frottiez, avec quelques gouttes de miel les parois intérieures de cette ruche ; avec cette précaution, vous n'aurez pas à craindre que les abeilles se jettent en étourdies dans les ruchées voisines.

Ces essaims n'emportant aucune provision, il est nécessaire de les nourrir même dès le lendemain, quand le temps devient mauvais.

138. L'essaim, la souche, la ruchée forte, leur histoire. — L'histoire de l'essaim nous est déjà connue ; elle se trouve dans l'article 105. L'essaim, vers le coucher du soleil, ayant presque toute la population de la souche, remplira entièrement une ruche jaugeant de 18 à 20 litres ; il lui suffira de douze ou quinze jours d'une récolte ordinaire pour faire ses vivres.

Voici l'histoire de la souche. Elle reçoit, le jour même, un grand nombre d'abeilles de la ruchée forte, dont elle

8

occupe la place. Ces abeilles arrivent avec la confiance de gens qui croient rentrer chez eux ; mais bientôt elles montrent de l'hésitation, quelques-unes ressortent de la ruche, s'envolent et reviennent. Cette hésitation, mêlée d'inquiétude, dure pendant toute la journée ; du reste, on ne voit aucun combat ; le lendemain, l'entente est aussi cordiale, aussi intime que possible. Les abeilles, quelques heures après la séparation de l'essaim, se mettent à l'œuvre pour réparer la perte de leur mère. Elles en élèvent au moins trois ou quatre. Quand la ruche est médiocrement peuplée, la première abeille mère sort de sa cellule onze jours seize heures environ après la séparation, et détruit presque immédiatement ses rivales. Avec un peu d'attention, on verra leurs cadavres tombés en avant de la ruche. Quand, au contraire, la population est forte, la mère arrivée la première à terme sort librement de son berceau, mais les autres y sont retenues prisonnières. La première chante le treizième jour à dater du moment de l'essaimage ; peu de temps après, celles qui sont prisonnières chantent aussi, mais d'une manière différente de la première, et le quatorzième, mais plus souvent le quinzième jour, il sort de la ruche un essaim tout aussi capricieux qu'un essaim secondaire, sortant et rentrant peut-être plusieurs fois avant de se fixer définitivement. Un tel essaim est un accident fâcheux, il faut le rendre à la souche le lendemain matin. Mais, au lieu d'attendre sa sortie, on fait mieux de la prévenir en faisant l'essaim selon les prescriptions de l'article 119. Comme dans le cas présent, toutes les mères sont arrivées à terme (ce qui n'existe pas pour le cas de l'article 119), on peut enlever une cellule maternelle, l'ouvrir et donner la mère à l'essaim. De cette façon, on est sûr que les abeilles du transvasement ont au moins une mère. C'est le quinzième jour seulement qu'on fait l'essaim, attendu qu'il choisit rarement le quatorzième pour son départ volontaire.

Après avoir donné une jeune mère à l'essaim, il faut l'emprisonner au moyen d'une toile très-claire ; sans cette précaution, la population pourrait sortir et aller s'établir en essaim à une branche d'arbre.

Si le chant des mères ne se fait pas entendre treize jours pleins après que l'essaim aura été fait artificiellement, il n'y a plus à craindre que la ruchée essaime. Pour plus de détails, voyez l'article 20 et aussi l'article 142, dernier alinéa.

J'ai entendu des mères chanter avant le treizième jour, mais c'étaient des mères qui, au moment de l'essaimage forcé, étaient au berceau, et non des mères provenant de larves d'ouvrières.

Il nous reste maintenant à voir ce qui se passe dans la ruchée qui a cédé sa place à la souche de l'essaim artificiel. Dans les premiers jours, elle se dépeuple étonnamment, les ouvrières retournent à leur ancienne place et entrent, sans beaucoup de difficulté, dans la souche. Pendant cinq ou six jours, vous ne voyez plus rentrer personne ; cependant, le peu d'abeilles qui reste ne perd pas courage. On prend en famille le parti violent, mais décisif, de se débarrasser des bouches inutiles, en tuant les faux-bourdons. Quelquefois, on est moins sévère, on les laisse vivre. La ruchée paraît tellement dépourvue de population, qu'on pourrait regretter de l'avoir déplacée ; heureusement, elle ne tarde pas à se ranimer et à travailler avec une ardeur sans égale à réparer ses pertes, et un mois après, on la trouve presque aussi peuplée que les meilleures ruchées. On ne le croirait pas si l'expérience ne l'attestait d'une manière décisive.

Si la population s'accroît si merveilleusement, le poids de la ruche n'augmente pas sensiblement, si ce n'est dans une année où la bonne saison se prolonge ; aussi ne choisissez pour cette opération que des ruchées très-fortes et grandement munies de provisions d'hiver.

139. Couvain operculé dans la souche de l'essaim. — La souche d'un essaim forcé n'aura de couvain operculé que trente-un ou trente-deux jours après son essaimage, et pour cela il faut que la mère n'éprouve pas un seul jour de retard pour sa fécondation. Si des pluies ou des froids prolongés ne lui permettent pas de sortir au moment où elle peut être fécondée, la ponte sera retardée d'autant, et le couvain operculé ne sera visible que vers le quarantième jour. En visitant les souches d'essaims forcés quarante-cinq jours après leur essaimage, on devra donc y trouver du couvain d'ouvrières, œufs, larves, nymphes, ou elles n'en auront jamais. Il faut démolir ou réunir à d'autres ruches celles qui n'en auront point ou qui n'auront que du couvain de bourdons.

J'ai vu, mais rarement, du couvain operculé le trentième jour après l'essaimage artificiel, je n'en ai jamais vu avant ce terme.

Nous avons vu, article 125, qu'on peut estimer à un cinquième le nombre des ruchées qui deviennent orphelines par suite d'un second essaimage naturel. La même proportion existe pour les souches d'essaims forcés. Telle année on verra beaucoup de ces souches devenir orphelines, telle autre année on en verra peu. Ce n'est pas que les mères leur fassent défaut, car elles en élèvent toujours au moins trois ou quatre. Ainsi, en 1858, deux souches d'essaims forcés sont devenues orphelines, quoique douze jours après leur essaimage j'eusse compté quatre mères mortes devant chacune de ces ruchées.

140. **Essaim forcé par division.** — 1re *méthode.* — La première méthode de faire un essaim forcé par division ne peut être pratiquée que sur des ruches à hausses. Une très-forte population, une ruche composée de cinq hausses pleines, jaugeant ensemble 40 litres au moins et pesant brut 26 à 27 kilogr., voilà ce qu'il faut pour tenter de faire un essaim artificiel selon la première méthode. Ce serait témérité que d'agir en dehors de ces conditions, on s'exposerait à perdre les souches et les essaims.

L'essaim se fera entre cinq et sept heures du soir ; voici comment : on enlève d'abord, avec la pointe d'un couteau, tout le pourget qui se trouve entre la hausse supérieure et celle qui la suit ; on arrache les pointes ou les chevilles qui pourraient relier ces deux hausses entre elles, afin que le fil de fer dont on va se servir n'éprouve d'autres obstacles que ceux qui pourraient provenir des gâteaux. L'ouverture du couvercle est ensuite débouchée. On lance par cette ouverture de bonnes bouffées de fumée, autant pour forcer les abeilles à descendre dans les hausses inférieures, que pour prévenir leur fureur qui deviendrait extrême si on négligeait cette précaution ; à l'instant même on passe un fil de fer entre la hausse supérieure et la suivante. Deux personnes ne sont pas de trop pour cette opération : l'une tiendra la ruche, tandis que l'autre tirera le fil de fer, lequel, autant que possible, sera dirigé de façon qu'il agisse en même temps sur tous les gâteaux, c'est-à-dire qu'il ne faut pas les attaquer de flanc. On peut voir, par l'ouverture du couvercle, dans quelle direction ils sont placés. Dès que les gâteaux sont coupés, une des personnes soulève la hausse supérieure pendant que l'autre place une hausse vide dessous ; on calfeutre toutes les ouvertures qui pourraient donner passage aux abeilles. On laisse la ruche en cet état pour la nuit, afin de donner aux abeilles le temps de remonter, de sucer le miel et de réparer les brèches faites à leurs édifices.

Le lendemain, de cinq à sept heures du matin, on souffle d'abord un peu de fumée par l'entrée; puis on s'arrête pour donner aux mouches le temps de se mettre en mouvement; on recommence à souffler, et on s'arrête encore quelques instants; c'est l'affaire de huit à dix minutes pour les faire monter dans la hausse vide, si déjà elles n'y sont montées. On enlève alors les deux hausses supérieures, que l'on place sur un plateau à quelque distance de la souche. Cette nouvelle ruche, composée de deux hausses et où la mère se trouve très-probablement, nous l'appellerons *essaim*. Sans perdre de temps, on recouvre les quatre hausses inférieures d'un couvercle dont il faut à l'instant même calfeutrer le pourtour. Ces quatre hausses, qui sont restées en place, nous les nommerons *souche*. Tout est terminé pour le moment. La question est de savoir si on a réussi; on le saura deux ou trois heures après. Examinez l'essaim; si les abeilles paraissent dans un repos parfait, c'est que la mère s'y trouve; l'essaim a réussi. On le portera à la place de la souche; celle-ci, à la place d'une ruche lourde et forte, et cette dernière, à quelque distance dans l'apier. Dans aucun cas, il ne faut séparer la souche de son plateau; les gâteaux n'étant plus attachés au plafond, le moindre dérangement, le moindre choc les ferait incliner ou tomber.

Nous venons de dire qu'on a réussi si les abeilles de l'essaim sont calmes; mais quand elles sont visiblement inquiètes, et qu'elles quittent la nouvelle ruche par groupes continus de trois ou quatre, il est certain qu'on a échoué; la mère est restée dans la souche. Dans ce cas, sans différer un instant, on enlèvera le couvercle de la souche, et sur celle-ci on replacera l'essaim manqué. Le jour suivant, on recommencera l'opération.

141. **Histoire de l'essaim et de la souche.** — Avec la première méthode *par division,* dont nous venons de parler, on partage à peu près les provisions en deux parties égales. L'année serait bien mauvaise, si l'essaim et la souche ne les complétaient pas. Dans une année passable, l'essaim aura besoin d'une hausse ou d'une calotte qu'on lui donnera huit ou quinze jours après. Si l'année est favorable et qu'on

veuille en profiter pour augmenter le nombre des ruchées, on pourra procéder à la formation de nouveaux essaims sur les colonies de second ordre. Dans ce cas on mettra les nouvelles souches à la place des premiers essaims et de leurs souches pour en recevoir la population. (Voyez l'article 150.)

142. **Essaim forcé par division.** — 2e *méthode*. — En automne, ayant réuni deux ruchées faibles l'une sur l'autre, nous n'avons pas voulu les séparer au printemps. La colonie est très-forte et très-lourde, nous aimons mieux un essaim que du miel, nous pouvons faire un essaim par division (2e méthode).

Vers sept à huit heures du soir, on sépare les deux ruches; on porte celle du haut à quelques mètres plus loin sur un plateau. Une heure après, le calme de l'un accusera la présence de la mère, et l'agitation de l'autre accusera son orphelinage.

Si l'orpheline se trouve être la ruche du haut portée à quelques mètres plus loin, faisons une mutation en mettant l'orpheline à la place de l'autre ruche et celle-ci à la place de l'orpheline.

Les choses resteront en cet état jusqu'au. lendemain matin. Si l'orpheline est revenue au calme, tout est bien, mais si l'agitation s'accroît au lieu de diminuer, c'est une preuve que les abeilles sont dans l'impossibilité de se donner une mère, qu'elles n'ont ni œufs, ni jeunes larves d'ouvrières et que œufs et larves sont dans l'autre ruche avec la mère. Un transvasement devient nécessaire pour donner la mère à l'orpheline; mais n'y pensons pas pour le moment, à cause de l'agitation, remettons les choses à leur place, l'orpheline par-dessus l'autre ruche.

Aussitôt que le calme est rétabli, transvasons en plaçant l'orpheline par-dessus la ruche qui possède la mère, cette dernière étant renversée sens dessus dessous. Si le transvasement a réussi, c'est-à-dire si la mère s'est rendue chez l'orpheline, la ruche dont on a tiré la mère est remise à son ancienne place et l'ancienne orpheline, qui possède maintenant la mère, est portée à une place vacante de l'apier.

On ferait peut-être mieux de mettre à son ancienne place la ruche qui possède la mère, l'orpheline à la place d'une ruchée très-forte, et celle-ci à une place vacante de l'apier.

Si nous avions sous la main une cellule de mère operculée, ou bien une parcelle de gâteau renfermant des œufs et
de jeunes larves d'ouvrières, nous la donnerions à l'orpheline agitée, plutôt que d'opérer le transvasement de la ruche
qui possède la mère.

J'ai été témoin de l'agitation des abeilles qui ne peuvent
pas se donner une mère : la nuit, elles n'osent s'aventurer
au dehors; mais de jour, elles vont chercher en voltigeant
tout autour de l'apier; puis elles reviennent, puis elles ressortent avec une vivacité extrême. Cette agitation dure toute
la journée. Voilà ce qui se passe lorsque la ruche est restée
à sa place; mais quand elle a été changée, les abeilles sortent pour ne plus rentrer; elles reviennent à leur ancienne
place dans la ruche qui a conservé la mère.

J'ai dit (art. 138) que si le chant de la mère ne se fait
pas entendre treize jours révolus après l'essaimage forcé,
il n'y a plus à craindre que la souche essaime ; cela est vrai
quand l'essaim se fait par transvasement; mais dans l'essaimage par division (2e méthode), il peut arriver qu'il n'y ait
que des œufs ou des larves de quelques heures dans la portion qui n'a pas la mère; dans ce cas, les jeunes mères ne
chanteront que du quatorzième au seizième jour après l'essaimage forcé.

143. Perfectionnement des essaims forcés. — J'ai
été longtemps contrarié dans la pratique des essaims artificiels. Souvent les ruchées d'où je les avais tirés essaimaient
quatorze ou quinze jours après, et souvent aussi, par suite
de cet essaimage, elles devenaient orphelines. Après bien
des essais inutiles, j'ai réussi enfin à empêcher ces ruchées
de donner un nouvel essaim. Voici le moyen que j'ai trouvé :

Plusieurs fois, j'avais introduit de jeunes mères dans des
ruchées qui venaient de me fournir un essaim artificiel, et
presque toujours je les avais trouvées mortes le lendemain
ou les jours suivants. Espérant que les abeilles accueille-
raient mieux une mère qu'elles auraient elles-mêmes couvée, je coupai, dans une colonie qui avait essaimé naturellement, un gâteau ayant à la fois une cellule maternelle
fermée et du couvain d'ouvrières; je le plaçai sous un grand
verre à bière, et dans la crainte que la mère ne m'échappât,
je mis le verre sur une pièce de toile métallique par où les
ouvrières pussent seules passer. Je le plaçai sur une ruchée
d'où j'avais tiré un essaim artificiel douze heures aupara-

vant. Aussitôt les abeilles entrèrent dans le verre par les trous nombreux de la plaque et couvrirent entièrement le couvain d'ouvrières et la cellule maternelle. Deux jours après, la mère sortit de sa cellule, je la laissai sous le verre douze heures environ; je lui donnai ensuite la liberté d'entrer dans la ruche. Le lendemain, ne la trouvant pas morte, je pus croire qu'elle n'avait pas été mal accueillie. Je renouvelai cette expérience avec le même succès sur trois autres souches d'essaims artificiels. Quelques jours après, en visitant ces souches maternelles, je vis à la vérité qu'elles avaient commencé des cellules royales, mais qu'elles les avaient abandonnées, et j'acquis ainsi la certitude que les jeunes mères avaient été acceptées.

Depuis 1860, époque où a paru la seconde édition du *Guide*, j'ai renouvelé l'expérience sur un grand nombre de souches artificielles, et jamais il n'est sorti de ces souches, quoique très-peuplées, ni chant de mère ni essaim secondaire.

Les ouvrières m'ont toujours paru avoir plus d'affection pour le couvain de leur espèce que pour les mères au berceau; on sera donc plus sûr que celles-ci seront couvées, si le gâteau contient aussi du couvain d'abeilles ouvrières. Je pense bien qu'en attachant dans l'intérieur de la ruche le gâteau contenant la cellule maternelle, le résultat serait le même; mais le plaisir de voir éclore la mère et les ouvrières fait que je continue à appliquer ma méthode. Pour que la lumière ne contrarie pas les ouvrières dans leur travail intime, on fera bien d'envelopper le verre avec une étoffe de couleur noire.

144. Moyen de se procurer des mères. — Dans les ruchées fortes qui essaiment les premières, surtout si ce sont des essaims de l'année précédente, il y a un nombre plus ou moins grand de jeunes mères au berceau; les unes sont à l'état de larves, les autres à l'état de chrysalides; toutes ne sont pas visibles à l'œil; mais on peut presque toujours en apercevoir quelques-unes et les enlever aisément. Pour les ruches à calotte, plusieurs de ces mères se trouvent dans la calotte; il en est de même des ruches à hausse; quand ces dernières ont un chapeau par-dessus, on trouve dans ce chapeau trois ou quatre cellules maternelles toutes groupées au-dessus de l'ouverture du couvercle de la ruche.

Pour se procurer des mères, voici un deuxième moyen qui me semble préférable au précédent, parce qu'on peut, pour ainsi dire, les avoir à jour fixe. Vous placez une hausse sous une ruchée à forte population, et pour l'engager à bâtir plus vite dans la hausse, vous donnerez à la ruchée, chaque jour, un litre de bonne nourriture, miel ou sirop de sucre. Quand la hausse est bâtie aux quatre cinquièmes environ, c'est le moment d'extraire de la ruchée un essaim forcé par transvasement. L'essaim remplacera la souche, celle-ci une ruche très-forte (137 et 138). La souche repeuplée construira un grand nombre de cellules maternelles, surtout dans la hausse, parce que les gâteaux de cette hausse seront remplis d'œufs et de larves d'ouvrières. Il vous sera facile alors de voir ces cellules et de les enlever un jour ou deux avant la naissance des mères.

145. Ruchée pouvant donner un essaim forcé. — Beaucoup de miel et une très-forte population, voilà les deux conditions que doit réunir une ruchée pour être en état de fournir un essaim artificiel. Ces deux conditions ne peuvent se rencontrer que dans une ruche d'une grande capacité, c'est-à-dire jaugeant de 30 à 35 litres. Mais il est facile de se faire illusion sur la quantité de miel que renferme une colonie très-peuplée. Le poids du couvain et des abeilles, à l'époque de l'essaimage, est beaucoup plus considérable qu'à la fin de l'hiver et de l'automne; pour prévenir toute erreur, nous allons décomposer le poids d'une ruchée forte et pesant brut 18 kilogr.

Ruche vide qu'on suppose du poids de . . .	$4^k,000$
Gâteaux et pollen	2 ,000
Couvain, environ	2 ,000
Abeilles et bourdons	3 ,000
Total de tout ce qui n'est pas miel. . .	$11^k,000$

Retranchant ces 11 kilogr. des 18 du poids brut, on trouve qu'une ruchée, pesant brut 18 kilogr. et réunissant une forte population à un nombreux couvain, n'aurait en magasin que 7 kilogr. de miel, tandis qu'avec le même poids, à l'automne, elle en aurait 10 kilogr. au moins. Une telle ruchée peut fournir un essaim artificiel par transvasement, parce que, conservant toutes les provisions, elle doit encore les augmenter avec le travail de la population de la ruchée dont elle doit occuper la place. Mais si les essaims se font par séparation, selon la première et la seconde méthode, comme le miel est à peu près partagé entre la souche et l'essaim, il faudra 10 kilogr. de miel, afin que l'un et l'autre en aient chacun 5 kilogr. environ. Mais, direz-vous, 10 kilogr. de miel dans une ruche, c'est énorme; à ce compte, on pourra rarement faire des essaims artificiels selon ces deux méthodes. Oui, j'en conviens; mais si vous avez eu soin de laisser, l'année précédente, des excédants de provisions, la chose ne sera plus si rare que vous le pensez et vous vous applaudirez de votre prévoyance, quand vous voudrez vous donner le plaisir de faire des essaims artificiels.

En parcourant ce tableau, quelques personnes trouveront insuffisant le poids de la population, que je porte à 3 kilogr. Ces personnes auront vu quelque part qu'un bon essaim pèse déjà à lui seul de 3 à 4 kilogr.; elles me diront : Mais, si un bon essaim a réellement ce poids, évidemment la ruchée qui l'a produit dépasse de beaucoup votre estimation. Voici ma réponse. Un essaim de 3 à 4 kilogr. n'est et ne peut être qu'une réunion de deux essaims qui, s'étant mêlés au moment du jet, n'ont plus formé qu'un seul groupe. Un essaim naturel de $2^k,500$ est même rare, et cependant un tel essaim n'épuiserait pas totalement une colonie d'une population égale en poids, parce que les abeilles d'un essaim sortant approvisionnées, sont plus lourdes que celles d'une ruche ordinaire. (Voir l'article 103.)

Pendant la saison des essaims, il y a dans les ruchées très-fortes une quantité prodigieuse de couvain, je ne crois pas en exagérer le poids en le portant à 2 kilogr.

Quelques auteurs conseillent de vérifier, avant de faire l'essaim forcé, si la colonie renferme des mères au berceau ou des larves d'ouvrières de moins de trois jours. C'est une précaution inutile. A l'époque de l'essaimage, les ruchées fortes, à défaut de mères au berceau, ont toujours des larves d'ouvrières de tout âge. Pendant la grande ponte des œufs de mâles, jamais celle des ouvrières n'est interrompue, elle est même bien supérieure à celle des mâles. Je m'en rapporte sur ce point aux apiculteurs qui voudront visiter, en avril et mai, l'intérieur des colonies.

146. **Difficulté pratique pour l'essaimage forcé.** — Une grande difficulté se présente souvent dans la pratique des essaims artificiels : c'est que les essaims naturels sortent

quelquefois avant que les ruchées réunissent les conditions
pour les essaims artificiels. Quand la saison des fleurs est
entremêlée de pluies chaudes et de beau temps, les abeilles
se multiplient étonnamment; elles essaiment sans vous, et
peut-être malgré vous. Telle ruchée, ayant à peine quelques
kilogrammes de miel, s'avisera néanmoins de donner un
essaim, soit parce que la population est trop resserrée, soit
peut-être aussi parce que la mère ne rencontre plus de
cellules vides où elle puisse déposer ses œufs. Il faut alors
donner des hausses à temps et suivre les règles prescrites
dans l'article 84. On réussira pour un grand nombre de ruchées à retarder l'essaimage, et pendant ce temps-là les
provisions s'augmenteront et rendront possibles les essaims
artificiels.

147. Dernier terme pour les essaims forcés. — On
doit renoncer tout à fait aux essaims artificiels dès qu'on
voit arriver la fin de l'essaimage naturel. Ainsi le ralentis-
sement du travail des abeilles, un commencement de guerre
contre les bourdons, voilà des avertissements qu'il ne faut
pas négliger ou méconnaître. Ce serait folie que de passer
outre malgré ces avis donnés par les abeilles elles-mêmes.
Cependant, si vous aviez des colonies très-peuplées qui
eussent deux fois leurs provisions d'hiver, vous pourriez à
la rigueur en tirer des essaims artificiels. Vous partageriez
alors le miel par portions égales entre la souche et l'essaim.
Ces essaims n'auraient lieu toutefois qu'à la condition qu'il
resterait encore des bourdons dans la souche.

148. Les essaims forcés sont-ils avantageux? —
Si vous en croyez quelques apiculteurs, c'est la poule aux
œufs d'or que les essaims artificiels. A les entendre, c'est
un moyen de tripler, de décupler en peu d'années le produit des abeilles.

Malheureusement, les faits ne répondent pas à leur langage. L'expérience prouve bientôt que si on réussit quelquefois, souvent on échoue; et si on n'y met de la prudence,
il y a plus à perdre qu'à gagner. D'autres condamnent d'une
manière absolue ces essaims, parce que, disent-ils, on ne
doit pas contrarier l'instinct des abeilles. Observons en cela,
comme on doit le faire en tout, une juste mesure : des
essaims faits dans les circonstances et dans les conditions
requises réussiront le plus ordinairement, mais ces circonstances et ces conditions ne se représenteront pas tous les ans.

Réservez donc ce moyen pour des cas de nécessité ou de convenance exceptionnelle. Par exemple, votre apier ne contient que peu de ruchées, vous ne voulez pas vous astreindre à faire la garde pour les rares essaims qui peuvent en sortir ; dans ce cas, disposez vos ruchées pour en tirer des essaims artificiels, rien de mieux. Ou bien, vous avez un grand apier, mais il n'est pas à votre portée, ou, quoique à votre portée, les essaims vont se poser dans le jardin de votre voisin, rien de mieux encore, dans ce cas-là, que des essaims artificiels. Quelques-unes de vos ruchées sont vieilles, très-peuplées, très-lourdes ; tous les jours, elles mettent votre patience à l'épreuve, en vous refusant l'essaim qui vous réjouirait tant le cœur ; usez alors des droits que Dieu vous a donnés sur la nature, tirez-en un essaim artificiel.

Enfin, il y a des années où les essaims forcés deviennent une ressource précieuse pour l'apiculteur. Quand la saison des essaims est chaude et sans pluie, l'essaimage ne dure que de dix à quinze jours et il y a peu d'essaims. On aura peut-être beaucoup de miel ; mais l'apier n'augmentera pas, et c'est toujours fâcheux de ne point avoir d'essaims, lorsqu'ils auraient pu amasser leurs provisions. En pareille circonstance, faites des essaims artificiels avec les ruchées lourdes et bien peuplées. Hors ces cas, usez de prudence et de réserve.

Je connais tous les inconvénients des essaims naturels ; je sais qu'on en perd, soit par la négligence des personnes qui surveillent leur sortie, soit par le fait même des abeilles qui prennent la fuite ; je sais encore que bon nombre de souches deviennent orphelines et périssent par suite d'un second essaimage ; mais je sais aussi qu'on ne réussit pas toujours avec les essaims artificiels, et que, tout compte fait, les avantages et les inconvénients se balancent de part et d'autre. A tout apiculteur prudent je dirai : faites des essaims artificiels ; à tout autre je dirai : laissez faire vos abeilles.

149. Point capital pour les essaims forcés. — Je connais des apiculteurs, propriétaires de nombreux apiers, qui ont une grande habitude des essaims forcés. Leur méthode est aussi simple que rationnelle ; ils laissent la souche à sa place, et, après s'être assurés que la mère se trouve dans l'essaim, ils transportent celui-ci à une distance de deux kilomètres au moins. Il y a séparation aussi complète que dans l'essaimage naturel ; les abeilles de l'essaim ne reviennent plus à la souche, et celle-ci n'est pas longtemps à se refaire : les abeilles qui étaient à la campagne au moment de l'opération, le nombreux couvain qui éclôt tous les jours, la mettent bientôt en état de compléter ses provisions d'hiver.

Mais en dehors de cette méthode irréprochable, surtout pour les contrées favorables aux abeilles, il n'y a plus que mécompte et déception si l'on ne suit pas les conseils donnés dans cet ouvrage. Le point capital, c'est de mettre l'essaim à la place de la souche et celle-ci à la place d'une ruchée lourde et forte pour en recevoir la population.

Voyons comme les choses se passent en agissant autrement. Si, en laissant la souche à sa place, vous éloignez l'essaim, même à cent mètres, les trois quarts des abeilles de l'essaim seront, trois jours après, retournées à la souche ; si, faisant la contre-partie, vous mettez l'essaim à la place de la souche et celle-ci à quelque distance, les abeilles de cette dernière vont rejoindre l'essaim et quelquefois en tel nombre que le couvain périra faute de chaleur ou de soins. Cet accident est rare à la vérité ; mais il arrive trop souvent que la souche ne refait pas sa population et ne complète pas son approvisionnement. N'oublions pas qu'elle a donné sa mère à l'essaim, que la nouvelle mère ne sera en état de pondre que de 22 à 23 jours après l'essaimage forcé.

150. Faire les essaims forcés en deux temps. — Un apiculteur prudent fait les essaims forcés en deux temps : il opère d'abord sur les colonies les plus fortes ; 8 ou 10 jours après, si la bonne saison continue, il opère sur les colonies de second ordre, et de la sorte il se livre le moins possible au hasard de la température.

Précisons notre conseil par un exemple. Le 20 mai, nous faisons des essaims par transvasement. Le 1er juin suivant, tout va bien, les essaims ont peut-être déjà la moitié de leurs provisions, celles des souches sont plus que suffisantes. Eh bien ! tirons de nouveaux essaims des ruchées de second ordre, et mettons ensuite ces ruchées de second ordre à la place des souches du 20 mai pour en recevoir la population.

Ces souches du 20 mai, ayant été mises à la place de colonies fortes, en ont reçu la population, mais en cédant leurs places aux nouvelles souches du 1er juin, elles perdent cette population acquise, et ne sont plus exposées à donner un essaim secondaire.

Si nous opérons sur des ruches à hausses et selon la première et la seconde méthode *par division*, nous attendrons que les souches et les essaims aient largement leurs provisions d'hiver. Quand nous en serons là, nous tirerons de nouveaux essaims des ruchées de second ordre, et nous pourrons, sans courir de grands risques, mettre des dernières souches à la place des souches et des essaims primitifs, et ceux-ci à des places vacantes sur l'apier.

LES ABEILLES EN ÉTÉ.

151. Saison où le miel devient rare. — Dans nos contrées, les abeilles ne récoltent plus à partir du 10 au 20 juillet; quelquefois le travail cesse dans les derniers jours de juin; d'autres fois il continue jusqu'au 15 août. Avec un peu d'attention, on pourra remarquer le jour où les fleurs commencent à faire défaut. Ne sachant à qui s'en prendre, les ouvrières font retomber leur mauvaise humeur sur les bourdons, et, dans leur sage prévoyance, elles se débarrassent des bouches inutiles. Hier, les bourdons étaient de grands seigneurs, jouissant d'une haute considération; aujourd'hui, ce ne sont plus que des parias, indignes de tout intérêt. Jusqu'alors, heureux possesseurs de colonies florissantes, ils n'avaient connu de la vie que le confortable : opulente oisiveté, promenades sous un beau soleil, table toujours bien servie; maintenant, victimes de l'insurrection, ils sont ignominieusement condamnés à mourir de faim loin de leur patrie. Les enfants de la race proscrite ne sont point épargnés. Les ouvrières vont tirer de leurs berceaux les jeunes bourdons pour les jeter à la voirie, et les larves de ces malheureux, les œufs même sont sacrifiés sans miséricorde.

C'est à peu près dans le moment du massacre ou de l'exil des bourdons que disparaissent aussi une multitude d'abeilles grises, aux ailes échancrées. Ce sont des vétérans mutilés qui, n'ayant pas notre hôtel des Invalides, vont choisir leur dernier asile dans le champ si souvent illustré par leurs travaux (8).

L'expulsion des bourdons est un signe certain que les abeilles ne trouvent plus ou presque plus de miel à la campagne.

Un autre indice certain de la pénurie du miel, c'est quand le travail ordinaire se ralentit considérablement et que les abeilles, malgré le beau temps, ne font plus que sortir et rentrer pour ainsi dire une à une. Elles semblent avoir perdu toute leur activité; seulement chaque ruchée a son moment d'ébats et de récréation entre midi et quatre heures; mais tout se borne à un mouvement passager d'abeilles qui veulent respirer plus librement au grand air.

152. **Moment de récolter le miel.** — On doit prendre le miel aussitôt que l'attaque générale est faite contre les bourdons, et sans attendre leur déroute complète. Il y aurait de grands inconvénients à négliger ce moment. En effet, quand les abeilles commencent à ne plus rien trouver à la campagne, elles se tiennent dans leurs ruches, et il est extrêmement difficile de leur faire abandonner leurs gâteaux. Elles sont hargneuses, intraitables, mais ce n'est encore là que le moindre inconvénient. Une demi-heure après l'opération commencée, des masses d'abeilles, attirées par l'odeur, viennent s'abattre sur le miel et sur les ruches dans lesquelles vous travaillez. Lorsque vous avez fini et que votre miel est transporté à la maison, vous croyez peut-être que tout est bien; non. Ces abeilles dont vous avez excité la convoitise, ne trouvant plus au dehors de quoi la satisfaire, se jettent avec fureur et de préférence sur les ruchées que vous venez de récolter, ainsi que sur celles qui ont perdu leur mère par suite de l'essaimage. Les habitants de ces dernières résistent rarement à cette impétueuse agression, et les pillardes, quand elles ne réussissent pas à forcer le passage, périssent misérablement sous les coups de leurs adversaires.

A ceux qui ont laissé passer le moment convenable, je conseille de ne prendre le miel qu'à deux ou trois ruchées à la fois et sur le soir. Les jours suivants, ils pourront passer à d'autres; mais aussitôt qu'ils verront les abeilles s'abattre en grand nombre sur le miel, ils devront cesser et remettre leur travail à un autre jour.

Un motif qui doit encore déterminer à récolter les ruchées à l'époque indiquée ci-dessus, c'est que le miel est d'autant plus blanc qu'il a moins séjourné dans la ruche. Qu'on essaie d'en prendre moitié en juillet et moitié en septembre, on verra une grande différence de l'un à l'autre pour la blancheur et le goût. D'un autre côté, le miel en juillet étant plus chaud et plus liquide, il se séparera plus facilement du marc, et le pressoir ou la chaleur du four n'aura plus à faire couler qu'une faible quantité de miel de second choix.

Ce conseil de récolter avant l'entière destruction des bourdons s'adresse particulièrement aux propriétaires des ruches communes. On peut attendre et choisir son temps pour les ruches à calotte et à hausses, le pillage n'est point à craindre avec ces dernières, pour peu qu'on opère avec soin.

153. Miel nécessaire pour la saison morte. — Il est important de connaître la quantité de miel qu'il faut laisser aux abeilles pour les provisions d'hiver. Combien de ruchées périssent victimes de l'ignorance et de l'avidité des *preneurs de miel*! Oui, des ruchées auxquelles on avait dérobé du miel en juillet, je les ai vues périr de faim dans le mois de février suivant. On ne saurait trop le répéter, la trop grande multiplication des essaims et la cupidité des propriétaires sont pour nos apiers deux causes fréquentes de ruine.

Il n'est pas rare que les ruchées perdent 2 kilogr. de leur poids, depuis la mi-juillet jusqu'aux premiers jours d'octobre. L'absence des bourdons et du couvain, une diminution notable de la population contribuent à cette réduction de poids ; car dans le mois d'octobre, il n'y a plus de bourdons, il ne reste plus ou presque plus de couvain, et le nombre des ouvrières se trouve réduit d'un tiers. On doit s'estimer heureux quand on retrouve en octobre le même poids qu'en juillet, parce que cela prouve que les abeilles ont remplacé en miel ce qu'elles avaient en couvain et en population. D'après ces données et pour ne pas s'exposer à des mécomptes, il faut, en prenant du miel au mois de juillet, en laisser aux ruchées 2 kilogr. de plus que si on le prenait en octobre.

Maintenant, il nous reste à savoir quelle est la consommation d'une ruchée depuis le 1er octobre jusqu'au 1er mai.

D'après des expériences plusieurs fois répétées, expériences que je vais mettre sous les yeux du lecteur, la consommation de chaque ruchée, pendant les sept mois, varie entre 7 et 8 kilogr. de miel, selon les années et la population des ruchées. Généralement parlant, les ruchées très-fortes ont besoin d'un peu plus de miel que les autres, c'est ce qui arrive surtout en mars et en avril; cependant, il n'est pas rare de voir des colonies médiocres consommer plus que d'autres colonies mieux peuplées. C'est un fait bien constaté par les apiculteurs français et allemands, fait qu'on explique en disant que la ruchée faible est obligée de consommer davantage pour produire la chaleur nécessaire à son entretien.

Une famille logée dans une petite ruche consomme moins en hiver qu'une autre famille aussi nombreuse, mais logée dans une plus grande ruche.

Pour me résumer : si vous faites la récolte en juillet, laissez à chaque ruchée 10 kilogr. de miel ; laissez-en 8 seulement si vous la faites en octobre. Avec de telles provisions, soyez sans inquiétude sur le sort de vos abeilles.

Si vous êtes généreux, laissez 12 kilogr. en juillet et 10 en octobre ; les abeilles reconnaissantes se piqueront de générosité à votre égard. La ruchée essaimera plutôt avec 2 kilogr. de plus qu'avec 2 kilogr. de moins.

154. Miel consommé du 1er juillet au 19 octobre.

NUMÉROS d'ordre.	POIDS BRUT.		DIFFÉRENCE.
	1858, 1er juillet.	1858, 19 octobre.	
1	16k,910	14k,580	2k,330
2	23 ,730	22 ,000	1 ,730
3	18 ,490	14 ,200	4 ,290
4	22 ,540	18 ,860	3 ,680
5	21 ,810	17 ,170	4 ,640
6	17 ,240	13 ,570	3 ,670
7	21 ,170	18 ,100	3 ,070
8	18 ,670	16 ,070	2 ,600
9	17 ,880	14 ,680	3 ,200
10	16 ,750	13 ,630	3 ,120
11	15 ,720	12 ,970	2 ,750

Observations. — La première colonne du tableau est le numéro d'ordre; la seconde marque le poids brut des ruchées au 1er juillet; la troisième, le même poids brut au 19 octobre; la quatrième nous donne la différence du premier au second poids, c'est-à-dire la quantité de miel que chaque ruchée a consommée depuis le 1er juillet jusqu'au 19 octobre.

9

La dépense a été énorme, elle s'est élevée, en totalité, pour les onze ruchées, à 35^k,080, ce qui donne une moyenne de 3^k,189 pour chaque colonie; mais je me hâte de dire que rarement elle est aussi forte. Ainsi, nos ruchées, au 1er septembre 1859, étaient plus lourdes qu'au 1er juillet de la même année.

Le numéro 2, qui n'a perdu que 1,730 gr. de son poids, avait une très-forte population; il a dû vivre un peu aux dépens d'autrui par un pillage latent (169).

Pendant que nos abeilles, privées de fleurs, entamaient si fortement leurs provisions, celles qui se trouvaient à portée de la bruyère ou du sarrasin les augmentaient considérablement.

155. Miel consommé du 19 octobre au 6 avril.

NUMÉROS d'ordre.	POIDS BRUT.		DIFFÉRENCE.	POPULATION relative.
	1858, 19 octobre.	1859, 6 avril.		
1	14^k,580	9^k,290	5^k,290	2
2	22 ,000	16 ,170	5 ,830	1
3	14 ,200	8 ,690	5 ,510	1
4	18 ,860	12 ,670	6 ,190	1
5	17 ,170	10 ,960	6 ,210	1
6	13 ,570	8 ,530	5 ,040	2
7	18 ,100	12 ,270	5 ,830	1
8	16 ,070	10 ,650	5 ,420	2
9	14 ,680	9 ,180	5 ,500	1
10	13 ,630	8 ,880	4 ,750	2
11	12 ,970	8 ,150	4 ,820	3
12	13 ,920	8 ,770	5 ,150	3
13	14 ,320	7 ,650	6 ,670	3
14	13 ,060	8 ,480	4 ,580	2
15	13 ,830	7 ,950	5 ,880	1
16	13 ,890	8 ,090	5 ,800	3
17	11 ,100	6 ,720	4 ,380	3
18	15 ,350	7 ,730	7 ,620	1
19	11 ,940	6 ,990	4 ,950	1
20	16 ,710	9 ,620	7 ,090	1
21	11 ,310	6 ,660	4 ,650	1

Observations. — La cinquième colonne indique la force relative de la population que les ruchées paraissaient avoir le 25 avril 1859, qui a été une belle journée de travail. Chaque colonie travaillait selon sa force.

Les numéros marqués du chiffre 1 étaient des ruchées à forte population.

La dépense totale des vingt et une ruchées, depuis le 19 octobre jusqu'au 6 avril, s'élève à 116^k,160, c'est une dépense moyenne de 5^k,531 pour chaque ruchée; mais il faut ajouter à cette moyenne le miel qui a été mangé depuis le 1er octobre jusqu'au 19 du même mois, miel qu'on ne peut estimer à moins de 500 gr.; il faut encore au moins 1^k,500 de nourriture pour vivre depuis le 6 avril jusqu'au 1er mai (61). Nous arrivons donc à une dépense moyenne de 7^k,530, depuis le 1er octobre jusqu'au 1er mai.

On a remarqué que les numéros 17, 19 et 21 avaient mangé moins que les autres. C'étaient des essaims logés dans de petites ruches de 18 litres, tandis que les autres numéros avaient des ruches de 25 à 27 litres.

Les dix derniers numéros ont passé l'hiver au milieu d'un jardin. Exposés à tous les vents, ils n'avaient d'autre abri qu'une toiture de planches pour les garantir seulement de la pluie. Ils ont consommé (les trois essaims exceptés) plus que les onze premiers, qui étaient beaucoup mieux abrités de la pluie et du vent du nord.

Les abeilles exposées à tous les vents sortent moins en hiver et consomment plus que celles qui sont abritées. Dans un apier couvert, les familles qui ne voient plus le soleil à partir de onze heures ou midi, sortent beaucoup moins que celles qui le voient plus longtemps.

L'hiver de 1858 à 1859 a été très-doux. Les abeilles, dans chacun des mois de novembre, décembre, janvier et février, ont pu sortir plusieurs fois au dehors. Le 17 mars, elles ont commencé à récolter passablement de pollen.

156. Miel consommé du 24 octobre au 11 avril.

NUMÉROS d'ordre.	POIDS BRUT		DIFFÉRENCE.
	1859, 24 octobre.	1860, 11 avril.	
1	25^k,480	19^k,480	6^k,000
2	23 ,360	17 ,070	6 ,290
3	21 ,830	16 ,230	5 ,600
4	18 ,980	13 ,080	5 ,900
5	25 ,590	18 ,370	7 ,220
6	15 ,160	10 ,080	5 ,080
7	14 ,660	10 ,290	4 ,370
8	19 ,200	13 ,320	5 ,880
9	21 ,290	15 ,250	6 ,040

Les cinq premières ruchées, très-fortes en population, n'avaient pour nourriture que du miel de leur récolte.

Les quatre dernières, un peu moins peuplées, étaient deux essaims tardifs de 1859 et les deux souches de ces essaims; leurs provisions se composaient de glucose pour les deux tiers et du miel de leur récolte pour l'autre tiers.

Les essaims nos 6 et 7 étaient logés dans des ruches jaugeant à peine 18 litres, quoique aussi peuplées que les souches nos 8 et 9; ils ont moins dépensé, mais aussi les souches avaient des ruches de 25 à 27 litres.

Rappelons-nous que déjà, dans la seconde expérience, nous avons constaté que trois essaims logés dans de petites ruches avaient mangé moins que les autres colonies.

Pour la troisième expérience, les ruchées ont été pesées avec leurs plateaux.

Excepté les derniers jours de décembre et le mois de janvier qui ont été doux, l'hiver de 1859 à 1860, depuis les premiers jours de novembre jusqu'aux derniers jours de mars, a été constamment rigoureux.

Les neuf ruchées ont diminué, depuis le 24 octobre jusqu'au 11 avril, de 52^k,380, c'est une dépense moyenne de 5^k,820 pour chaque ruchée; mais à cette moyenne ajoutons 600 gr. pour le miel mangé depuis le 1er octobre jusqu'au 24 du même mois, ajoutons encore 1^k,400 pour vivre depuis le 11 avril jusqu'au 1er mai (61), et nous trouvons une dépense moyenne de 7^k,820.

Les neuf ruchées de 1860 ont donc dépensé un peu plus que leurs sœurs de 1859.

157. **Estimer le miel d'une ruchée.** — Vouloir estimer au juste le miel que renferme une ruche est chose impossible. On pourra se tromper de 1 kilogr. en juillet et de 500 gr. en octobre. On ne doit pas considérer comme exactes les estimations que nous allons faire, nous les donnons seulement comme se rapprochant beaucoup de la vérité.

Nous supposons que la pesée a lieu sur la fin de juillet, lorsque les bourdons ont en grande partie disparu. Nous prenons pour exemple deux ruches de capacités égales et jaugeant de 25 à 30 litres. La population de la première est très-forte, mais la bâtisse est ancienne; la population de la seconde est également très-forte, mais la bâtisse est nouvelle, elle appartient à un essaim de l'année. De la première (outre le poids de la ruche vide), il faut distraire 1^k,500 pour la cire, 2 kilogr. pour les abeilles, 1 kilogr. au plus pour le couvain : en tout 4ᵏ,500. De l'essaim, il faut distraire 2 kilogr. pour les abeilles, 1 kilogr. pour le couvain, et 800 gr. seulement pour la cire : en tout 3ᵏ,800. Le poids du couvain est peut-être exagéré, surtout pour la première ruche. Celui de la population, que je porte à 2 kilogr., est grandement suffisant. N'oublions pas que neuf abeilles prises dans un essaim, deux heures après sa sortie, pèsent autant que onze autres à leur état habituel (103); en sorte qu'une ruchée ayant 2 kilogr. d'abeilles est aussi forte qu'un essaim dont les abeilles pèseraient 2ᵏ,500 au moment de sa sortie.

On peut porter l'estimation d'une population ordinaire à 1ᵏ,500 seulement et le couvain à 500 gr.

Enfin, si la pesée se fait en octobre, on réduira un peu le poids de la population, et celui du couvain à zéro. Je me rappelle à cette occasion d'avoir éthérisé complétement les abeilles d'une forte ruchée et de les avoir pesées ensuite très-exactement. C'était en septembre ; eh bien ! le poids de toutes ces mouches n'a pas dépassé 1ᵏ,600. Il est bon d'ajouter que la ruchée, malgré cette opération, a essaimé l'année suivante.

Si les ruches sont moins grandes d'un tiers, il est bien entendu qu'on réduira d'autant le poids des gâteaux; il faudra, même en juillet, réduire un peu celui du couvain et de la population. Je crois qu'avec tous ces moyens on arrivera à connaître, à peu de chose près, la quantité de miel contenue dans chaque ruche. Pour cela, il suffira de retrancher du poids total de la ruchée celui de la ruche vide, des abeilles, du couvain et de la cire, le reste sera nécessairement le poids du miel.

Je n'ai pas parlé du pollen que je confonds avec le miel. On peut estimer ce pollen de 250 à 400 gr. Ce poids ne me paraît pas même suffisant pour nourrir le nombreux couvain qu'on trouve dans quelques ruchées fortes, en janvier, février et mars.

158. **Balance à peser les ruchées.** — Lorsque je veux faire des expériences spéciales et obtenir des résultats très-exacts, je me sers de la balance à fléau. S'agit-il de savoir combien il faut de miel pour la consommation d'une famille d'abeilles dans un temps donné, de comparer le travail de deux essaims du même jour, mais de population différente, la balance à fléau me donne, dans ces cas et autres sembla-

bles, la précision que je désire. Pour l'économie ordinaire de l'apier, je me sers d'une balance à ressort appelée peson. Elle est moins exacte, mais d'un usage plus commode. Avec cette balance, je connais le poids des ruchées à quelques hectogrammes près. Je sais si les provisions sont au-dessus ou au-dessous des besoins de la mauvaise saison. Je suis enfin fixé sur la quantité de miel que je puis extraire.

Quelques personnes pourraient s'effrayer de mes balances et s'imaginer que peser des ruchées ce doit être bien embarrassant, bien dangereux; rien n'est plus simple cependant. On va s'en convaincre.

Prenez trois bouts de ficelle de cinquante centimètres de longueur, attachez-les par l'une des extrémités à un anneau, armez-les chacune, à l'autre extrémité, d'un petit crochet en fer; ces trois crochets serviront à saisir la ruche par trois points de sa circonférence, et l'anneau, s'accrochant au peson ou à l'un des bras de la balance, tiendra la ruche en suspens. Quand on pèse avec la balance à fléau, on la fixe à une hauteur convenable, après avoir détaché un de ses plateaux; on va saisir ensuite avec les crochets la ruchée légèrement enfumée; on l'enlève au moyen des cordes et de l'anneau, et on la suspend au fléau à la place du bassin qu'on a ôté. Seul et dans une heure et demie, je puis peser de la sorte vingt ruchées. Avec le peson, je me sers rarement des ficelles et des crochets; j'enlève la ruche, je l'accroche tout simplement au peson, et la besogne est faite encore plus vite.

159. Récolte sur les ruches communes. — Les propriétaires de ruches communes n'ont pas tous le même mode d'aménagement. Les uns ont de grands paniers d'une capacité de 25 à 30 litres, ils réunissent tous les essaims faibles ou tardifs, et suppriment en août tout ce qui est vieux ou sans provisions suffisantes : c'est la meilleure méthode. Les autres veulent de petites ruches de 16 à 20 litres. Ils ne se donnent pas la peine de doubler leurs essaims; leur manière de récolter consiste à sacrifier les plus lourdes, c'est-à-dire les meilleures; ils détruisent également celles qui n'ont pas assez de provisions, et nous savons si le nombre en est grand dans les mauvaises années. D'autres enfin affectionnent aussi les petites ruches. Ils vont y fureter quelques rayons de miel, et souvent ils ne s'en tiennent pas là, ils enlèvent aux malheureuses abeilles le quart ou la moitié de leurs provisions, en disant : elles rempliront le vide, la saison est encore bonne.

Voyons s'il n'y a rien de mieux que ces trois méthodes.

160. Récolte partielle sur les ruches communes. — Nous avons affaire à une grande ruche, ou, ce qui revient au même, à une petite munie d'une hausse pour compléter la capacité de 25 à 30 litres. Cette ruche, quand elle est bien pourvue de miel, pèse brut de 22 à 24 kilogr.; en la récoltant, on peut en réduire le poids à 17, car le panier vide ne pesant guère que 3 kilogr., et le décompte des abeilles, du couvain et de la cire étant fait, il restera encore au moins 9^k,500 de miel, ce qui est suffisant pour les besoins. Il ne faut, en aucun cas, toucher aux provisions nécessaires, on doit toujours se conduire comme si les abeilles ne devaient plus rien amasser.

Tout cela étant bien entendu, nous faisons nos apprêts pour la récolte. Il nous faut une terrine à mettre le miel, un seau d'eau pour laver les mains, trois ou quatre tuiles creuses pour couvrir les ruches, un couteau à miel un peu recourbé, un tout petit balai pour faire tomber les abeilles, enfin du pourget et un bon enfumoir.

Nous arrivons à la ruchée, nous y introduisons d'abord quelques bouffées de fumée par la porte ; ensuite, après l'avoir décollée et soulevée au moyen d'une petite cale, nous l'enfumons de nouveau pour mettre les abeilles en état de bruissement, nous transportons la ruchée à la place désignée près des ustensiles, nous la renversons à ciel ouvert; là, après avoir reconnu la partie occupée par le miel, nous plaçons une tuile creuse sur l'autre partie, celle où se trouve le couvain.

La fumée et les coups donnés avec le couteau à miel forcent les mouches à se réfugier sous la tuile. Dès que les gâteaux deviennent libres, on les enlève et on chasse les quelques abeilles qui s'y trouvent; puis on secoue ou on balaie la tuile pour faire tomber toutes les mouches dans la ruche, qui à l'instant est reportée à sa place.

Cette méthode ne présente ni difficulté ni danger d'aucune nature, quand la saison est encore bonne ; mais lorsque la campagne n'offre plus aucune ressource, il est bien difficile de maîtriser les abeilles : elles s'obstinent, malgré la fumée, à rester au fond de leurs gâteaux. Ce sont des piqûres, des mouches engluées, d'autres mouches qui s'abattent sur le miel : c'est à lasser votre patience. Ce n'est pas encore tout. L'odeur du miel a réveillé les autres ruchées et a provoqué leur convoitise. Tout le monde veut avoir sa part du butin, c'est un mouvement général, une confusion inquiétante ; et si l'on ne se hâte de rétrécir les portes des ruches, de calfeutrer celles auxquelles on vient de toucher, le pillage est imminent.

Je me suis vu quelquefois obligé de transporter les ruches dans une chambre, d'en tirer le miel, de les reporter à l'apier et de les calfeutrer immédiatement; puis, lorsque le travail était terminé, d'ouvrir les croisées pour laisser aux mouches la liberté de retourner chez elles.

Il ne faut pas oublier de rejeter dans la ruche les abeilles réunies sous la tuile, parce que l'abeille mère s'y trouve quelquefois.

161. Récolte entière sur les ruches communes. — La deuxième manière de récolter le miel des ruches communes répondra à toutes les exigences de celui qui veut du miel, ou qui veut réduire son apier, et tout cela, sans dommage pour les abeilles. Je pratique cette méthode, j'en garantis le succès.

Un propriétaire, ne voulant conserver qu'un certain nombre de paniers sur son apier, supprime tout ce qui dépasse ce nombre ; il a bien soin de ne détruire que les vieilles ruchées, puis celles qui n'ont pas leurs provisions, et enfin celles qui n'ont point de mère. Jusque-là tout est bien ; mais ordinairement la manière de procéder est déplorable. On étouffe brutalement avec du soufre les pauvres abeilles qui ne demandent qu'à vivre pour être utiles. Le moyen suivant respecte, tout à la fois, la vie des mouches et les intérêts du maître. Le lecteur en jugera.

Quand on s'aperçoit que les bourdons disparaissent et que la récolte du miel touche à sa fin, on prend note de toutes les colonies à supprimer, et on choisit, pour le faire, une belle journée entre midi et quatre heures. La première colonie à détruire est vieille, elle est voisine d'une autre que vous voulez conserver; soufflez d'abord dans la première quelques bouffées de fumée; ensuite, après l'avoir soulevée et maintenue ainsi avec une petite cale, mettez les abeilles en état de bruissement; faites exactement la même chose pour la colonie voisine, c'est-à-dire provoquez-y aussi le bourdonnement intérieur; quand vous en êtes là avec cette dernière colonie, enlevez-la pour un moment; mettez à sa place la première, après l'avoir renversée à ciel ouvert; puis placez l'autre par-dessus. Ainsi la colonie que vous voulez conserver se trouve par-dessus celle que vous vous proposez de supprimer. Soufflez encore quelques bouffées de fumée, calfeutrez ensuite les deux ruches en ne laissant qu'une étroite entrée pour le passage des abeilles; pratiquez la même opération sur toutes les colonies à supprimer.

Quand je vous dis de réunir la vieille colonie à sa voisine, je n'entends pas vous en faire une loi; vous êtes parfaitement libre de la placer sous une autre, à quelque distance. Cependant il est toujours mieux de réunir les voisines, parce que les abeilles retrouvent plus facilement la famille.

Voyons maintenant ce qui se passe dans nos ruches. Quand on enfume convenablement, il n'y a point de combat; une des mères périt, l'autre établit presque toujours sa résidence dans la ruche supérieure; c'est là qu'elle continue sa ponte, c'est là que la famille se concentre; le couvain de la ruche renversée éclôt tous les jours, mais il n'est pas remplacé; les dernières mouches naissent et sortent de leur cellule vingt ou vingt-deux jours après la réunion. A partir de ce moment, et non auparavant, on peut enlever cette ruche inférieure, la porter dans une chambre; là, les abeilles l'abandonnent volontairement et sans fumée, et il est aisé de s'en approprier les provisions. Il faut s'attendre à ne pas retrouver dans la ruche du bas autant de miel qu'au moment de la réunion. Les abeilles auront transporté dans la ruche du haut une bonne partie du miel non operculé de la ruche du bas. On ne doit pas le regretter, la ruchée, au printemps suivant, ne s'en comportera que mieux.

Quelquefois les mouches n'abandonnent pas la ruche du bas; c'est une preuve que la mère s'y trouve; dans ce cas, qui est rare, il faut remettre la ruche comme elle était, pour la reprendre plus tard.

Nous avons dit que la mère établit presque toujours sa demeure dans la ruche du haut; le contraire peut avoir lieu; la ponte alors continue dans la ruche inférieure et cesse dans l'autre. Lorsque ce fait arrive, il ne reste autre chose à faire que d'attendre à l'automne pour supprimer celle des deux ruches qui n'aura pas la mère.

Des gens, qui se font des difficultés de tout, vont me dire: les dimensions de mon apier couvert s'opposent à ce que je place ainsi ruche sur ruche. Non, prenez plus de souci de vos abeilles et vous trouverez moyen de faire des changements qui vous permettront de mettre et de consolider un panier sur un autre panier renversé.

Réduire le nombre de ses ruchées devient une affaire bien simple avec les ruches à hausses. Après avoir enfumé convenablement les deux ruchées que l'on veut réunir, on porte celle qui doit être supprimée par-dessus l'autre dont on a débouché le couvercle, et on calfeutre soigneusement les deux ruches, en ne laissant qu'une seule porte, celle du bas. L'abeille mère survivante s'établit presque toujours dans la ruche inférieure; c'est donc la ruche supérieure qui, n'ayant plus de couvain vingt-deux jours après la réunion, devra être enlevée et récoltée de la même façon que les ruches communes.

Il est important de choisir une belle journée pour les opérations dont nous parlons. Les abeilles, quand elles travaillent, sont plus conciliantes, mieux disposées à fraterniser. Voici comme les choses se passent dans un apier où les plateaux sont très-rapprochés les uns des autres : Quand on a enlevé la ruche pour la réunir à une autre ruchée plus loin, si on laisse le plateau en place et si on le fait toucher au plateau de la ruchée voisine, quelques abeilles reviennent sur le plateau; mais bientôt elles s'inquiètent, elles cherchent et finissent par aller sur le plateau voisin d'où elles se dirigent, en battant des ailes, vers les abeilles de la ruchée étrangère. Si on enlève le plateau, après avoir voltigé quelque temps en avant, d'un vol incertain, elles se hasardent à se mêler avec les abeilles voisines; elles semblent demander grâce; elles se laissent tirailler sans se défendre et sans fuir. Les choses se passent ainsi quand il fait chaud; mais par une température un peu froide les pauvres abeilles sont transies et périssent avant de se réunir aux abeilles étrangères.

On ne peut, sans inconvénient, devancer le terme de vingt-deux jours que nous avons assigné pour la récolte du miel, parce que tout le couvain ne serait peut-être pas éclos : mais on est libre de reculer ce terme selon ses convenances, par exemple pour attendre une température chaude, afin d'avoir un produit plus maniable et plus beau.

162. Récolte sur les ruches à calotte. — La manière de récolter le miel des ruches à calotte est bien simple;

elle consiste à enlever la calotte qui les recouvre. On peut, pour cette opération, choisir le mois de juillet ou celui d'août : il n'y a pas de pillage à craindre. Le mieux serait de récolter en juillet par une journée chaude ; le miel serait plus liquide ; il se séparerait du marc plus vite et plus complétement.

Quand le miel des calottes a été butiné en mai, il faut le récolter en juin. Chez nous, ce miel de mai se trouve souvent figé dès le mois de juillet ; il ne se fige pas dans le corps de la ruche.

Nous voici à l'œuvre. Nous décollons la calotte, nous y soufflons quelques bouffées de fumée, pour calmer les mouches ; nous l'enlevons et la mettons à terre, une minute ou deux, temps nécessaire pour ôter les moindres parcelles de miel qui se trouvent sur le sommet de la ruche et en fermer l'ouverture ; nous transportons la calotte à la maison, dans une chambre dont les croisées sont fermées. Nous allons chercher les autres calottes successivement et avec les mêmes précautions, en les plaçant à une distance de 30 à 45 centimètres, et dans un ordre tel que nous puissions nous rappeler, deux heures après, à quelle ruchée appartient chacune d'elles. Les abeilles se troublent bientôt, elles s'agitent, puis elles abandonnent peu à peu les calottes : c'est le moment d'ouvrir les croisées. Ici la fumée retarderait plutôt qu'elle ne hâterait le départ des abeilles.

Mais voici peut-être une calotte qui ne fait pas comme les autres. Les mouches ne songent point à l'abandonner, elles ne paraissent nullement émues de ce qui vient d'avoir lieu ; d'autres mouches des calottes voisines vont même les rejoindre : c'est que l'abeille mère est là. Que faire alors ? Il faut opérer par transvasement, mettre une calotte vide par-dessus celle qui est pleine, passer une serviette en forme de cravate pour fermer toutes les issues, tambouriner sur la calotte pleine afin de forcer les abeilles à monter dans celle qui est vide. Lorsqu'elles y sont montées, on les porte sur la ruchée à laquelle elles appartiennent, après en avoir débouché le couvercle. On voit par là combien il est important de reconnaître l'ordre dans lequel ont été placées les calottes.

Il ne reste plus qu'à retirer le miel, ce que tout le monde peut faire sans avoir besoin de maître.

Voici une autre méthode moins embarrassante que la

première ; nous l'empruntons au *Cours pratique d'apiculture* de M. Hamet.

« L'enlèvement des calottes a lieu au milieu d'une belle
journée. L'opérateur soulève la calotte par un côté et y
souffle de la fumée, afin de maîtriser les quelques abeilles
qui pourraient s'irriter ; il enlève cette calotte et il la pose
à terre, à un mètre ou deux de sa ruche et sur un sol à peu
près égal ; il la clôt au moyen d'un peu de terre qu'il ramène
autour de ses bords et ne laisse seulement qu'un trou pour
passer le doigt, autant que cela se peut du côté du soleil ;
il la marque d'un signe quelconque qu'il met également à la
ruche d'où elle provient, et l'on ne s'en occupe plus ; il
passe alors à une autre ruche, qu'il opère de même.

« Quant aux abeilles restées dans les calottes, voici comment elles se comportent : après avoir reconnu qu'elles
sont isolées de la colonie-mère, ce dont elles ne tardent
pas à s'apercevoir, elles se gorgent de miel et déguerpissent
en colonne serrée. On les voit, au bout de quinze à vingt
minutes, sortir par la petite issue ménagée, s'envoler au
plus vite et retourner en ligne droite à la ruche-mère. S'il
se trouve quelques jeunes abeilles qui n'aient pas encore
sorti, elles ne sont pas du tout embarrassées pour reconnaître leur ruche : le bourdonnement de leurs compagnes
plus âgées les guide dans cette circonstance.

« Lorsqu'après vingt-cinq à trente minutes, les abeilles
ne pensent pas à sortir d'une calotte, il faut juger que la
mère-abeille s'y trouve, ce qui arrive rarement : on chasse
alors les abeilles de cette calotte dans une ruche vide. On
fait cette opération par le tapotement et à ciel ouvert. Lorsque les abeilles sont à peu près toutes montées dans la
ruche vide, on secoue celle-ci à l'entrée de la souche.

« Il faut enlever les calottes laissées à terre aussitôt que
les abeilles qu'elles contenaient sont parties, parce que d'autres pourraient y venir, qui agiraient en pillardes.

« Deux personnes peuvent opérer vingt ruches à l'heure
par les moyens que nous venons de décrire, moyens dus à
M. Mauget, et beaucoup plus simples et plus expéditifs que
celui qui consiste à faire sortir les abeilles par le tapotement
ou par la fumée, qu'emploient encore un certain nombre
d'apiculteurs. »

163. **Récolte sur les ruches à hausses.** — Pour récolter le miel des ruches à hausses, il y a deux méthodes qu'on

peut indifféremment employer : car, si l'une nous donne un miel plus beau, l'autre convient peut-être mieux aux abeilles.

La première consiste à placer, en mai, un chapeau (204) par-dessus les ruches à trois hausses (83). Les hausses suffisent pour loger le couvain et les provisions d'hiver; et, quand le chapeau renferme du miel, on est à peu près assuré de pouvoir l'enlever sans nuire aux abeilles. Il n'y a donc pas grande nécessité de peser la ruchée. Pour enlever le chapeau et se débarrasser des abeilles, on suivra les conseils que, dans l'article précédent, nous avons donnés pour l'enlèvement des calottes.

La seconde méthode exige que, au fur et à mesure des besoins, on ajoute successivement de nouvelles hausses par-dessous les ruches. Une ruche à quatre hausses est presque toujours assez grande pour loger le couvain et le miel que les abeilles peuvent amasser, même dans une bonne année. Le poids brut d'une telle ruche peut aller à 30 kilogr. Veut-on procéder à la récolte, on passe un fil de fer entre la hausse supérieure et la voisine, et sur celle-ci on adapte immédiatement un couvercle plat (206). On en fait autant les années suivantes, et les gâteaux se trouvent ainsi renouvelés périodiquement.

164. Récolte sur la hausse supérieure. — La seconde méthode de récolter le miel des ruches à hausses présente plus de difficultés que la première, et, si l'on n'y prend garde, elle expose même les ruchées au pillage. Elle consiste à couper avec un fil de fer les gâteaux entre la hausse supérieure et la suivante. Entrons dans quelques détails.

Avant tout, grattez soigneusement le pourget (209) entre les deux hausses dont nous venons de parler; ôtez tout obstacle tel que clous ou ficelles; faites ces dispositions préparatoires sur toutes les ruches; ayez deux fils de fer sous la main, l'un pour remplacer l'autre au besoin ; ayez aussi du pourget en quantité suffisante. Le moment le plus favorable est de cinq heures du soir jusqu'à huit.

Une seule personne peut à la rigueur faire la besogne, mais un aide est bien utile. On débouche le couvercle: c'est par là qu'on enfume la ruchée, jusqu'à ce qu'on voie les abeilles sortir par le bas. Cette fumée est indispensable pour chasser la mère de la hausse supérieure et prévenir la fureur des mouches. On regarde par l'ouverture du couvercle dans quelle direction sont les gâteaux, puis on referme. Au moyen d'un petit coin ou d'un ciseau, on introduit le fil de fer entre les deux hausses et on le place de façon qu'il croise tous les gâteaux. Si l'on est deux, l'un tire le fil de fer et scie en quelque sorte les gâteaux, pendant que l'autre maintient la ruche. Les gâteaux étant coupés, on soulève la hausse supérieure, pour passer vite un couvercle entre elle et les trois hausses du bas; on met trois petits coins d'un centimètre de hauteur entre le couvercle et la hausse supérieure, afin que les gâteaux de celle-ci ne posent pas sur le couvercle et n'interceptent pas la circulation des abeilles. Après cette première opération, qui est d'ailleurs la plus importante, on calfeutre soigneusement les hausses et le couvercle.

Dès le lendemain, bien qu'on puisse attendre une quinzaine de jours, on procède à l'enlèvement de la hausse supérieure, enlèvement qui se fait absolument comme celui des calottes dont nous avons parlé dans l'article 162.

Après avoir passé le fil de fer entre les deux hausses, on peut s'en tenir là pour le moment. Le lendemain, au milieu du jour, on enfume par le haut pour chasser les mouches dans le bas; on enlève la hausse supérieure pour la récolter, et on la remplace seulement alors par le couvercle. Les gâteaux du haut n'ont pas encore été soudés à ceux du bas, les cellules détruites qui ont laissé échapper leur miel sont sèches, elles ont été léchées par les abeilles.

Quand la ruche à quatre hausses pèse brut 26 kilogr., on peut, sans craindre de nuire aux abeilles, enlever tout le miel que contient la hausse supérieure. Mais si le poids brut ne monte qu'à 22 ou même 25 kilogr., on ne tire qu'une partie du miel de la hausse supérieure, puis on replace sur la ruche cette hausse avec ce qui lui reste, en lui laissant de préférence les gâteaux du centre. Enfin, si la ruche ne pèse brut que 20 kilogr., on n'y touche pas, on nuirait considérablement aux abeilles et encore plus à soi-même.

Passer un fil de fer à travers tous les gâteaux, c'est effrayant, s'écrieront quelques novices: tout l'édifice va crouler et ensevelir les habitants sous les ruines. Rassurez-vous, il n'en sera rien. Les gâteaux sont soudés aux parois de la ruche, ils sont soutenus par des baguettes transversales; rien ne tombera, rien ne s'affaissera. La seule recommandation à faire, c'est de ne pas travailler par une chaleur trop grande, de ne pas déranger les hausses inférieures, et de ne jamais faire cette opération sur des essaims de l'année, parce qu'alors les gâteaux n'ont pas assez de consistance pour résister à une telle épreuve.

165. Produit moyen des abeilles. — Le miel et la cire, voilà le but final que nous nous proposons dans tous nos soins pour les abeilles. Quelques personnes les cultivent aussi comme d'autres cultivent les fleurs; elles se passionnent pour ces petits insectes et y consacrent tous leurs loisirs; elles en font un objet de délassement plutôt qu'une affaire d'intérêt; qu'elles réussissent plus ou moins bien, ce n'est pas ce qui les occupe beaucoup. Tout en respectant cette passion qui tient peut-être la place d'une autre moins innocente, ce n'est point pour ces personnes que j'ai fait mon travail. Je m'adresse aux hommes d'industrie qui veulent exploiter, de la manière la plus avantageuse, cette toute petite portion du vaste domaine de la nature que Dieu nous a abandonné; je veux les prémunir contre les déceptions et les dégoûts, suite ordinaire d'une mauvaise administration; je veux enfin leur faire connaître, sans exagération, les bénéfices qu'avec une bonne culture ils ont droit d'attendre. Si ces bénéfices ne répondent pas à leur ambition, qu'ils renoncent aux abeilles, autrement, ils s'exposent à bien des mécomptes.

Avec une bonne direction, un apier composé de vingt bons paniers fournira, année commune, de 30 à 40 kilogr. de miel et environ 4 de cire fondue. Mais pour obtenir ce résultat, prenez-y garde, il faut empêcher l'essaimage des abeilles; le permettre seulement aux meilleures ruchées, afin de remplacer par des essaims tout ce qui viendra à dépérir par une cause ou par une autre. J'entends faire entrer dans mon calcul et le miel et la cire des colonies surnuméraires. Il est clair que si, au lieu de m'en tenir à vingt bons paniers, je veux aller jusqu'à vingt-cinq, je compterai comme produit les cinq paniers nouveaux.

Craignant par-dessus tout le reproche d'inexactitude, je vais entrer dans quelques explications. Mes observations ont été faites dans un pays où l'on ne rencontre ni sarrasin ni bruyère, les récoltes de miel n'y sont pas abondantes; toutefois, je connais des apiers qui donnent des produits plus séduisants; mais ils ne doivent cette prospérité qu'à des circonstances locales et exceptionnelles.

Ainsi, après un printemps pluvieux, la moutarde des champs (séné), le mélilot (mousse), plantes si communes dans certaines contrées à terre forte, sont d'une grande ressource pour les abeilles de ces contrées, surtout le mélilot qui fleurit fin juin jusque fin juillet, époque où elles ne trouvent plus rien ailleurs; ainsi la navette d'été, cultivée seulement dans quelques communes, est une autre cause de prospérité exceptionnelle; enfin le colza, si avantageux au printemps, n'est pas une plante de tous les pays à grande culture. Mes estimations, au contraire, seraient exagérées pour les grands vignobles : les abeilles y prospèrent moins bien que partout ailleurs, les fleurs des prairies étant presque leur unique ressource.

Les abeilles à portée des forêts, donnent ordinairement des essaims plus précoces et plus nombreux que dans la plaine, c'est probablement aux chatons du noisetier et du saule marceau qu'elles le doivent; mais cette prospérité n'est qu'apparente; elle se réduit souvent à rien. Ces abeilles rapporteront peu de chose si l'on n'emploie pas toute son industrie à empêcher l'essaimage, ou si l'on ne double pas tous les essaims en en réunissant même quelquefois trois ensemble, quand ils sont par trop faibles.

La plupart de nos forêts, privées de bruyère, fournissent moins de miel, en juin et juillet, que les terres cultivées.

166. **Pillage.** — La guerre entre les abeilles peut survenir après la récolte et ce n'est ordinairement qu'à cette époque de l'année qu'elle a lieu. C'est donc le cas d'en parler ici. Nous pouvons la voir à son début, la suivre dans ses progrès et constater la victoire.

Il y a certitude d'hostilité et tentative de pillage, lorsque des abeilles étrangères essaient de s'introduire furtivement dans une ruche. Ces pillardes appartiennent souvent à l'apier dont la colonie attaquée fait partie. On les voit voltiger, tournoyer avec précipitation d'une ruche à l'autre, cherchant à surprendre les sentinelles. Elles font surtout irruption chez les orphelines, c'est-à-dire dans les familles sans mère, où elles ne trouvent que la faible défense d'une garnison sans chef. Ailleurs, elles rencontrent aux portes des gardes vigilantes, et, si elles veulent entrer, elles sont saisies par les pattes et obligées de prendre la fuite. Jusqu'ici rien n'est à craindre. Mais, si la troupe assaillante grossit à vue d'œil; si la porte est trop large pour être bien

gardée ; si l'ennemi réussit à entrer dans la place, alors il
y a grand combat dans l'intérieur, et la présence des morts
et des mourants va bientôt vous donner la preuve de la
fureur de l'attaque et de l'héroïsme de la défense; lorsque
les choses en sont là, le péril devient imminent. Enfin,
quand, à la suite de ces luttes acharnées, on voit des masses
d'abeilles entrer, sortir rapidement et sans obstacle, c'est
que la citadelle est prise et que le pillage a commencé; si
une puissance supérieure n'intervient à propos, quelques
heures suffiront pour enlever tout le butin et faire de la ruchée un désert.

167. **Secourir une colonie au pillage.** — N'attendez
pas pour venir au secours de la tribu menacée, qu'elle soit
réduite à une situation alarmante. Accourez, au contraire,
au premier signal de l'invasion : rétrécissez la porte, cependant, laissez-y assez d'espace pour qu'il puisse y passer au
moins deux abeilles de front; les colonies fortes en exigent
même davantage, sans quoi il y aurait défaut d'air, ce qui
est très-dangereux.

Lorsque la troupe ennemie est nombreuse, animée au
combat, et qu'il y a déjà des morts et des mourants, alors
hâtez-vous de rendre encore l'entrée plus difficile, plus
étroite; calfeutrez le tour des ruches assaillies, pour empêcher les émanations du miel; aspergez abondamment avec
de l'eau de temps en temps, jusqu'à ce que le calme commence à se rétablir. Souvent ce calme ne devient complet
qu'à la nuit. Alors, pour prévenir l'asphyxie, vous donnerez
de l'air en élargissant l'entrée. Le lendemain matin, vous
rétrécirez plus ou moins, selon les exigences. Ordinairement, la fraîcheur de la nuit refroidit l'ardeur des com-
battants.

Enfin, s'il arrive que les pillardes triomphent, si elles se
pressent d'entrer et de sortir pour emporter plus vite leur
proie, il n'y a plus qu'un parti à prendre, c'est d'isoler la
ruchée et de la transporter à une cinquantaine de mètres
plus loin. Le soir, si les abeilles montent la garde, si, à l'entrée de la ruche, quelques-unes sont en état de bruissement, on peut espérer que tout n'est pas perdu, que la mère
n'a pas succombé, et qu'en rétrécissant beaucoup le passage, on mettra la ruchée en état de résister à de nouveaux
efforts. On la reportera alors à sa place ordinaire.

Voici un autre moyen plus sûr. Dès que le combat cesse

10

et que le pillage commence, on enlève la ruche et on l'enveloppe avec un tablier de cuisine. Les abeilles restent prisonnières pendant vingt-quatre heures, et ce n'est que le lendemain, à la tombée du jour, qu'on leur rend la liberté.

Au lieu de vouloir conserver les ruchées qui ont souffert un peu du pillage, on ferait peut-être mieux, pour en sauver les provisions, de les réunir à d'autres, ou d'en retirer tout bonnement le miel qui y reste.

168. Cause du pillage. — Le pillage vient toujours d'une faute. Ainsi, si l'on néglige au printemps de porter à la maison, de demi-heure en demi-heure, les gâteaux qu'on retire des ruches (50); si, lorsqu'on nourrit les abeilles, on oublie les précautions que nous avons recommandées (64), il y aura tentative de pillage plus ou moins sérieuse. Le danger est plus grand, quand la récolte du miel se fait à une époque où la campagne ne fournit plus rien; il faut alors des soins minutieux, sans quoi les irruptions seront audacieuses et souvent couronnées de succès. Il faut travailler dans une chambre, reporter chaque ruchée, la calfeutrer, en rétrécir la porte, avant de passer à une autre; ou bien il faut faire le tout en plein air, mais à une heure avancée du jour, afin qu'au besoin la nuit vienne en aide.

Il y a des gens qui, pour ne rien perdre, exposent devant l'apier des terrines, des ruches, des gâteaux où il reste encore quelques gouttes de miel : c'est une grande imprudence. Les abeilles, après avoir léché ruches et terrines voudront continuer à se régaler aux dépens d'autrui : elles iront porter l'inquiétude et le trouble dans les autres familles.

169. Pillage latent. — J'appelle de ce nom des larcins continus que des familles commettent sans violence chez d'autres familles. Aucun indice extérieur ne fait soupçonner cette espèce de pillage; cependant on est forcé de l'admettre, car les faits à l'appui sont trop nombreux.

Ainsi, une colonie que j'avais déplacée pour la réunir à une autre plus loin, s'en est vengée en allant prendre 2 kilogr. de miel à son ancienne voisine. C'est en renouvelant la pesée de l'une et de l'autre que j'ai pu me convaincre de la fraude; la première avait gagné exactement ce que la seconde avait perdu. Les autres colonies avaient toutes conservé le même poids.

Ainsi, en 1858, ayant pesé une trentaine de ruchées, une

première fois le 1ᵉʳ juillet, une seconde fois le 19 octobre, j'ai trouvé une perte de 4 kilogr. chez une des plus faibles, tandis que la plus forte n'avait perdu qu'un kilogramme et demi.

Ainsi, après une double pesée en août et avril, on trouve que des colonies très-fortes ont beaucoup moins mangé pendant l'hiver que d'autres de même population.

Enfin, au moment de la récolte du miel, comment expliquer la richesse surprenante de cette famille qui, au printemps, ne promettait pas plus que beaucoup d'autres.

Une ruchée faible est exposée au pillage latent, lorsqu'on lui donne du miel en rayon dans le bas de son habitation, la faible population ne peut pas le couvrir pour le protéger.

LES ABEILLES EN SAISON MORTE.

170. Visite des ruchées après l'essaimage. — Un véritable apiculteur attachera toujours une grande importance à visiter ses ruchées cinq ou six semaines après l'essaimage. Cette visite ne doit se faire qu'à quelques familles et non pas à toutes. Il est au moins inutile de déranger les essaims qui travaillent avec une grande activité ; les colonies qui, n'ayant pas essaimé, ont une nombreuse population ; les souches d'essaims qui paraissent visiblement se repeupler et augmenter sensiblement leur poids. Mais il ne faut négliger aucune des ruchées qui sont faibles et peu actives ; qu'elles aient essaimé ou non, on doit les visiter dans l'intérieur et s'assurer si elles ont du couvain d'ouvrières. Les petits essaims qu'on a réunis au moment de l'essaimage, les ruches qui ont donné deux essaims sont les plus exposées à perdre leur mère. C'est là surtout qu'il faut porter notre attention. Ne balançons pas un moment à détruire ou à réunir immédiatement toutes les familles où nous ne trouvons pas de couvain d'ouvrières.

Une souche d'essaim naturel doit avoir du couvain operculé d'ouvrières au plus tard trente à trente-cinq jours après l'essaim primaire.

Une souche d'essaim artificiel doit avoir du couvain operculé d'ouvrières au plus tard trente-cinq à quarante jours après l'essaim artificiel.

Une souche naturelle ou artificielle qui n'aura pas de couvain d'ouvrières dans le temps fixé pour chacune d'elles n'en aura jamais, on ne peut donc faire mieux que de la démolir et d'utiliser son miel et sa population en la réunissant à une autre ruchée.

Réparons ici une omission, défions-nous en mai et juin d'une ruchée qui n'a pas essaimé et qui paraît plutôt diminuer qu'augmenter en population. C'est probablement une ruchée qui ayant perdu sa mère l'a remplacée, elle peut avoir déjà du couvain d'ouvrières, mais depuis peu de temps. S'il elle n'a pas de couvain d'ouvrières, attendons encore quelques jours avant de décider de son sort. Que le lecteur n'oublie pas que nous parlons pour les mois de mai et de juin.

171. Les orphelines après l'essaimage. — Les orphelines, comme nous l'avons dit, sont des familles privées de mère. On en rencontre au printemps et en juillet. Nous avons parlé des premières (71), nous allons nous occuper des autres. Les orphelines de juillet présentent des caractères extérieurs qui les font reconnaître avec assez de facilité, sans qu'on ait besoin de les visiter intérieurement. Jetez un coup d'œil sur l'apier entre midi et trois heures, au moment où les bourdons vont prendre l'air sous un ciel serein. Voyez comme ces malheureux sont chassés de partout, excepté de quelques ruchées où ils jouissent d'une liberté complète pour aller et venir. Ces ruchées ont très-peu d'activité et une faible population, les ouvrières qui reviennent chargées de pollen y sont rares, le bruissement y est nul ou presque nul le matin et le soir : tous ces caractères réunis vous donnent la certitude que la mère manque. Pour peu que vous en doutiez, visitez l'intérieur : il y a beaucoup de bourdons, mais aucune trace de couvain d'ouvrières, quelquefois du couvain de bourdons de tout âge, une quantité étonnante de cellules remplies de pollen. Quand ces signes intérieurs viennent confirmer les caractères extérieurs, le doute n'est plus possible.

Les familles les plus exposées à devenir orphelines sont celles qui donnent un essaim secondaire, surtout lorsque cet essaim, retardé par le mauvais temps, ne sort que de douze à quinze jours après le primaire (125). On trouve

même des orphelines, quoique bien rarement, dans un panier d'essaim. Cela vient d'une réunion de deux essaims
sans réussite : les deux mères ont péri.

Nous avons vu (20) qu'une colonie récemment privée de
mère, peut s'en faire une avec des vers d'ouvrières âgés de
trois jours au plus; mais le malheur des orphelines devient
irréparable, quand il dure depuis cinq ou six semaines.
Qu'on leur donne alors du couvain de tout âge ; les œufs
éclôront, les larves seront nourries, les nymphes sortiront
de leur cellule ; mais les choses en resteront là, les abeilles
ne songeront point à se donner une mère. Allons plus loin.
Qu'on leur donne une mère fécondée, vous pensez qu'elles
vont la recevoir avec joie ; non, elles ne la maltraiteront pas
trop d'abord, mais elles ne lui laisseront pas la liberté de
ses mouvements et finiront par s'en débarrasser. Des apiculteurs allemands prétendent qu'une mère fécondée, enfermée dans un étui, pendant deux ou trois jours, au milieu
d'une population orpheline, est reçue, qu'elle le sera infailliblement si on lui donne un millier d'abeilles prises dans la
ruchée même.

La chose serait vraie que je n'engage pas encore à la
faire.

172. **Que faire des orphelines ?** — Une famille d'orphelines est exposée à des dangers de toute sorte. Au jour du
pillage, c'est elle qui succombe la première ; si elle échappe
à ce fléau, la fausse-teigne vient l'attaquer et en dévorer la
cire en peu de temps. Ce n'est pas tout. Les bourdons man-
gent une bonne part de ses provisions ; et si par hasard la
population peut gagner l'hiver, réduite à un petit nombre
de membres, elle périt de froid entre ses gâteaux remplis
de pollen. Voilà la destinée d'une ruchée orpheline, quand
elle est abandonnée à elle-même.

Un propriétaire soigneux saura distinguer, au plus tard
dans le mois d'août, chaque ruche en deuil de sa mère ; il ne
manquera pas de supprimer ces ruches le plus tôt possible,
ou de les réunir à d'autres ruches qui n'auront pas leurs provisions d'hiver. Ces réunions se font avec succès. Un essaim
médiocre auquel on réunit une orpheline qui a du miel,
devient une très-bonne ruchée au printemps.

C'est une chose curieuse de voir ce qui se passe dans une
orpheline que l'on réunit à une population qui a une mère.
Les bourdons de l'orpheline sont immédiatement tués ou

chassés. Cependant, on les laisserait vivre si l'autre population ne s'était pas encore débarrassée de ses propres bourdons.

Le miel qu'on retire des orphelines est de mauvaise qualité, il est trop mélangé de pollen : aussi j'aime beaucoup mieux réunir ces orphelines à d'autres ruchées que de récolter leur miel. C'est bien le même miel que celui des autres ruchées ; mais, dans les rayons du centre, des milliers de cellules remplies de pollen se trouvent côte à côte de plusieurs autres milliers de cellules remplies de miel.

173. **Les vivres doivent être complétés en septembre.** — Peu d'apiculteurs se rendent compte de ce qui se passe dans une colonie dont on veut compléter les provisions. On se persuade que les abeilles emmagasinent toute la nourriture qu'on leur donne. La vérité, c'est qu'elles ne le font que pour les deux tiers et quelquefois pour la moitié.

Supposons deux ruchées de population égale, dont l'une pèse 3 kilogr. de plus que l'autre ; pour rendre la dernière aussi lourde que la première, nous lui donnons 3 kilogr. de miel, voici ce qui arrive : un quart du miel, huit jours après, a disparu, un mois après, il n'en reste plus que la moitié, c'est-à-dire qu'elle pèse 1 kilogr. et demi de moins que la plus lourde.

Ce déficit tient à deux causes. Une ruchée que l'on nourrit élève du couvain dans le temps même où les autres ruchées n'en élèvent plus, voilà la première cause du déficit. En second lieu, les abeilles, pendant qu'elles emmagasinent, établissent l'état de bruissement et le continuent encore plusieurs jours après ; elles font donc une dépense de force vitale qu'elles ne peuvent réparer que par une nourriture plus abondante. Cela est si vrai, qu'une population qui est au repos depuis le coucher du soleil perd très-peu de son poids, tandis que celle qui est en état de bruissement perd beaucoup plus. Cette perte évidemment ne peut être attribuée qu'à la transpiration insensible, puisque les abeilles ne sont pas sorties de toute la nuit.

C'est donc une mauvaise spéculation de nourrir une colonie à laquelle il manque une partie notable de ses provisions, à moins qu'on ne lui donne du miel d'une vente difficile, nous ne parlons pas ici de miel de Bretagne ou d'Amérique, mais de miel de seconde ou troisième qualité que nous avons avons récolté.

Du miel de notre récolte légèrement fermenté doit passer sur le feu et être écumé avant de l'employer.

On ne devrait jamais donner de supplément de nourriture qu'aux populations fortes qui peuvent, avec leurs propres ressources, vivre jusqu'aux premiers jours d'avril. Compléter les vivres d'une population faible, c'est presque toujours une dépense inutile de temps, de patience et d'argent.

La réunion des ruchées faibles ou mal approvisionnées est toujours ce qu'il y a de mieux à faire. Cependant, si l'on veut absolument les nourrir, il ne faut pas attendre jusqu'à l'arrière-saison. Les abeilles par les nuits froides d'octobre emmagasinent trop lentement la nourriture, surtout le sirop de froment (66) ; d'un autre côté, c'est les exposer à la dyssenterie, et le couvain à la pourriture. Les provisions doivent être complétées en septembre au plus tard.

Quelquefois, j'ai enlevé en juillet à de bonnes ruchées des calottes pleines de miel, pour les donner à des essaims faibles, et j'ai presque toujours réussi à en faire de bons paniers. Cette dernière manière de compléter les provisions me paraît donc la plus convenable : les abeilles ne touchent aux rayons de la calotte qu'au fur et à mesure de leurs besoins ; néanmoins, elle n'est pas encore sans danger, car, si l'hiver est long et rigoureux, les abeilles, après avoir épuisé le miel du bas, ne peuvent pas monter dans la calotte ; elles périssent de faim à côté de l'abondance.

174. Une ruchée en nourrissement se laisse piller. — Des abeilles qui emmagasinent font toujours entendre un fort bruissement. Deux familles d'abeilles en bruissement que l'on réunit ne se font pas la guerre. Voilà des faits incontestables. Ainsi, une ruchée qui emmagasine n'opposera qu'une faible résistance à l'attaque des pillardes, si la troupe assaillante est nombreuse ; rétrécissez donc la porte de la famille que vous nourrissez ; les assaillantes n'oseront pas s'aventurer dans un passage étroit ; les quelques abeilles qui sont de garde suffiront à les éloigner. N'élargissez la porte que lorsque le bruissement commence à diminuer, et ne vous étonnez pas s'il dure un jour ou deux après que toute la nourriture aura été enlevée.

175. Réunion de fin d'année. — Réunir deux ruchées, c'est de deux populations distinctes n'en faire qu'une. Une seule mère suffit. Non-seulement elle suffit, mais il y a incompatibilité absolue entre deux mères : l'une devra succomber sous les coups de sa rivale. Aussi quelques jours après la réunion, on trouve toujours une mère étendue sans vie, sous la ruche ou en avant.

Les réunions de fin d'année sont d'une grande importance pour la prospérité d'un apier. Quand la campagne a été mauvaise, que faire de tant d'essaims et de souches qui n'ont pas suffisamment recueilli de butin pour l'avenir? Les supprimer en masse, ce serait quelquefois perdre la moitié d'un apier. Tuer les uns pour nourrir les autres, ce serait encore un mauvais calcul; puisqu'il est bien constaté, d'une part, qu'une colonie bien peuplée ne mange guère plus en hiver qu'une autre beaucoup moins peuplée, et que, d'autre part, la supériorité de travaux d'une ruchée forte sur une faible est étonnante. Il ne faut donc jamais détruire les familles, mais les réunir, les agglomérer. Par cette réunion il y aura d'abord économie de miel et ensuite augmentation de produit : les deux peuples fondus en un seul ne consommeront pas autant et développeront bien plus leur industrie que s'ils étaient restés séparés.

Il n'y a pas d'époque déterminée pour opérer les réunions de fin d'année. On peut le faire dans les premiers jours d'août, après la récolte du miel; mais j'aimerais mieux attendre jusqu'à la dernière quinzaine d'octobre. Quelquefois, les deux mères succombent dans la lutte; mais cet accident est rare, et on ne doit pas en tenir compte. Du reste, on a toujours la ressource de faire au printemps une autre fusion.

Il y a des années malheureuses où tout est pauvreté et misère, on ne peut pas associer misère avec pauvreté; il faut, dans ce cas, donner en septembre une abondante nourriture à la moitié des ruchées les plus peuplées, et alors associer en octobre pauvreté avec abondance.

Une jeune mère fécondée a plus de valeur qu'une vieille; si l'on connaît l'âge des mères dont les ruchées doivent être réunies ensemble et qu'on puisse facilement s'emparer de la plus âgée, on la tuera.

176. Peuplade devant être réunie. — Quand on connaît les difficultés de nourrir les mouches en hiver; quand on sait que les secours journellement prodigués aux familles indigentes n'aboutissent ordinairement qu'à prolonger leur misère; quand on est surtout convaincu de la supériorité du nombre dans l'association, sur les petits groupes dans l'isolement, on n'hésite jamais en automne à ne faire qu'un panier de deux paniers, dont les propres ressources sont insuffisantes pour atteindre au 10 avril suivant. Ainsi donc, si la réunion a lieu en août, elle se fera pour les ruches qui n'auront pas 6 kilogr. de miel; et si elle est retardée jusqu'en octobre, elle ne comprendra plus que les paniers qui n'en auront pas 5 kilogr. Les essaims qui n'auraient pas tout à fait l'un ou l'autre poids peuvent à la rigueur rester seuls. Il faut que les deux ruchées à réunir en une seule, possèdent ensemble 9 kilogr. de miel en août et 8 en octobre. Les plus légères seront réunies aux plus lourdes. Quant à celles qui n'ont qu'une population minime avec 1 kilogr. ou 1^k,500 de miel, elles ne valent pas la peine qu'on s'en occupe beaucoup. J'aimerais mieux en secouer les abeilles et en démolir les gâteaux, comme je l'ai dit au sujet des réunions du printemps (72). On associe de préférence deux ruchées voisines, quand même il leur manquerait quelque peu du poids exigé. Rien alors n'est dérangé dans les habitudes des abeilles, qui retrouvent leur place sans aucune difficulté.

Pour estimer la quantité de miel d'une ruche, voir l'article 157.

Toute ruche à trois hausses devra être réduite à deux avant de subir la réunion.

177. Réunion des ruches communes. — La réunion des ruches communes est facile. Voici comme on l'opère. Après avoir excité le bruissement dans les deux paniers qu'on veut associer, on renverse l'un à ciel ouvert et on place l'autre par-dessus; on calfeutre le tout avec soin, en laissant une seule porte entre les deux ruches et on termine par quelques bouffées de fumée. Les abeilles logées dans la ruche supérieure mangeront le miel du bas avant celui du haut, et, au printemps, on supprimera la ruche vide. On voit que l'opération est bien simple, seulement elle exige une distribution convenable de l'apier, dont chaque étage doit être assez haut pour permettre la superposition des ruches. C'est une disposition qu'il est aussi facile que peu coûteux de donner aux apiers auxquels elle manque.

Quelquefois la mère et le gros de la troupe se tiennent dans le bas; vous le constatez, au printemps, par la présence du couvain. Il faut alors supprimer la ruche du haut. Enfin, il y aura peut-être beaucoup de monde dans les deux paniers. Ne vous en inquiétez pas, et supprimez celui des deux qui n'a pas de couvain ; les abeilles ne tarderont pas à l'abandonner pour se réunir à leur mère. Si elles y mettaient quelque lenteur, secouez-les, démolissez les gâteaux et enlevez le miel qui peut s'y trouver.

Ayez bien soin de ne pas laisser de vide entre les deux ruches. Rien qu'un centimètre d'intervalle entre les gâteaux pourrait empêcher la réunion des deux familles. Chacune se tiendrait chez elle, et la première qui manquerait de vivres, périrait sans que vous pussiez vous en douter.

Puisque c'est la ruche du haut que l'on doit conserver au printemps, il faut, autant que possible, placer la moins âgée au-dessus de l'autre.

L'apiculteur qui aurait l'intention de transformer ses ruches communes en ruches à calotte ferait une ouverture de 8 à 9 centimètres au sommet de la ruche à supprimer, y établirait une plate-forme sur laquelle il poserait la ruche à conserver. Avant tout, il lirait attentivement les deux articles suivants et encore l'article 199.

178. Réunion des ruches à calotte. — Quand on a fait choix de deux ruches à calotte pour les réunir, on enlève la calotte de la ruche à supprimer, et on la remplace par la ruche à conserver. On laisse une porte à chaque ruche et on a bien soin que les mouches d'en bas puissent facilement communiquer avec celles d'en haut au moyen d'un petit gâteau. En provoquant le bruissement avant et après la réunion, il y aura très-peu de victimes. Les choses resteront en cet état jusqu'aux derniers jours de mars. A cette époque, on supprimera la ruche inférieure. On fera bien de consulter l'article suivant.

Si, au moment de la réunion, il y a des abeilles dans la calotte que l'on supprime, on les secoue à terre, comme nous l'avons dit pour les réunions du printemps (72).

179. Réunion des ruches à hausses. — Le premier panier qui se présente est un essaim ; le second, une souche ; associons-les, et, quoique l'essaim soit le plus léger, plaçons-le par-dessus l'autre de la manière suivante :

Nous commençons par mettre l'essaim en état de bruissement ; nous passons ensuite à la souche, nous débouchons le trou de son couvercle, et l'enfumons par cette ouverture jusqu'à ce que les abeilles s'enfuient par la porte, nous faisons passer un fil de fer entre la hausse supérieure et le couvercle que nous enlevons ; puis nous allons chercher l'essaim pour le placer par-dessus les gâteaux mis à jour ; nous calfeutrons soigneusement les deux ruches en laissant néanmoins entre elles une petite porte pour trois ou quatre abeilles de front. La porte de la ruche inférieure reste ouverte telle qu'elle était auparavant. Ainsi, la ruche doublée a deux entrées, celle du bas et celle du haut. Elle reste en cet état jusqu'au printemps. A cette époque, nous supprimons la ruche inférieure dans laquelle il n'y a plus ni miel ni couvain. En effet, la porte du haut donnant de l'air aux abeilles, celles-ci se sont tenues dans l'étage supérieur, elles ont mangé d'abord le miel d'en bas ; ce n'est que par les grands froids qu'elles ont entamé le miel d'en haut.

Une recommandation bien importante, c'est de ne pas laisser de vide entre les gâteaux des deux ruches : il faut de toute nécessité que les abeilles puissent communiquer facilement de l'une à l'autre. Nous plaçons donc, si le cas l'exige, d'autres gâteaux entre les deux paniers ; ils servent comme d'échelle pour monter ou descendre à volonté.

Il suffit que l'essaim ait environ 3 kilogr. de miel pour avoir la place d'en haut. S'il n'en avait que 2, par exemple, il faudrait le réduire à sa hausse supérieure et le mettre tout simplement par-dessus le couvercle de la souche, en ne laissant d'autre porte que celle d'en bas.

Les deux ruchées qui viennent ensuite sont deux souches : nous élevons la plus pesante sur l'autre, en suivant exactement les mêmes prescriptions.

Les réunions ne doivent se faire que deux ou trois heures avant la nuit, afin de prévenir le danger du pillage.

Quelquefois, au lieu d'enlever le couvercle de la ruche inférieure, je me contente de le déboucher et de placer l'autre ruche par-dessus, en laissant une petite ouverture au bas de cette dernière. Les abeilles se décident presque toujours à abandonner le bas pour se concentrer dans le haut. Cette seconde manière n'est pas aussi sûre que l'autre et ne doit être pratiquée qu'autant que la ruche supérieure peut, avec ses propres ressources, traverser les froids de l'hiver.

Il faut toujours enfumer convenablement les mouches et rendre en même temps leurs communications faciles. Par ce moyen, les deux colonies s'abordent et se mêlent sans combat.

180. Les trois secrets de l'apiculture. — Beaucoup de miel produit une grande population et une grande population produit beaucoup de miel : le miel et la population réagissent donc l'un sur l'autre et deviennent tour à tour cause et effet. Les conséquences de ces deux principes nous conduiront aux trois secrets de l'apiculture.

D'abord, beaucoup de miel produit une grande population. Cette proposition est appuyée sur des faits incontestables.

Premier fait. Voici deux essaims : l'un est précoce et amasse 10 kilogr. de miel dans sa campagne; il sera au printemps, sans aucun doute, une des meilleures colonies de l'apier; l'autre, en sortant de la souche, est aussi peuplé que le premier, mais il est tardif et n'amasse que 6 kilogr. de miel. Pensez-vous qu'au printemps il sera encore aussi peuplé que l'autre? Non, il le sera beaucoup moins.

Second fait. Vous avez deux ruchées très-fortes, très-lourdes en juillet; vous ne laissez à la première que bien juste ses provisions d'hiver; vous ne touchez pas à la seconde. Croyez-vous encore qu'au printemps, la première aura autant d'habitants que la seconde? Détrompez-vous, la différence sera grande. C'est évidemment le miel qui a conservé la population de cette ruchée, aussi bien que celle de l'essaim. Il faut donc en juillet laisser aux abeilles au delà de leur nécessaire, si on veut les retrouver non décimées au printemps. C'est le premier secret.

Une grande population produit beaucoup de miel. Le prouver, ce serait vouloir discourir bien au long, pour apprendre que c'est le soleil qui répand la lumière et la chaleur sur la terre. Une nombreuse cité d'ouvrières produit énormément, tandis qu'un chétif atelier ne produit rien. Il faut donc agglomérer les petites communautés pour en faire de grandes; il faut donc, à l'arrière-saison, réunir les ruchées médiocres. C'est le deuxième secret.

Nous avons dit ailleurs (130) et nous répétons ici qu'un essaim fort amassera non pas deux fois, mais de trois à quatre fois autant qu'un autre essaim du même jour qui serait faible de moitié. Il faut donc encore doubler tous les essaims faibles ou tardifs. C'est le troisième secret.

Oui, les trois secrets de la véritable et bonne apiculture sont, premièrement, de laisser toujours aux ruchées un superflu de 2 à 3 kilogr. de miel; secondement, de réunir en automne, dans les mauvaises années, toutes les ruchées faibles ou légères; troisièmement, de doubler, au moment de l'essaimage, tous les essaims faibles ou tardifs.

Pour être mis en pratique, ces trois secrets n'exigent ni science ni étude. Le bon sens et l'assiduité en tireront plus de profit que des plus gros livres.

Je n'ai eu qu'une seule fois l'occasion de me repentir d'avoir laissé trop de miel aux ruchées. Les abeilles, en 1840, n'ont commencé à gagner du poids qu'en juin. Les ruchées les plus lourdes avaient élevé, en avril et mai, une immense quantité de bourdons qui ont mangé les provisions. Les plus légères en ont élevé peu et plus tard. Il est arrivé de là que les ruchées qui étaient les moins lourdes et les moins peuplées au printemps, valaient, en juillet, les autres pour le poids et la population.

181. **Soins aux ruchées avant l'hiver.** — Pour les ruchées, l'hiver commence en octobre. C'est le moment de les préparer à traverser la mauvaise saison. On aura soin de les calfeutrer exactement, de veiller surtout à ce que le couvercle des ruches à hausses soit hermétiquement fermé. La moindre ouverture y établirait de bas en haut un courant d'air meurtrier aux abeilles. Il faut de l'air en hiver comme en été; il faut que les mouches aient toute liberté de sortir et de rentrer; on ne fermera donc pas la porte, mais j'aimerais qu'on la disposât de telle façon que les ennemis (190) ne pussent point y passer, et que cependant les abeilles pussent facilement entraîner leurs morts au dehors. Ainsi, une porte large de 4 à 5 centimètres et haute de 9 millimètres me paraît très-convenable. Elle serait peut-être encore plus commode si elle avait de 2 à 3 centimètres de largeur sur 16 millimètres de hauteur; mais alors une pointe en fer couperait la hauteur en deux parties égales qui n'auraient plus chacune que 8 millimètres. Avec cette disposition, les mouches mortes n'obstrueraient jamais le passage. Le plateau entaillé demande la grille (fig. 13.)

182. **Hivernage des ruchées.** — Il est généralement reconnu que les ruchées qui passent la mauvaise saison en plein air souffrent moins que celles qui la passent dans une chambre obscure et isolée. Dans les dernières, chose étonnante, l'humidité et la mortalité sont plus grandes que dans les autres. On laissera donc les ruchées en plein air; on se

contentera de les garantir de la pluie. Quelques personnes les enveloppent soigneusement pour l'hiver. C'est un manteau qu'elles leur donnent contre le froid. Je n'ai jamais eu cette attention ; cependant, loin de la blâmer, je la crois bonne, surtout pour les ruchées à faible population. Il est à craindre seulement que le manteau ne serve de retraite aux mulots (190).

Des apiculteurs peu expérimentés placent des paillassons, des planches devant les ruches ; c'est une attention désastreuse qui n'empêche pas les abeilles de sortir, mais qui ne leur permet plus de rentrer. Si vous tenez à vos planches et paillassons, mettez-les de façon que les mouches puissent, en revenant de leurs courses, voir et retrouver la porte de la maison.

Pendant l'hiver, les ruchées ne demandent que la tranquillité et le repos. Ne les inquiétez pas par des visites importunes, contentez-vous de voir de temps en temps si les portes ne sont pas obstruées. Surtout pas de mouvements brusques ; les abeilles, qui sont sensibles aux secousses les plus légères, s'agiteraient ; quelques-unes se détacheraient en éclaireurs, et, surprises par le froid, elles ne pourraient plus rejoindre le gros de la famille.

Il n'est pas rare de voir en morte saison des bourdons morts à la porte de quelques ruchées. Certains apiculteurs pourraient craindre qu'elles ne fussent orphelines. Sans doute, il peut y en avoir dans le nombre qui soient sans mère ; mais généralement ces colonies qui produisent quelques rares bourdons ne doivent donner aucune inquiétude.

183. Colonie bien conditionnée pour l'hiver. — Les colonies bien peuplées et fortement approvisionnées traversent sans accident les hivers longs et rigoureux. Les essaims de l'année, pourvu qu'ils aient des provisions jusqu'au mois d'avril, ne les craignent pas non plus. Mais les paniers à vieille cire, peu peuplés et dont les provisions sont disséminées, souffrent même dans un hiver ordinaire ; souvent, ils perdent le quart ou la moitié de leur faible population.

Les abeilles qui ont au-dessus de leurs têtes une bonne provision de miel, et qui, au-dessous, se trouvent à proximité de l'air extérieur, sont dans les meilleures conditions pour passer l'hiver. Elles peuvent supporter les froids les plus longs et les plus rigoureux.

Ainsi, une ruche jaugeant 27 litres, qui aurait un approvisionnement de 10 kilogr. de miel, se trouverait dans de très-bonnes conditions; les mouches seraient comme enveloppées de miel, elles en auraient dans le haut et sur les côtés de leur habitation.

: Les abeilles ne descendent pas leur bâtisse jusque sur le plateau, elles laissent un intervalle d'un centimètre environ, mais elles le font quand elles manquent de place pour emmagasiner le miel; dans ce cas, il faut avant l'hiver rogner les gâteaux de 12 à 15 millimètres, ou placer sous les ruches une hausse de 5 à 6 centimètres de hauteur.

J'ai vu de graves accidents pour n'avoir pas pris cette précaution; les cadavres s'entassaient dans les galeries entre les gâteaux, impossible aux abeilles de les retirer. La pourriture des cadavres, le manque d'air, ces deux causes tuaient la moitié de la population.

Les abeilles, pendant l'hiver, ne se tiennent pas entre les rayons pleins de miel, elles y périraient de froid; elles se groupent, au contraire, entre les gâteaux vides ou à demi remplis du centre de la ruche; il faut donc qu'il y ait au centre assez de gâteaux sans miel pour loger toute la population qui, du reste, se resserre étonnamment pendant les froids.

184. **Ruchée en silo, en cave, en chambre obscure.** — Je connais des apiculteurs trop confiants qui ont fait une expérience douloureuse des caves, des silos.

A la sortie de l'hiver, on remarque toujours dans les ruchées voisines des murs de côté d'un apier plus d'humidité et de moisissure que dans les autres ruchées du même apier qui sont aérées.

Dans un apier à deux étages, il existe toujours, après l'hiver, plus d'humidité dans les ruchées de l'étage du bas, à 15 ou 20 centimètres du sol, que dans les ruchées de l'étage supérieur.

Le 19 novembre 1861 j'ai transporté huit fortes ruchées au second étage de ma maison, dans une chambre isolée et tout à fait obscure. Elles y sont restées jusqu'au 14 février. Eh bien! au printemps, ces huit familles étaient comptées parmi les moins peuplées. Elles avaient plus souffert de l'humidité que celles qui avaient passé l'hiver sur l'apier. Le plateau, les parois intérieures des ruchées, tout était mouillé.

D'après tous ces faits, que doit-il se passer dans une

cave, un silo, surtout un silo, pendant nos hivers plus humides que froids?

Personne n'ignore que, sous la même latitude, nous jouissons en France d'une température beaucoup plus douce qu'en Allemagne, en Russie. Je comprends les caves, les silos, les serres pour les pays à froids rigoureux, je ne les comprends pas pour la France.

185. Soins aux ruchées pendant les neiges. — Quelquefois, dans nos contrées, les ruches se trouvent couvertes d'une couche de neige plus ou moins épaisse. On doit la balayer légèrement avec une brosse à long poil, sans oublier d'en débarrasser la porte. Mais lorsque la neige recouvre la terre et qu'il fait un beau soleil de février, on peut s'attendre à bien des soucis. Si on ferme les portes, les mouches feront des efforts inouïs pour sortir de leur prison, il en périra beaucoup; si, au contraire, elles ont toute liberté, elles s'échapperont avec joie; mais après une course de quelques minutes, bon nombre d'entre elles, fatiguées, refroidies, reviendront tomber sur la neige en avant de l'apier, et une fois tombées ne se relèveront plus. Malgré les inconvénients de cette liberté, j'aime encore mieux la donner; mais alors, je répands, sur une étendue de 4 à 5 mètres en avant de l'apier, de la paille clair-semée. Les abeilles s'y reposent et bientôt, réchauffées par le soleil, elles reprennent leur vol pour rentrer dans la ruche. Le mieux serait de fermer les ruches momentanément avec de la toile métallique et d'empêcher l'action du soleil en plaçant des planches ou des paillassons en avant.

Un moyen de faire fondre la neige consiste à semer dessus de la suie, du terreau ou seulement de la terre émiettée.

186. Miel qui coule des ruches en hiver. — Il se passe peu d'hivers où je ne voie couler le miel d'une ou de plusieurs ruchées. Ce miel est très-liquide; si on n'y fait pas grande attention, on peut le confondre avec de l'eau; il faut le toucher et le goûter pour s'assurer que c'est du miel. J'ignore la cause de cet accident. Les ruchées qui passent l'hiver en chambre obscure y sont exposées autant que celles qui restent sur l'apier. Ce sont les gâteaux les plus éloignés du centre qui laissent ainsi échapper leur miel. J'augure mal des ruchées auxquelles arrive cet accident, c'est un signe de faiblesse.

ENNEMIS ET MALADIES DES ABEILLES.

187. Ennemis des abeilles en été. — *Moineau, pinson, rossignol.* Ces trois oiseaux sont accusés bien injustement d'en vouloir aux abeilles. Ils ne fréquentent les apiers que dans la saison des nichées. Très-avides des larves et des nymphes avortées que les mouches rejettent des ruches, ils viennent les saisir jusque sur le tablier même de la ruche, et vite ils vont en régaler leurs petits. Voilà tout leur crime. Jamais ils ne touchent à une abeille arrivée à l'état d'insecte parfait.

Le gobe-mouche. Est-ce un gobe-mouche, cet oiseau à bec fin, assez semblable, pour la taille et le plumage, à la femelle du moineau, que j'ai vu, en 1873 et 1874, rôder près de mon apier, saisir les abeilles au vol, revenir quatre ou cinq minutes après chaque prise, et cela pendant toute la journée dans la saison des nichées.

Hirondelle. Je suis persuadé que l'hirondelle ne fait la chasse aux abeilles ouvrières que rarement et faute de mieux; mais il paraît certain qu'elle ménage moins le faux-bourdon, qu'elle le recherche pour en nourrir ses enfants au berceau. Je parle de l'hirondelle qui établit son nid sous les toits.

Grenouille et crapaud. Ces deux batraciens gobent, dit-on, toutes les abeilles qui passent à leur portée. Je le crois volontiers; mais malheureusement on n'y peut rien, si ce n'est de détruire avec soin les quelques crapauds qui auraient établi leur domicile près d'un apier.

Les grosses araignées. Il faut les détruire, ainsi que leurs toiles ou filets.

Guêpes et frelons. Les guêpes inquiètent plutôt les abeilles qu'elles ne leur nuisent. Les frelons sont plus dangereux, ils saisissent les abeilles et les dévorent dans un instant; heureusement qu'ils sont peu communs dans nos contrées.

La fourmi n'attaque que les ruches mal gardées et dans un état complet de délabrement; c'est donc un avertissement qu'elle nous donne de démolir ces ruches.

Contrairement à ce que je viens de dire, on a vu, dans les montagnes des Vosges, un apier, composé de dix ruches, détruit par les fourmis au milieu de l'été.

11

Le sphinx atropos ou papillon tête-de-mort est un grand papillon dont la chenille se nourrit de la feuille de la pomme de terre ; il paraît au mois de septembre ; il est si gros et si grand que dans l'obscurité on le confond avec la chauve-souris. Ce papillon phalène fait entendre un son aigu et plaintif ; il tire son nom de la tache qu'il a sur le corselet et qui représente grossièrement une tête de mort. Ce papillon est un ennemi redoutable des abeilles ; dans le Midi, et par les années sèches, il entre dans les ruches sans trop craindre les habitants, et s'y gorge de miel. Le moyen d'en préserver les ruchées consiste à rétrécir leur entrée vers la fin de l'été.

Je doutais beaucoup des dégâts de ce papillon dans nos contrées nord-est de la France ; mais que venaient faire deux papillons tête-de-mort, dont j'ai trouvé le squelette, dans deux ruchées dont l'entrée n'avait pas été rétrécie ?

La *libellule* ou demoiselle, la *philanthe,* la *chrysomèle* sont accusées de se nourrir d'abeilles, elles ou leurs larves. Comme il est plus facile de dénoncer ces coupables que de les saisir, nous n'en parlons que pour mémoire.

188. Poux des abeilles. — Cet insecte n'est pas plus gros que la tête d'une petite épingle. Il se tient sur le corselet ou entre le corselet et l'abdomen de l'abeille. C'est son parasite ; il vit à ses dépens ; il va, il vient d'une mouche à une autre avec une étonnante facilité ; il a une préférence marquée pour la mère, dont le corselet en est parfois entièrement couvert. Les ouvrières n'en portent qu'un ou deux au plus ; il est difficile de le saisir avec les doigts, il faut de toutes petites pincettes.

Je ne sais si les poux nuisent beaucoup aux abeilles. J'ignore également le moyen de les en garantir. Du reste, il n'y a jamais qu'un très-petit nombre d'ouvrières atteintes de cette vermine.

Le 9 juillet 1859, ayant enlevé un chapeau plein de miel à une ruchée très-lourde et très-peuplée, j'y trouvai la mère couverte de poux. Je la plongeai dans un verre d'eau, afin qu'en les asphyxiant un peu, je pusse les saisir plus aisément. La mère sortit du bain très-vigoureuse ; mais en la tenant toute mouillée entre les doigts, je bouchai probablement les organes respiratoires, car je la vis s'affaisser graduellement. Je la déposai sur une feuille de papier au soleil pour la sécher, espérant la sauver, mais elle se mourait visiblement; déjà, je la croyais perdue, si je n'eusse remarqué chez elle des mouvements presque imperceptibles du ventre. Cet état d'agonie dura huit ou dix minutes. Bientôt, elle remua les pattes de la dernière paire, puis les antennes, et enfin se releva complétement.

Je la rendis à sa famille après l'avoir délivrée de trente-deux poux, dont plusieurs étaient blancs, les autres jaunes. Cette mère, née en 1857, était très-féconde, elle appartenait à une colonie qui depuis le printemps avait prospéré d'une manière merveilleuse. J'en attendais un essaim, mais il n'est pas venu; ce sont peut-être les poux qui ont empêché la mère de sortir.

189. **Fausse-teigne**. — Le plus implacable ennemi des abeilles, la *fausse-teigne,* est une chenille d'un blanc sale, ayant la tête brune et écailleuse. Elle paraît au mois de mars. Déjà à cette époque, on voit de grand matin, à l'entrée des ruches, des chenilles de teigne que les abeilles ont retirées pendant la nuit. Elles proviennent d'œufs qui ont été pondus avant l'hiver; car le papillon ne commence ordinairement sa ponte que sur la fin d'avril, et on continue de le voir jusqu'au mois d'octobre.

Il faut aux chenilles de la fausse-teigne une température assez élevée pour prendre leur accroissement. Pendant l'hiver, on en voit de tout âge qui restent engourdies jusqu'à ce que la chaleur des parois intérieures de la ruche leur permette de manger et de grandir.

La fausse-teigne aurait bientôt dévoré les édifices de nos ruchées si les mouches ne s'opposaient à ses ravages, et elle ne parvient à dominer que dans les colonies faibles ou sans mère. C'est surtout en septembre qu'on peut se faire une idée de ses dégâts. Après avoir mangé les gâteaux vides, elle s'attaque aux cellules pleines de miel; et comme elle n'en veut qu'à la cire, les cellules étant ouvertes et détruites, le miel coule, tombe sur le plateau, et mélangé avec les excréments de cette vermine, il forme une pâte sale et dégoûtante. J'ai vu des ruches où il ne restait pas un atome de cire; tout avait été dévoré dans le court espace de trois à quatre semaines.

Les excréments de la grande fausse-teigne sont noirs et gros comme de la poudre à canon. Cet insecte exhale une odeur très-désagréable.

En calfeutrant les ruchées avec soin, on réussira, non pas

à les préserver tout à fait de ces dangereux parasites, mais à en diminuer considérablement le nombre.

Je suis d'avis que cette chenille a sa bonne part dans l'avortement de tant de larves et de nymphes que les abeilles rejettent de leur ruche dans le courant de l'été. La fausse-teigne se glisse et se faufile transversalement dans les cellules, et tout le couvain qui s'y trouve périt inévitablement. Elle est protégée dans sa course malfaisante par un tuyau de soie blanche dont elle s'enveloppe et qui forme sa galerie.

On remarque souvent, à l'automne et au printemps, des vides de 4 à 5 centimètres dans les gâteaux du bas des ruches; c'est encore à l'invasion de la fausse-teigne qu'il faut les attribuer.

Il y a deux espèces de fausse-teigne, la grande et la petite. Le papillon de chaque espèce est du genre des phalènes qui ne volent qu'à la lueur du crépuscule ou du clair de la lune. Immobile pendant le jour, on le voit souvent derrière et contre le corps des ruches. Celui de la petite espèce, blotti dans la moindre cavité, échappe facilement à l'œil.

Le papillon mâle de la grande espèce se distingue aisément du papillon femelle; il est plus petit, ne mesurant que de 16 à 17 millimètres depuis la naissance de la tête jusqu'à l'extrémité des ailes, tandis que la femelle en mesure de 18 à 19. On voit beaucoup d'individus de l'une et de l'autre sorte qui sont plus petits. Le mâle est teinté de jaune, particulièrement sur le corselet et la tête. La femelle, outre sa couleur gris foncé, est pourvue de deux palpes qui dépassent la tête d'un demi-millimètre environ; ces palpes se meuvent horizontalement, elles sont réunies et paraissent, à l'œil nu, la continuation de la tête, ce qui fait paraître la tête plus allongée que celle du mâle. Je n'oserais dire que le mâle est privé des deux palpes, mais chez lui elles seraient repliées sur le cou.

Il ne m'a pas été possible de distinguer chez la petite fausse-teigne le papillon mâle du papillon femelle autrement que par la grandeur. Le mâle mesure, de la tête à l'extrémité des ailes, de 8 à 9 millimètres, et la femelle en mesure de 10 à 11. Les deux ont la tête entièrement jaune, et le reste du corps d'un gris cendré.

Placé dans une température continue de 24 à 25 degrés

centigrades, l'œuf de la fausse-teigne, grande et petite, arrive à l'état de papillon en cinquante jours : huit jours sous forme d'œuf, trente sous forme de chenille et douze sous cocon. Celui de la petite espèce arrive à éclosion quelques jours plus tôt. Le développement plus ou moins rapide de l'insecte dépend de la température. Ainsi, j'ai observé des œufs qui ne sont arrivés à éclosion que vingt, vingt-neuf, quarante-deux jours après la ponte; j'ai vu des chenilles de toute grandeur, après avoir passé l'hiver, enveloppées dans leurs soies, et avoir subi des froids de 8 à 10 degrés centigrades, je les ai vues arriver à l'état de papillons en juin; enfin, j'ai suivi des chenilles qui commençaient à filer leurs cocons, le 5 septembre 1863, et qui ne sont devenues papillons que du 14 au 22 mai 1864.

En bonne saison, quand les chenilles de la grande espèce sont nombreuses, elles savent, en se réunissant, se donner une température plus élevée que celle de l'air ambiant. Elles arrivent alors à l'état de papillons en moins de temps que si elles avaient été en petit nombre.

La larve de la petite fausse-teigne vit isolée.

Un entomologiste peut aisément suivre l'histoire de la grande et petite fausse-teigne. A cet effet, dans le courant de mai ou de juin, il recueille des cocons (celui de la petite espèce est entièrement recouvert des excréments de l'insecte, il a la forme et la grosseur d'un grain de seigle); il les place sous verre. Arrivés à terme, les papillons sortent des cocons, s'accouplent et pondent. Les trois actes se passent en moins de vingt-quatre heures. Les œufs donneront des chenilles, celles-ci, ayant à manger de la cire avec ou sans pollen, grandiront sous verre et deviendront papillons pour perpétuer l'espèce.

On hâte la ponte du papillon en lui écrasant le corselet. Il fait alors presque immédiatement l'émission de ses œufs par un tube en forme de lance, long d'un millimètre et demi environ.

La naissance, la fécondation et la ponte ayant lieu en moins de vingt-quatre heures, c'est à peu près perdre son temps que de chercher à détruire le papillon, attendu que neuf fois sur dix, on ne le détruira qu'après la ponte. C'est donc à la chenille et non au papillon qu'il faut faire la guerre.

190. Ennemis des abeilles en hiver. — La *mésange* et le *pivert* se nourrissent d'abeilles quand ils n'ont rien de mieux. La mésange vient rôder autour des ruchées en octobre et novembre, elle mange le corselet des mouches mortes sur le plateau. Quand l'entrée des ruches est rétrécie, comme elle doit l'être d'après ce que nous avons dit à l'article 181, je doute que, comme on l'a prétendu, la mésange puisse attirer au dehors les mouches du dedans. Cet oiseau me paraît donc peu dangereux. Mais le pivert est redoutable pour certains apiers à proximité des forêts : il perce les paniers en paille et dévore toutes les abeilles qu'il peut atteindre. Avec sa langue longue et effilée, il s'empare facilement de ces dernières. Pendant qu'il perfore la ruche, bon nombre d'abeilles sortent, tombent sur la neige, et, chose étonnante, il dédaigne ces abeilles tombées. Heureusement qu'il n'attaque les ruches que lorsque la terre est couverte de neige. Mettre des épines autour des ruches, exposer en avant un morceau d'étoffe écarlate qui, agité par le vent, simule le feu; voilà, avec les coups de fusil, tout ce que l'on peut faire contre le pivert.

La *souris*, le *mulot*, le *campagnol* et la *musaraigne* sont généralement regardés comme ennemis des abeilles en hiver. Voici notre avis à cet égard. Je n'ai jamais vu de souris dans un apier; elles habitent les maisons, elles n'en sortent pas. Pour le mulot, c'est autre chose, il s'introduit dans les ruches; il y fait un nid de feuilles sèches, et là il trouve le vivre et le couvert; car il mange le miel et le corselet des abeilles. Le mulot est très-facile à reconnaître : il a la queue aussi longue que la souris, mais il est plus gros, son poil est d'un beau blanc sous le ventre, et d'un roux brun sur le dos; il est encore remarquable par ses yeux qu'il a gros et proéminents. Il se trouve dans les champs en été; en hiver, il vient manger dans les caves la salade, les carottes, les pommes de terre; tout lui convient. Le campagnol habite les champs, mais aussi les prés. On en trouve quelquefois dans les caves en hiver; on le distingue du mulot par la grosseur de sa tête et aussi par sa queue courte et tronquée qui n'a que trois centimètres environ de longueur. Enfin, tout le monde reconnaît la musaraigne à sa petite taille, à sa queue courte et à son museau de taupe. Ces deux derniers ne me paraissent guère plus dangereux que la souris.

On attire et on leurre aisément par des appâts ces quatre espèces de rongeurs. La farine et le maïs sont les plus com-

muns et les plus attrayants que je connaisse. On croit généralement qu'ils sont friands de lard. Eh bien! j'ai vu cent
fois la souris, le campagnol et la musaraigne ne toucher
que médiocrement au lard séché à la cheminée, et périr de
faim à côté de cet aliment. Le mulot est moins difficile, il ne
laisse rien. Cependant, le lard me sert d'appât; mais, auparavant, je le plonge dans la farine pour l'en couvrir entièrement et tromper ainsi la gent malfaisante.

La *fouine* et le *putois* attaquent aussi les ruches; mais
c'est très-rare. La présence d'un chien près de l'apier les
éloigne infailliblement.

191. Maladies des abeilles, dyssenterie. — Les principales maladies qui affectent les abeilles sont la dyssenterie,
la pourriture du couvain ou *loque* et la constipation.

D'abord la dyssenterie. Dans les conditions ordinaires,
les abeilles ne laissent pas tomber leurs excréments dans la
ruche, elles s'en débarrassent au dehors. On s'en aperçoit
principalement à la fin de l'hiver, lorsqu'elles ont été retenues deux ou trois mois prisonnières par le froid ou la pluie.
Elles ne ménagent alors ni les habits de ceux qui les fréquentent, ni le linge que les ménagères font sécher près de
l'apier. Cette évacuation est l'effet naturel d'un séjour prolongé dans la ruche, ce n'est point une maladie.

Mais on dit que les abeilles sont atteintes de dyssenterie
quand elles lâchent leurs excréments sur les parois et le plateau de la ruche, sur les rayons, sur leurs compagnes
qu'elles engluent. Je n'ai eu qu'une seule fois l'occasion de
voir cette maladie. Un de mes amis s'est avisé d'enlever à
ses ruchées une grande partie de leurs provisions d'hiver,
en se promettant bien de leur rendre l'équivalent en miel de
Bretagne. Il choisit le mois de novembre pour leur faire
cette restitution. Le temps était froid et pluvieux. Les
abeilles, après s'être gorgées de miel, s'échappèrent de la
ruche : les unes tombèrent à terre, les autres purent se débarrasser dans les airs de leur trop plein, la terre était
presque littéralement couverte de leur matière fécale, et
l'intérieur de la ruche en était entièrement tapissé. Enfin,
au printemps, il ne restait plus sur l'apier que des paniers
faibles et malheureux.

Cette maladie atteint donc les populations mal approvisionnées que l'on nourrit pendant les temps froids.

Les colonies que l'on transporte au milieu de la bruyère

et du sarrasin y sont également sujettes : c'est à tel point
que, sur le même apier, on peut distinguer celles qui ont
voyagé de celles qui ont été sédentaires, les premières
portent des traces visibles de dyssenterie.

L'honorable apiculteur qui m'a donné ce dernier rensei-
gnement guérit les abeilles avec du miel délayé dans du
bon vin.

192. Loque ou pourriture du couvain. — On entend
par pourriture du couvain, la mort, la putréfaction et la
dessiccation finale du couvain non operculé et plus généralement du couvain déjà operculé.

Quelquefois, en septembre, il m'est arrivé de voir dans
des colonies faibles et mal approvisionnées du couvain operculé dont le couvercle était légèrement déprimé dans son
centre. Ce couvercle était percé d'un trou à y passer une
épingle. En ouvrant la cellule, on y découvrait une matière
purulente ou desséchée contre les parois. Ce couvain pourri
occupait la partie inférieure des gâteaux, d'où l'on peut
conclure que la fraîcheur des nuits de septembre avait forcé
les abeilles à se grouper au haut de l'habitation et à abandonner leur couvain.

J'ai constaté aussi cette pourriture, en 1868, chez une
souche d'essaim artificiel, laquelle, transportée à une place
vacante de l'apier, avait été presque complétement abandonnée par sa population. Je n'ai pas vu autre chose.

Dzierzon nous en dira davantage, il perdit par la loque,
en 1848, 1849 et 1850, cinq à six cents colonies. Donnons-
lui la parole :

« Le trait le plus fâcheux de cette maladie ne consiste pas
précisément en ce qu'elle détruit le couvain, mais en ce
qu'elle gâte tellement les cellules qu'elle s'étend de plus en
plus, et que, grâce à son caractère contagieux, elle vole de
ruche en ruche, d'apier en apier, si l'on ne recourt aux
moyens les plus énergiques pour la déraciner.

« Il y a deux espèces de pourriture du couvain, l'une est
guérissable et moins nuisible ; l'autre est pestilentielle et
incurable, mais l'une et l'autre sont contagieuses.

« L'espèce guérissable se présente sous cette forme : les
larves non operculées meurent étant encore couchées au
fond de la cellule, se pourrissent et se dessèchent en une
substance croûteuse facile à arracher. Celles à côté des
malades, qui ne périssent pas avant d'être operculées,

restent saines pour la plupart et aboutissent en temps convenable. Dans la seconde espèce, la pourriture pestilentielle, le couvain ne pourrit qu'après avoir été operculé et avoir commencé à subir sa métamorphose. La masse putréfiée n'existe pas alors au fond de la cellule, mais sur les parois horizontales. Elle est brune et visqueuse, et, par l'effet de la chaleur et de l'entrée de l'air par un petit trou sur la calotte déprimée, elle se dessèche en croûte noire et dure que les abeilles ne peuvent détacher, et qu'elles n'éloignent qu'en détruisant complétement la cellule.

« Le moyen le moins gênant et le plus efficace pour arrêter la maladie est de sacrifier sur-le-champ la colonie où elle se manifeste, en étouffant et en enterrant les abeilles, et en brûlant la ruche avec tout ce qu'elle renferme. »

Aucun apiculteur français n'a étudié la loque aussi bien que M. Saunier; il peut en parler *de visu*, ayant perdu jusqu'à sa dernière ruchée. M. Saunier ne croit pas qu'on puisse combattre efficacement la loque. « Il faut, dit-il, dès que la maladie apparaît, agir avec vigueur et sans hésitation; il faut détruire toute ruchée loqueuse, le point important étant de ne pas laisser communiquer le mal à d'autres ruchées par le pillage. »

Comme préservatif de la loque, les Allemands recommandent de ne pas nourrir avec du miel d'Amérique ou de Russie, d'employer plutôt du sucre, nourriture qui n'est jamais nuisible.

Le miel étranger, comme aussi celui de France, est parfois confectionné avec peu de soin, larves, nymphes d'abeilles, tout passe sous le pressoir. Ce triste mélange finit par fermenter.

La loque est une maladie très-connue en Allemagne, surtout par les possesseurs de ruchées à bâtisse mobile. Un grand amateur des cadres, le baron de Berlepsch, est condamné à faire cet aveu.

193. La constipation et autres maladies. — Parmi les abeilles qui périssent pendant l'hiver, on en voit qui sont remarquables par le gonflement de leur ventre. Ces abeilles sont mortes de constipation, elles ont trop mangé, elles n'ont pu se débarrasser du trop plein. J'ai remarqué que leur nombre était plus grand que de coutume quand la température passait brusquement au froid.

Une nourriture donnée un peu chaude peut occasionner aussi la constipation chez quelques abeilles trop avides.

Enfin, les populations faibles sont plus sujettes à cet accident que les fortes. Ce qui prouve une fois de plus qu'il ne faudrait jamais garder pour l'hiver que des colonies bien peuplées, bien approvisionnées, dût-on, en réunissant toutes celles qui ne sont pas dans de bonnes conditions, diminuer son apier d'un quart ou même d'un tiers. Une ruche de bois ou de paille à parois épaisses, une bonne population, voilà les deux grands préservatifs de la constipation chez les abeilles.

Nous ne parlerons que pour mémoire de deux autres maladies des abeilles, du *vertige* et de la *fleur*, attendu qu'elles n'atteignent qu'un petit nombre d'individus et que l'homme n'y peut rien.

Les abeilles affectées du vertige ne peuvent plus voler; elles courent et tournent sur elles-mêmes jusqu'à ce qu'elles tombent épuisées.

La fleur est une espèce de houppe qui se forme sur le front et entre les antennes de l'abeille. On peut la détacher avec une épingle sans que l'abeille paraisse en souffrir, c'est tout simplement du pollen des orchidées.

La moisissure est plutôt une altération des gâteaux qu'une maladie des abeilles. En hiver, une ruche placée trop près du sol, dans un lieu humide ou peu aéré, y est très-exposée. On ne doit pas négliger, au printemps, d'extraire les gâteaux moisis.

TROISIÈME PARTIE.

MÉLANGES APICOLES.

194. Ruche, ruchée. — La petite loge qui sert d'abri à une famille d'abeilles s'appelle ruche; la petite maison, quand elle est habitée, se nomme ruchée. Ainsi, la ruche est le contenant, la ruchée est le contenant et le contenu. Les abeilles sont indifférentes à la forme de leur loge, comme à la matière dont elle est composée, pourvu qu'elles y trouvent un abri convenable et un espace suffisant pour développer toute leur industrie : ce qui veut dire qu'elles amassent autant de miel dans une ruche simple et à bon marché, que dans une ruche compliquée et coûteuse.

Faciliter la récolte du miel, l'obtenir plus beau, prolonger l'existence de la famille par le renouvellement des édifices intérieurs, tel a été le but des recherches sur la meilleure des ruches. Malheureusement, ceux qui se sont occupés de cette recherche ont été plus féconds en innovations qu'en améliorations.

Je ne connais que trois ruches qui aient obtenu du temps et de l'expérience le diplôme de capacité : la ruche commune, la ruche à calotte et la ruche à hausses; quant à la ruche à cadres mobiles, on verra, dans l'article 207, ce que nous en pensons.

195. Ruche commune. — La ruche commune ne ment pas à son titre; elle règne du nord au midi, de l'est à l'ouest de la France; c'est elle qui la première a pris possession du sol, et elle ne paraît nullement disposée à renoncer à son droit d'aînesse.

Par ruche commune, on désigne toute ruche en une seule pièce, quelles qu'en soient la matière et la forme. Elle est tantôt en paille, tantôt en osier, en viorne ou troène. Celle en paille est terminée par un dôme plus ou moins aplati;

celle en petit bois est en forme de pain de sucre. Dans le Midi, la ruche commune est formée du tronc creusé d'un gros arbre, ou de quelques planches assemblées en carré. La récolte du miel y est faite par le haut pendant l'été, et, à la fin de l'hiver, on enlève les rayons de la partie inférieure. Avec cette méthode, les rayons du centre ne sont jamais renouvelés.

L'homme de la campagne aime la ruche commune, il la trouve simple et commode, soit pour recueillir les essaims, soit pour récolter le miel à sa façon. Dans sa défiance pour les nouveautés, il répétera, et souvent avec raison, ce mot d'un paysan à un apiculteur écrivain qui l'engageait à adopter une ruche de son invention : « *Je m'en garderai bien, M. N..., je n'aurais plus le plaisir de vous vendre du miel pour nourrir vos mouches.* »

Les gens de la campagne ne veulent pas d'une ruche compliquée, d'une ruche qui coûte cher, mais si on leur indique le moyen d'améliorer celle qu'ils affectionnent, et cela sans bourse délier, ils adopteront à la longue les améliorations qu'elle comporte.

196. **Défaut de la ruche commune.** — Le grand défaut de la ruche commune, c'est d'être généralement trop petite. Dans nos contrées, elle dépasse rarement 25 litres et souvent elle n'en jauge que de 16 à 20 La ruche au-dessous de 25 litres est insuffisante pour l'essaimage. Elle ne donne qu'un essaim tout ordinaire, qui souvent ne complète pas ses provisions, et la souche elle-même a bien de la peine à se refaire. La ruche de 25 à 30 litres ne suffit même pas, dans les bonnes années, pour emmagasiner la récolte d'une forte population. Ainsi, plusieurs fois, j'ai vu beaucoup de mes ruches atteindre le poids de 25 à 30 kilogr., tandis que les ruches communes n'allaient qu'à 22 ou 23 au plus. Or, comme elles étaient, du reste, dans les mêmes conditions, on ne pouvait attribuer cette différence qu'à leur petitesse. Quelquefois on voit les abeilles bâtir au-dessous des ruches devenues insuffisantes à leurs travaux. On doit bien regretter alors de ne pas y avoir ajouté des hausses, car on perd ainsi beaucoup de miel.

On peut prendre du miel pour leur faire de la place, dira-t-on. Oui, quand on le prend soi-même, on peut choisir son temps pour le faire. Mais souvent on y emploie un *mouchier* qui soigne toutes les ruchées d'un canton. Cet homme, ordinairement peu rétribué, ne voudra ou ne pourra pas toujours venir faire les visites nécessaires à cette opération qui est tout éventuelle, et qui, par conséquent, n'entre pas dans les conditions de ses engagements.

J'ai cru longtemps que les ruches de 30 à 35 litres essaimaient peu; c'est une erreur. Laissez à ces ruches, en octobre, 10 à 12 kilogr. de provisions d'hiver, et vous les verrez essaimer presque aussi souvent que les ruches de 20 à 25 litres. Même pour les ruches de 35 litres, il faut avoir des hausses, soit en paille, soit en bois, pour augmenter leur capacité au besoin et les empêcher d'essaimer. Aux agriculteurs qui veulent s'en tenir à la ruche commune, je leur recommande une ruche presque plate, ayant dans œuvre 390 millimètres de diamètre sur 290 de hauteur, ou bien une ruche de 390 millimètres de diamètre, comme la première, mais ayant seulement 260 millimètres de hauteur. La première jauge 34 litres 65 centièmes, la seconde 31 litres 7 centièmes.

Chacune de ces ruches ayant le même diamètre loge dix gâteaux parallèles.

Dire que la ruche commune conduite par un apiculteur intelligent donne moins de miel que la ruche à hausses ou toute autre ruche perfectionnée, c'est une affirmation plus que hasardée; mais dire que la ruche commune, en beaucoup de circonstances, n'est point commode, n'est pas facile à conduire, c'est affirmer une chose incontestable.

Pour la régularité et la solidité de la bâtisse de la ruche commune, on pourra suivre les conseils que nous donnons pour la ruche à calotte.

197. Hausse de la montagne. — La ruche de paille, en usage dans les montagnes des Vosges, est généralement petite; on l'augmente en y ajoutant une hausse après l'essaimage. La hausse vosgienne est en bois, de forme carrée, fermée par un plafond en planches minces, où sont ménagées des ouvertures pour le passage des abeilles. C'est, en un mot, un tiroir renversé sur lequel on place la ruche. Elle jauge de 10 à 15 litres. Dans les bonnes années, elle est pleine de miel et de couvain; la manière dont on en fait la récolte est la plus désastreuse que je connaisse : on l'enlève en septembre, on prend le miel, on jette le couvain. Ce n'est pas tout : quand la hausse a beaucoup de miel, c'est que la ruche en a beaucoup aussi. Excepté quelques rayons du centre, tous les autres en sont remplis ; alors on extrait un quart ou un tiers du miel de la ruche, puis on la remet à sa place, veuve de sa hausse, veuve de plusieurs de ses rayons. Son immense population n'a donc plus, pour se loger, que les quelques gâteaux du centre où se trouve le couvain, car, nous l'avons dit (183), les abeilles en hiver ne se tiennent ni dans le vide ni entre le miel, elles y périraient de froid ; elles se groupent, au contraire, dans la partie inférieure des rayons du centre où il n'y a pas de miel.

Il y a un moyen bien simple d'empêcher la formation du couvain dans la hausse. En plaçant celle-ci, il faut boucher l'entrée de la ruche, mais la déboucher quelques jours après, quand on voit la population s'établir dans la hausse et y construire quelques portions de gâteaux. La mère, ayant alors de l'air par le haut, ne pondra plus que dans la ruche et abandonnera la hausse aux abeilles pour y emmagasiner le miel.

198. Hausse de la plaine. — Quelques apiculteurs de nos contrées agrandissent leurs ruches au moyen d'une hausse en paille et sans plafond. Les abeilles peuvent y prolonger leurs gâteaux sans obstacle. On récolte les rayons latéraux de la hausse et de la ruche, et, au mois de mars, on supprime la hausse, afin, en diminuant la capacité de la ruche, de favoriser l'essaimage. Cette hausse est incontestablement préférable à celle de la montagne, car ainsi on ne détruit plus le couvain, et les abeilles ont de la place pour se loger en hiver. Cependant, elle a encore un désavantage sur la calotte, puisque celle-ci se place, s'enlève et se récolte sans déranger la ruche, sans danger de pillage, et, pour toutes ces opérations, elle exige bien moins de temps et de peine que la hausse.

Nos apiculteurs qui ne font pas usage de la hausse, et c'est le plus grand nombre, doivent l'adopter, mais de préférence la calotte, sous peine de perdre beaucoup de miel.

199. Transformer la ruche commune en ruche à calotte. — Cet article ne concerne que les apiculteurs qui voudront remplacer la ruche commune par la ruche à calotte. Rien n'est plus facile que de disposer une ruche commune à recevoir une calotte. Il suffit de pratiquer à son sommet une ouverture de 12 à 13 centimètres de diamètre. Si la ruche est occupée, on enlève la ruche avec son plateau et on la pose à terre. On bouche la porte pour empêcher les abeilles de sortir; on passe ensuite un couteau dans un cordon suffisamment éloigné du sommet de la ruche pour y pratiquer une ouverture circulaire de 12 à 13 centimètres; avec la pointe du couteau on détache avec précaution et on enlève la portion coupée.

Si la ruche n'est que légèrement bombée, elle peut recevoir la calotte sans autre soin que de calfeutrer les joints entre la ruche et la calotte, mais si elle se termine par une pointe, on ne peut y placer la calotte qu'à l'aide du plateau qui nous a servi au printemps pour nourrir les abeilles (article 63, 2e *mode*). Ce plateau percé sera comme une plate-forme qui nivellera le sommet de la ruche.

Quand les ruches ont à leur sommet une poignée en bois qui se prolonge dans l'intérieur, il faut d'abord scier la partie saillante de cette poignée, puis enlever la partie coupée.

Avant de travailler sur une ruche peuplée, on fera bien de s'exercer sur une ruche vide et sans valeur.

200. Rayon indicateur. — Nous avons dit, article 33, qu'on peut, par le rayon indicateur, déterminer les abeilles à donner à leur bâtisse la direction que l'on désire; nous avons dit encore, article 109, qu'un essaim, n'ayant pour toute bâtisse que des rayons indicateurs, aura un grand avantage sur l'essaim en ruche vide. Nous nous trouvions donc engagé à donner quelques détails sur ce moyen de régler la bâtisse et d'obtenir plus de miel en saison d'essaimage.

Le rayon indicateur (fig. 9) est composé de deux parties : le porte-rayon et l'amorce ou parcelle de gâteau collée sur le porte-rayon. Le porte-rayon est en fer, percé d'un trou à chaque extrémité; il est fixé par deux pointes sur la hausse supérieure d'une ruche à hausse.

Une hausse de 32 à 33 centimètres de diamètre reçoit huit porte-rayons, dont deux de 39 centimètres de longueur chacun, deux de 37 centimètres, deux de 34 centimètres, deux de 28 centimètres, en tout 276 centimètres de longueur.

On gardera un intervalle de 35 à 36 millimètres entre la ligne médiane d'un porte-rayon et la ligne médiane du porte-rayon voisin.

Le porte-rayon n'aura que 22 et demi à 23 millimètres de largeur.

Le mètre de longueur ne pèsera que 200 à 240 gr., ce qui donnera un poids total de 552 à 662 gr. pour les 276 centimètres de longueur.

Moyen de coller l'amorce au porte-rayon. — On chauffe celui-ci sur un réchaud ; quand il est assez chaud pour fondre de la cire façonnée, on le place sur trois lattes disposées parallèlement sur une table ; on passe un morceau de cire façonnée sur ce porte-rayon, de manière à y laisser une couche légère de cire fondue, puis on se hâte de prendre l'amorce, de la plonger quelque peu (1 millimètre environ) dans de la cire fondue, et de l'étendre sur le porte-rayon en la pressant ; mais l'amorce étendue sur le porte-rayon n'est pas toujours droite, on la redresse au moyen de deux lattes qu'on applique à droite et à gauche et qu'on serre l'une contre l'autre avec les deux mains. Après le troisième ou quatrième porte-rayon amorcé, le premier est assez refroidi pour être enlevé et remplacé par un autre.

Les amorces auront de 1 à 2 centimètres de hauteur, j'aimerais mieux 2 centimètres. Un essaim, en bonne récolte, logé dans une ruche ayant huit porte-rayons avec amorces de 2 centimètres de hauteur, travaillera, dès le premier jour de son installation, presque aussi activement que s'il était logé en bâtisse complète.

Les amorces ne doivent pas être occupées par du pollen, autrement les abeilles les démoliraient.

Quand les amorces ne sont pas assez longues, on en met deux et même trois, bout à bout, mais alors il faut que la ligne médiane de l'une corresponde à la ligne médiane de l'autre ; j'appelle ligne médiane la cloison qui sépare le fond des cellules.

Les vieux gâteaux conviennent mieux pour amorces que ceux d'un an, ils sont plus solidement établis.

La cire fondue, dans laquelle on plonge l'amorce, sera contenue dans un auget en tôle, ayant 30 à 35 centimètres de longueur sur 5 de largeur et 5 de profondeur.

201. **Ruche à calotte.** — Toute ruche en paille ou en bois ayant une ouverture dans sa partie supérieure et façonnée de telle sorte qu'elle puisse recevoir un vase d'une certaine capacité, peut s'appeler ruche à calotte.

Les dimensions d'une ruche à calotte ne sont pas arbitraires, on ne peut guère les augmenter ou les diminuer. Elles ont leur raison d'être dans les mœurs des abeilles. Si la ruche est trop petite, les abeilles y placeront le couvain et emmagasineront dans la calotte aussi bien leur miel de provisions que celui de l'excédant, ce qui est un grand inconvénient. Si elle est trop grande, le couvain et le miel s'y trouveront réunis, et la calotte n'aura rien. Néanmoins, quoi qu'on fasse, il arrivera encore parfois qu'il y aura trop ou trop peu de miel dans la ruche.

Voici les dimensions que je propose de donner à la ruche à calotte : elle sera à dôme très-faiblement bombé, elle aura dans œuvre 325 millimètres de diamètre sur 360 de hauteur du bas à la naissance du dôme.

Autres dimensions : 360 millimètres de diamètre sur 300 de hauteur du bas à la naissance du dôme.

La première ruche loge huit gâteaux parallèles et jauge, non compris le dôme, 29 litres 87 centièmes.

La seconde loge neuf gâteaux parallèles et jauge 30 litres 54 centièmes, non compris le dôme dont la capacité est insignifiante, pour la seconde comme pour la première ruche.

L'ouverture dans le dôme doit avoir 12 à 13 centimètres de diamètre, afin que les abeilles puissent monter dans la calotte par trois galeries pour les ruches à huit gâteaux et quatre galeries pour les ruches à neuf gâteaux. Avec une telle ouverture, les abeilles s'établiront dans la calotte plutôt qu'avec une ouverture de 6 à 8 centimètres.

L'apiculteur soigneux fixera solidement au centre du dôme quatre rayons indicateurs (fig. 9), pour les ruches à huit gâteaux, et cinq pour les ruches à neuf gâteaux. Les abeilles se chargeront de faire les quatre autres parallèlement aux premiers.

Chaque rayon indicateur sera fixé à chaque extrémité par une pointe de 30 centimètres de longueur, l'une sera enfoncée transversalement de droite à gauche, l'autre, de gauche à droite; avec cette disposition, le poids des abeilles ou du miel, dans les premiers moments de la bâtisse, ne la feront pas tomber.

Connaissant d'avance la direction de la bâtisse, on placera à mi-hauteur de la ruche deux baguettes parallèles distantes de 10 centimètres l'une de l'autre, baguettes qui, croisant les rayons indicateurs, serviront d'appui et de maintien.

La calotte, qui s'appelle encore, selon les pays, ruchette, corbillon, chapiteau, est ordinairement en paille, quelquefois en vannerie, en tonnellerie. On peut aussi en employer en terre cuite, en faïence ou en verre.

La calotte sera plutôt petite que grande ; elle ne devra jauger que de 4 à 8 litres, sauf à récolter plusieurs fois dans les années d'abondance. Les abeilles pourront loger au moins 7 kilogr. de miel dans une calotte de 8 litres.

La ruche à calotte donne un miel de choix sans dérangement sensible pour les mouches, sans crainte de pillage. C'est moins une peine qu'un plaisir que d'en faire la récolte. Elle se prête assez bien aux réunions des populations faibles en permettant de placer deux ruches l'une sur l'autre. Mais elle a, comme la ruche commune, le grand défaut de ne pouvoir renouveler les vieilles constructions.

Il est impossible d'établir une règle fixe pour le placement de la calotte. Si l'on veut du miel et peu d'essaims, on calottera les ruches fortes dans les premiers jours de mai ; si au contraire on désire des essaims, on ne calottera qu'à la fin de l'essaimage. Cependant, il y a parfois des ruches, pleines de miel et regorgeant de population, qui n'essaiment pas ; pour celles-là, sous peine de perdre beaucoup de miel, il faut leur donner de l'espace.

En plaçant la calotte, on n'oubliera pas d'y fixer une *greffe,* c'est-à-dire un petit rayon qui sera maintenu au sommet de la calotte et qui descendra jusqu'au niveau des rayons supérieurs de la ruche. Un petit bâton de la grosseur du doigt peut également servir. A l'aide de cette échelle, les abeilles, aussitôt qu'elles en sentiront le besoin, monteront et construiront dans la calotte.

202. **Ruches à hausses**. — La ruche à hausses, en bois, est composée de plusieurs cadres posés les uns sur les autres. Une couverture plate de même matière les ferme par le haut. On pratique dans le milieu de cette couverture un trou circulaire de 12 à 13 centimètres, afin de pouvoir placer une calotte sur la ruche. Il n'y a pas de séparation entre les cadres, c'est tout simplement une ruche carrée où l'on place des baguettes pour servir d'appui aux gâteaux, comme dans les ruches communes. Tous les cadres doivent avoir la même dimension. Si je me servais de cette ruche, chaque cadre aurait intérieurement 10 centimètres de hauteur sur 30 de largeur et de longueur. On maintient les cadres au moyen de pitons et de crochets.

La ruche à hausses, en paille (fig. 7), est composée de

plusieurs cercles superposés, ayant chacun 10 à 11 centimètres de hauteur et 33 de diamètre dans œuvre. Un couvercle très-légèrement bombé, également en paille, recouvre le cercle ou hausse supérieure. Il n'y a aucune séparation entre les hausses. La ruche à quatre hausses jauge 35 litres environ, c'est suffisant dans la plupart des cas. Celle à deux hausses suffit même pour loger un essaim ordinaire. Chez plusieurs apiculteurs, chaque hausse a un plafond percé de trous pour communiquer de l'une à l'autre. Une telle disposition fait de cette ruche la plus vicieuse de toutes. Elle est très-nuisible aux abeilles pendant un hiver rigoureux : souvent le froid ne leur permet pas de franchir l'intervalle que chaque plafond établit entre les gâteaux, et lorsque le miel d'en bas est épuisé, les mouches périssent de faim et de froid à côté de l'abondance.

Sur la hausse supérieure je pointe huit rayons indicateurs pour régler la bâtisse et venir en aide à un essaim. Ces rayons indicateurs permettent d'enlever le couvercle presque avec autant de facilité que le couvercle d'un pot, et cela sans dérangement sensible pour les abeilles.

203. Avantages de la ruche à hausses. — La ruche à hausses est celle qui s'accommode le mieux à toutes les combinaisons de l'apiculteur. Ayant une ouverture dans sa partie supérieure presque plate, elle peut recevoir une calotte. Composée de plusieurs pièces, elle est susceptible d'être augmentée ou diminuée selon les circonstances. Avec elle, la réunion des populations faibles, point essentiel en apiculture, n'est plus qu'un jeu d'enfant. Avec elle, les essaims forcés se font comme l'on veut, par transvasement ou par séparation. C'est la ruche par excellence pour renouveler les vieux édifices si nuisibles aux abeilles.

Enfin, à capacité égale, la ruche à hausses ne coûte pas sensiblement plus que la ruche à calotte. Chaque hausse jaugeant neuf litres environ me revient aujourd'hui à 55 centimes.

La ruche à hausses, demandant plus de petits soins que les autres, ne sera jamais du goût des gens insoucieux, mais elle sera la ruche préférée de l'apiculteur intelligent et soigneux. Cependant et précisément à cause des soins dont je viens de parler, je conseillerai la ruche à calotte aux grands apiculteurs tels qu'il en existe en Champagne, en Normandie et même en Lorraine.

Le seul reproche qu'on ait fait à cette ruche, c'est qu'en hiver, les vapeurs, s'élevant du foyer des abeilles, se condensent au plafond pour retomber en gouttes d'eau sur les mouches. A ce reproche peu fondé, nous opposerons deux faits que chacun pourra vérifier aisément.

D'abord, si pendant de grands froids, on soulève une ruche bien peuplée, on en voit les parois latérales tapissées de givre, tandis que le plafond en est exempt; ensuite quelque attention que j'y misse, je n'ai jamais vu une mortalité plus grande dans les ruches plates que dans les ruches bombées. Il est vrai que souvent les populations faibles souffrent beaucoup en hiver, mais elles souffrent autant dans les ruches en cloches que dans les autres. La vétusté des gâteaux est presque toujours la véritable cause des accidents dont ces populations sont victimes.

204. Calotte de la ruche à hausses. — J'ai encore à mon usage une petite ruche composée seulement d'une hausse et d'un couvercle, en tout semblables aux hausses et aux couvercles dont je viens de parler. Cette petite ruche, je l'appelle *chapeau*. Elle fait office de calotte, on la place sur les ruches, on y récolte un miel magnifique; elle sert à renouveler les vieux paniers ou à former des essaims artificiels. Enfin, elle est d'un grand usage dans ma pratique. Ce chapeau peut devenir ruche en y ajoutant deux ou trois hausses, comme une ruche peut être réduite à l'état de chapeau en ne lui laissant qu'une hausse. Ainsi, toute la différence entre la ruche et le chapeau, c'est que celui-ci n'est composé que d'une hausse et d'un couvercle, tandis que la ruche est formée de deux hausses au moins et d'un couvercle.

205. Détails sur les hausses. — Placez dans chaque hausse deux baguettes, de la grosseur du doigt, parallèlement et de façon à partager le diamètre en trois parties égales, fixez-les dans le cordon supérieur. Ces baguettes sont nécessaires pour soutenir et consolider tout l'édifice. Aussi gardez-vous bien de les oublier, quand vous ajoutez une hausse vide à une ruche pleine ou à un chapeau; et faites attention de placer la hausse de telle sorte que les baguettes croisent les gâteaux. Au moyen de cette petite précaution, vous pourrez séparer, par le fil de fer et sans accident, le couvercle d'avec la hausse supérieure (179) et celle-ci d'avec les suivantes (164).

Le fil de fer, avec des rayons indicateurs, devient inutile pour séparer le couvercle de la hausse supérieure.

Il ne faut pas mettre de baguettes dans les chapeaux destinés à recevoir le superflu des abeilles : on ne pourrait pas en retirer intacts ces beaux rayons de miel dont l'apiculteur est si fier (163).

Chaque hausse ne dépassera pas 11 centimètres en hauteur sur 33 en diamètre intérieur, et cela pour deux raisons majeures : d'abord, des hausses de cette dimension donnent de 6 à 7 kilogr. de miel net, c'est la récolte d'un bon panier dans une année ordinaire, encore faut-il qu'il n'ait pas essaimé ; ensuite, si elles étaient plus hautes, on pourrait rarement retrancher la hausse du bas sans nuire au couvain (58).

On comprend que les hausses doivent avoir toutes le même diamètre, afin de pouvoir s'adapter les unes aux autres.

Un second cordon en paille devra reborder extérieurement le cordon supérieur de chaque hausse. Il servira d'appui au pourget, il aidera à lier le couvercle à la hausse supérieure et celle-ci à la suivante.

L'assemblage du couvercle avec la hausse supérieure, et des hausses entre elles se fait d'une façon bien simple et bien solide. On enfonce une pointe de haut en bas dans le couvercle, on enfonce une autre pointe au-dessous de la première dans le cordon supérieur de la hausse, mais de bas en haut, et au moyen des deux pointes et d'une ficelle à nœud coulant on serre fortement le couvercle contre la hausse, on en fait autant sur trois autres points de la circonférence et puis on calfeutre. Le même moyen est employé pour l'assemblage des hausses entre elles.

206. **Couvercle de la ruche à hausses.** — Le couvercle qui ferme la ruche à hausses est tout simplement un cordon de paille roulé sur lui-même. Il doit recouvrir entièrement la hausse et le rebord extérieur : il aura donc, en diamètre, environ 40 centimètres. L'ouvrier ménagera dans le centre une ouverture de 12 à 13 centimètres de diamètre, qu'on bouche, soit avec une planchette, soit avec une plaque de tôle pointée dans les cordons, soit avec une petite pièce de flanelle ou de vieux drap également fixée avec de petites pointes.

On recommandera à l'ouvrier de faire le couvercle un peu bombé. Par le poids du miel et du couvain, la convexité du couvercle aura bientôt disparu pour faire place à une surface plane.

207. Quelques réflexions sur la ruche à cadres. — Pour bien comprendre ce que nous allons dire, il faut savoir ce que l'on entend par ruche à bâtisse fixe, et ruche à rayons et cadres mobiles.

1° Prenons pour exemple une ruche rectangle en bois de 300 millimètres de hauteur sur 300 de profondeur et 325 de largeur. Cette ruche, qui jauge 29 litres 25 centièmes de litre, logera, dans sa largeur, neuf gâteaux parallèles.

Les abeilles, si l'on veut se donner la peine de diriger leurs constructions en collant au plafond de la ruche des amorces régulatrices, bâtiront neuf gâteaux parallèles ayant chacun 290 millimètres de hauteur sur 300 de largeur et formant ensemble une bâtisse de 78 décimètres carrés 30 centièmes.

Les gâteaux n'ont pas 300 millimètres de hauteur, parce que les abeilles ne les descendent pas jusqu'au plateau; elles laissent un vide de 10 millimètres environ pour la liberté des communications. Cependant, faute de place pour le miel et le couvain, elles prolongent la bâtisse des côtés et de l'arrière jusque sur le plateau. Voilà une ruche à bâtisse fixe.

2° Si au lieu de coller au plafond les amorces régulatrices, on les colle sur de petites barres de bois, épaisses de 10 millimètres, et qu'on place ces barres sous le plafond, les gâteaux n'auront plus à la vérité que 280 millimètres de hauteur, mais ils auront encore 300 millimètres de largeur, et les neuf gâteaux formeront ensemble une bâtisse de 75 décimètres 60 centièmes carrés, 2 décimètres 70 centièmes de moins que la ruche à bâtisse fixe. Voilà une ruche à rayons mobiles.

3° Si l'on remplace les barres, appelées porte-rayons, par des cadres, les gâteaux renfermés dans les cadres n'auront plus que 270 millimètres de hauteur sur 270 de largeur, formant ensemble une bâtisse de 65 décimètres 61 centièmes carrés, c'est-à-dire 12 décimètres 69 centièmes carrés de moins que dans la ruche à bâtisse fixe. Voilà une ruche à cadres mobiles.

On le voit, la charpente des cadres et l'intervalle entre la charpente et les parois de la ruche enlève un espace pouvant donner une bâtisse de 12 décimètres 69 centièmes carrés.

J'ai plutôt augmenté que diminué la bâtisse de la ruche

à cadres, car je n'ai compté que 15 millimètres pour l'épaisseur des montants du cadre et l'intervalle entre le cadre et la paroi. J'aurais pu compter 20 millimètres : 10 pour l'épaisseur de chaque montant et 10 pour l'intervalle entre le montant et la paroi. C'est la mesure qu'ont adoptée les mobilistes de France.

Le cadre allemand est plus léger, mieux façonné que le cadre français. Les quatre planchettes formant le cadre allemand n'ont que de 6 à 7 millimètres d'épaisseur, et les montants ne sont éloignés de la cloison de la ruche que de 7 millimètres. La capacité à bâtisse de la ruche allemande est donc un peu plus grande que celle de la ruche française.

4° Une ruche rectangle à bâtisse fixe, ayant 270 millimètres de hauteur sur 280 de profondeur et 325 de largeur, jauge 24 litres 57 centièmes; cette ruche donne une bâtisse de 65 décimètres 52 centièmes de bâtisse; c'est-à-dire une bâtisse égale à la bâtisse d'une ruche à cadres jaugeant 29 litres; mais le sens commun, d'accord avec l'expérience, dit qu'une même quantité d'abeilles chauffe mieux une ruche de 24 litres qu'une ruche de 29 litres. Aussi Dzierzon, la première autorité apicole de l'Allemagne, dit que les abeilles passent mal l'hiver en ruches à cadres. Voici ses paroles : « La ruche à cadres est aussi préjudiciable au couvain et aux abeilles pendant l'hiver, qu'elle est avantageuse pour le magasin à miel. Dans les ruches à cadres, l'air chaud s'échappe rapidement du peloton formé par les abeilles pour aller se refroidir contre les parois. On ne doit pas s'étonner que les possesseurs de ruches à cadres se plaignent tant du manque d'eau, de la maladie de la soif et du mauvais hivernage (p. 234). »

La ruche Dzierzon n'admet pas les cadres, mais simplement les porte-rayons, ce qui lui donne un grand avantage sur la ruche à cadres. Elle renferme presque autant de bâtisse, à capacité égale, que la ruche à bâtisse fixe.

5° Les abeilles en ruches à cadres sont fréquemment atteintes d'une maladie que les Allemands nomment la soif, tandis que logées en ruche de paille à bâtisse fixe, elles ne connaissent pas ou presque pas cette maladie. La loque ou pourriture du couvain, dont on parle beaucoup plus en Allemagne qu'en France, est, comme la soif, une maladie plus commune chez la ruche à cadres que chez la ruche à bâtisse fixe. « C'est un fait certain, dit Berlepsch, que l'invasion de

la loque en Allemagne date de la même époque que les
ruches à cadres. Avant cette époque, on manipulait peu les
ruches. La loque était à peine connue tant elle était rare;
mais depuis, elle est aussi connue qu'elle est fréquente. »

6° La ruche à cadres, système allemand, est fermée par
le haut et par le bas; on ne peut y pénétrer que par une
porte latérale. Une telle construction est bien incommode
pour le nettoiement du printemps, le nourrissement des
populations nécessiteuses et l'installation des essaims naturels. Mais le plus déplaisant, c'est quand il faut sortir tous
les cadres pour arriver au dernier. L'exposition en plein
air de dix à vingt cadres convient-elle aux nourrissons et
aux nourrices? N'est-elle pas, au printemps et à l'automne,
une invitation au pillage?

7° Les Allemands reconnaissent la supériorité de la ruche
de paille sur la ruche de bois. Ils sont à la recherche d'une
ruche en paille de forme rectangle, seule forme qui puisse
recevoir soit des porte-rayons, soit des cadres de dimension uniforme: bon marché, grande régularité, voilà la
question à résoudre pour une ruche rectangle en paille.

8° La ruche à cadres coûte beaucoup plus cher que la ruche
de paille à bâtisse fixe. Les partisans des cadres trompent
le lecteur, quand ils affirment que la ruche à hausses coûte
aussi cher que la ruche à cadres.

La ruche à quatre hausses, jaugeant 36 litres, me coûte
2 fr. 75 c.: 2 fr. 20 c. pour les quatre hausses et 55 cent.
pour le couvercle. Jusqu'en 1872, cette ruche ne m'avait
coûté que 2 fr. 50 c.

9° La bâtisse des abeilles n'est pas tracée sur des lignes
droites; elle est plus ou moins bosselée çà et là; il s'ensuit
qu'il est rarement possible de remplacer un cadre plein par
un autre cadre plein pris au hasard dans une autre ruche,
parce que la bâtisse de l'un ne sera pas bosselée de la même
façon que la bâtisse de l'autre. Un cadre plein ne peut généralement être remplacé que par un cadre amorcé, un cadre
auquel on a collé un rayon régulateur.

10° La conduite de la ruche à cadres, au témoignage de ses
partisans, exige *une intelligence supérieure, une connaissance approfondie de l'abeille, une grande adresse de main;*
j'ajouterai une grande patience; les apiculteurs ont tous une
intelligence supérieure, accord parfait sur ce point; mais
tous ont-ils la patience du bœuf et la patte du chat?

Berlepsch, l'inventeur des cadres, pour l'Allemagne, va jusqu'à dire que, sur cinquante apiculteurs, il s'en trouve à peine un seul réunissant les conditions nécessaires pour conduire une ruche à cadres.

11° L'homme aux cadres produit (en paroles) deux et trois fois plus de miel que l'homme à bâtisse fixe; mais, chose étonnante, chaque fois que l'homme à bâtisse fixe propose des essais comparatifs, l'homme aux cadres se bouche chaque fois les oreilles pour ne pas entendre.

Je partage tout à fait l'opinion de M. Hamet quand il dit : « Avec la presque généralité des producteurs de miel qui alimentent la consommation, qui font de l'apiculture économique et rationnelle, qui produisent au prix de revient le plus bas, nous sommes de l'école du fixisme; avec les amateurs, avec ceux qui veulent faire de l'apiculture pour s'instruire vite, pour se distraire ou pour s'amuser, nous sommes de l'école du mobilisme. »

208. Plateau ou tablette des ruches (fig. 13). — Pour la description du plateau, voir la légende placée avant la table des matières.

La grille $vxyz$ de la figure est une grille à bourdons que l'on place à la porte des ruches depuis août jusqu'avril inclusivement. Aucun des rongeurs ne peut y passer, et cependant la hauteur de l'ouverture est de 9 millimètres; il faut seulement avoir soin de la serrer dans la coulisse, afin que la musaraigne ou le mulot ne puisse la soulever.

La petite bandelette qui recouvre le plat-joint des planches ne permet ni aux planches de s'écarter, ni à la fausse-teigne de s'établir dans le joint.

L'entaille dans la planche $rsDG$ est pratiquée à l'intention d'empêcher momentanément l'essaimage ou de détruire les bourdons.

Pour l'essaimage, on craint un essaim primaire ou secondaire pour le jour même ou le lendemain, et personne ne sera là pour le recueillir; on place une grille à bourdons par-dessus l'entaille, et une grille à mère à l'entrée de la ruche; la mère peut passer par la grille à bourdons et non par la grille à mère. La grille à bourdons étant de grande dimension, ne sera pas obstruée par les bourdons comme le serait la grille à mère si les bourdons pouvaient y arriver.

Pour la destruction des bourdons, on fixe une grille à bourdons sur l'entaille et une autre grille à bourdons à l'entrée de la ruche. Dans le moment du plus grand vol des bourdons, on soulève légèrement la ruche, les bourdons sortent en essaim, mais ne peuvent plus rentrer. On peut laisser les deux grilles et renouveler l'opération à quatre ou cinq jours d'intervalle. Mais les bourdons ne pouvant plus rentrer dans la famille, iraient se loger ailleurs ; il faut mettre une grille à bourdons à la porte de toutes les ruches.

209. **Pourget.** — On appelle *pourget* toute matière dont on se sert pour calfeutrer les ruches. De la bouse fraîche sans mélange est le pourget le plus commun. Elle bouche et colle bien, mais elle a l'inconvénient de se retirer en séchant et de laisser des interstices. Un mélange de trois parties de bouse et d'une partie de sable fin, est un excellent pourget qui bouche et colle tout aussi bien, sans avoir l'inconvénient du retrait. Je m'en sers pour calfeutrer les ruches à hausses. Mais celui dont je fais habituellement usage, pour calfeutrer le bas des ruches, est composé, en parties égales, de sable fin et d'argile tamisée. J'ai toujours provision d'argile et de sable à l'apier ; il ne faut qu'un instant pour composer cette espèce de mortier qui bouche parfaitement, mais qui ne colle pas.

On comprend que les proportions indiquées ne sont pas rigoureuses, et qu'on n'est pas obligé de s'y astreindre avec grande exactitude.

De petites bandelettes d'un tissu quelconque, du coton en laine, de l'étoupe, tout cela est très-convenable pour bien calfeutrer les ruches, plus convenable peut-être que la matière dont nous avons parlé en premier lieu.

210. **Apier, rucher, son exposition.** — On appelle apier le petit bâtiment où l'apiculteur range et rassemble ses ruchées. Un apier n'est pas absolument nécessaire pour le succès de l'éducation des abeilles. On peut laisser les ruchées en plein air ; mais dans ce cas, il faut un mur ou une haie qui les abrite du côté du nord ; il faut aussi qu'elles soient préservées, par de bons surtouts, de la pluie et de la trop grande ardeur du soleil.

Cependant, un apier est très-utile ; il permet de gouverner les abeilles avec plus de facilité, de les visiter sans occasionner de dérangement. Des ruchées à couvert sont plus en sûreté, elles exigent moins de soins et d'attention que celles qui sont en plein air et exposées aux intempéries et aux vicissitudes des saisons. Enfin, il y a certaines cir-

constances de localité où un apier peut être construit avec
moins de dépense qu'il n'en faudrait pour des surtouts et
autres accessoires qu'on est obligé de renouveler souvent.

La disposition de l'apier n'est pas chose indifférente pour
la bonne administration des abeilles. Tel apier, dont la distribution permettra de placer et de réunir deux ruches l'une
sur l'autre (161), aura certainement plus de chances de succès que tel autre où les réunions ne pourront avoir lieu
faute d'espace (177). L'apier devra donc être construit à deux
étages seulement. Le premier sera à 20 centimètres au-dessus du sol, le second à 95 centimètres au-dessus du premier, et à égale distance de la toiture. Ainsi, la partie de la
toiture placée perpendiculairement au-dessus des ruches
aura $2^m,10$ au-dessus du sol. Avec des étages ainsi distan-
cés, on pourra, dans les années favorables aux essaims,
mettre provisoirement un rang de ruches, soit sur celles du
premier étage, soit sur celles du second.

A chaque étage, il y aura, dans le sens de la longueur de
l'apier, deux poutrelles de 10 centimètres d'équarrissage,
parallèles et distantes l'une de l'autre de 30 centimètres.
Ces poutrelles, devant servir de chantier pour supporter les
plateaux et les ruches, seront soutenues par des points d'appui dans leur milieu.

L'apier sera beaucoup plus commode, s'il a assez de profondeur pour permettre de former derrière les ruches une
allée d'un mètre de large, qui donnera la facilité de les
visiter à toute heure, sans troubler les mouches et sans en
être inquiété.

Un apier ayant 6 mètres de longueur intérieure pourra
loger facilement 12 paniers sur chacun de ses étages.

L'exposition du sud-est paraît être la meilleure, parce
qu'elle abrite mieux qu'aucune autre contre les pluies, les
orages et le soleil trop ardent. On peut également choisir
l'exposition du sud, mais à la condition de faire avancer un
peu plus la toiture. Celle du levant est trop froide, elle serait meurtrière en hiver et surtout au printemps. Autant
que possible, placez votre apier dans un lieu abrité de la
bise par un coteau, des arbres ou un mur de quelques
mètres de hauteur. Le voisinage d'une grande étendue
d'eau, lac, étang ou rivière, surtout si les vents violents de
la localité portent habituellement de l'apier vers ces eaux,
le voisinage d'une route, celui de maisons trop élevées,

toutes ces circonstances peuvent nuire à la prospérité d'un apier. En effet, les abeilles peuvent être entraînées ou repoussées par le vent au-dessus des eaux, où elles finissent par s'abattre et périr; le bruit et l'ébranlement d'une voiture les inquiètent; des maisons hautes et rapprochées les gênent au départ et à l'arrivée.

Le sol qui est devant l'apier doit être uni et toujours bien sarclé à une distance d'au moins un mètre; car si une abeille s'y abat par le vent ou par la fatigue, les moindres herbages pourraient l'empêcher de se relever. Il faut éviter aussi de planter trop près, sur le devant, des buissons, des fleurs ou des légumes à hautes tiges, qui gêneraient le vol des abeilles, et surtout celui des mères, quand elles sortent, soit pour suivre un essaim, soit pour être fécondées.

211. **Apier économique.** — L'apier se fait en forme d'appentis (bâtiment qui n'a de pente que d'un côté). Voici un mode de construction très-économique. Lorsqu'on peut établir un apier contre un bâtiment et dans une bonne exposition, on commence par faire, dans un mur, des trous distants de 60 centimètres les uns des autres, à hauteur de 2^m,50 environ; on enfonce dans la terre, à 17 décimètres en avant du mur, deux poteaux en chêne; une sablière ou poutre de toute la longueur de l'apier est attachée sur la hauteur des poteaux par des mortaises; des chevrons de traverse entrent par un bout dans les trous du mur, l'autre bout est appuyé par devant sur la sablière; on établit sur ces chevrons un toit en chaume ou en tuiles; les côtés seront fermés par un grossier clayonnage qu'on enduira d'un torchis d'argile, ou qu'on revêtira de mousse.

Un mur de jardin peut très-bien convenir pour appuyer un apier. La toiture aura sa pente par derrière ou par devant, selon la hauteur du mur ou la disposition des lieux. Mais si la gouttière se trouve par derrière, la toiture devra déborder beaucoup plus sur le devant, afin de mettre les ruches mieux à l'abri de la pluie et de la trop grande ardeur du soleil.

212. **Toiture pour les ruches en plein air.** — Pour chaque ruchée je me sers d'une feuille de zinc que j'assure contre les coups de vent par une pierre lourde ou des briques.

Dans les villes, on se procure facilement des feuilles de vieux zinc à des prix modérés.

213. Conduire les abeilles aux pâturages. — Dans nos contrées, les abeilles ordinairement ne trouvent plus rien à récolter à partir de la seconde moitié de juillet. Il serait bien avantageux de pouvoir leur fournir des fleurs pour les derniers mois de la belle saison. J'ai toujours envié le sort des propriétaires d'abeilles qui se trouvent à proximité des pays de bruyère ou de sarrasin. Quand le temps est favorable en juillet et en août, les abeilles y amassent énormément de miel.

Le danger qu'il y aurait à transporter les ruchées par les grandes chaleurs est la seule objection qu'on puisse faire : on craint l'étouffement des mouches, on craint la chute et l'affaissement des gâteaux.

Si l'on sait multiplier les baguettes d'appui dans l'intérieur des ruches, si l'on a soin de les placer en bas, en haut et de façon qu'elles croisent les gâteaux, ceux-ci ne tomberont pas, c'est certain. Si les paniers sont enveloppés d'une serpillière (toile grosse et claire), l'étouffement n'est point à craindre.

En observant ces conditions et en voyageant la nuit, on peut, sans inquiétude, transporter ces ruchées par voiture ou par chemin de fer ; les accidents, s'il en arrive, seront rares (222).

214. Question des bourdons, leur destruction. — En étudiant les abeilles relativement aux bourdons, on arrive à reconnaître qu'elles se conduisent selon les règles suivantes:

Première règle. — Jamais les abeilles ne transforment les cellules d'ouvrières en cellules de bourdons, et réciproquement.

Seconde règle. — Toute ruchée forte, ayant à sa disposition une grande quantité de cellules de bourdons, élève une grande quantité de bourdons.

Troisième règle. — Toute ruchée forte dont la bâtisse n'est composée que de cellules d'ouvrières n'élève que des ouvrières ; elle construira peut-être, dans les places libres à l'extrémité des gâteaux, quelques cellules de bourdons, et ces cellules deviendront le berceau de quelques bourdons. L'abeille mère ne paraît éprouver aucune contrariété à ne pondre que des œufs d'ouvrières.

Cette ruchée forte qui, faute de grandes cellules, n'élève que peu de bourdons, amasse plus de miel qu'une forte ruchée qui en élève beaucoup.

Quatrième règle. — Toute ruchée forte qui, faute de cellules de bourdons, n'a pu élever qu'un petit nombre de bourdons, essaime aussi facilement que toute autre ruchée.

Cinquième règle. — Toute ruchée forte qui agrandit sa bâtisse, dans la saison de la grande ponte des bourdons, l'agrandit pour un tiers, souvent même pour une moitié, par des constructions à cellules de bourdons, surtout quand elle a peu de cellules de bourdons dans son ancienne bâtisse.

Sixième règle. — Toute ruchée forte dont on retranche, en avril ou mai, des gâteaux à cellules de bourdons, les remplacera presque toujours par des gâteaux à cellules de bourdons.

Septième règle. — Tout essaim primaire fortement peuplé bâtit beaucoup de cellules à bourdons et produit beaucoup de bourdons pendant les premiers mois de son établissement, pour peu qu'il soit précoce et que la saison de l'essaimage se prolonge.

Huitième règle. — Tout essaim primaire médiocrement peuplé et tout essaim secondaire même fortement peuplé construisent peu de cellules à bourdons pendant les premiers mois de leur établissement, c'est-à-dire pendant l'été où ils sont nés.

Neuvième règle. — Toute ruchée qui a essaimé soit naturellement, soit artificiellement, et dont on retranche des gâteaux à cellules de bourdons, les remplacera ordinairement par des gâteaux à cellules d'ouvrières. Le retranchement ne doit se faire qu'après la naissance des mères arrivées les premières à terme, c'est-à-dire le sixième jour après l'essaim primaire naturel et le treizième jour après l'essaimage artificiel. Les ouvrières qui n'ont que des mères au berceau ne bâtissent que des cellules à bourdons.

Dixième règle. — Les châsses, les trévas, c'est-à-dire les transvasements complets que, dans certaines contrées, l'on opère après la saison des essaims, construisent peu de cellules à bourdons. Les bâtisses de ces sortes d'essaims artificiels sont précieuses pour empêcher, l'année suivante, la naissance des bourdons.

Onzième règle. — Une abeille mère qui pondait beaucoup de bourdons cesse d'en pondre dès qu'elle est réduite à n'avoir plus qu'un petit nombre d'ouvrières à sa disposition. Elle a donc la faculté de pondre, selon les circonstances, soit des bourdons, soit des ouvrières.

Les règles que je viens d'établir ne sont point absolues, elles souffrent des exceptions ; mais souvent les exceptions ne sortiront d'une règle que pour rentrer dans une autre : l'état de la ruchée aura changé. Ainsi, voilà un essaim précoce, mais d'une population médiocre ; cet essaim ne bâtira d'abord qu'un petit nombre de cellules à bourdons, mais il en bâtira un grand nombre s'il devient fort et si la campagne continue à lui fournir des vivres. Il passe alors de la classe des essaims faibles dans la classe des essaims forts. Maintenant que nous connaissons les habitudes des abeilles relativement à l'élevage des bourdons, il nous reste à chercher les moyens d'en empêcher, du moins d'en limiter la ponte.

Nous sommes en avril, faisons l'inventaire de chacune de nos ruchées fortes. Dans la première, nous voyons un ou plusieurs gâteaux du centre formés en partie de cellules à bourdons ; remplaçons toutes ces cellules par des portions de gâteaux à cellules d'ouvrières. L'existence de cellules à bourdons dans le centre de la ruche est chose rare ; mais quand ce cas se présente, il faut à tout prix remplacer ces cellules, soit au printemps, soit à l'automne, par des cellules d'ouvrières. Les abeilles en hiver se groupent au centre de la ruche, c'est là que l'abeille mère doit trouver des cellules convenables pour faire sa ponte d'ouvrières qui commence déjà en janvier. Une seconde ruchée nous montre un gâteau dont une face est composée de cellules d'ouvrières, et l'autre face de cellules à bourdons ; remplaçons ce gâteau par un autre formé exclusivement de cellules d'ouvrières. Cependant si les cellules d'ouvrières sont occupées par du couvain sous forme de larves ou de chrysalides, attendons que la ruchée ait donné un essaim naturel ou forcé ; nous n'aurons plus, après l'essaimage, qu'à extraire le gâteau mixte et à laisser aux abeilles le soin de le remplacer par un gâteau à cellules d'ouvrières. Consultez la neuvième règle.

En cas de non-essaimage, remettons l'affaire à l'automne, lorsque les ruchées n'ont plus de couvain. Nous pourrons alors sans inconvénient remplacer le gâteau par un autre gâteau.

Dans une troisième colonie, nous voyons par les côtés de la ruche des gâteaux entiers ou des portions de gâteaux composés exclusivement de cellules à bourdons ; remplaçons-les s'ils ne contiennent pas ou presque pas de miel ; mais autrement, n'y touchons que lorsque les abeilles trouveront des vivres à la campagne, et cela dans le courant de mai.

Pour une quatrième ruchée, nous sommes quelque peu embarrassé; nous ne pouvons enlever les cellules à bourdons sans enlever en même temps des cellules d'ouvrières, attendu que dans le même gâteau les grandes cellules sont au-dessous des petites (la ruche est renversée). Si les petites cellules ne sont pas encore occupées par le couvain, remplaçons le gâteau immédiatement; mais dans le cas contraire, suivons le conseil que nous avons donné pour la seconde ruchée.

Enfin, dans une cinquième ruchée, nous trouvons à l'arrière de la ruche des portions plus ou moins grandes de gâteaux à cellules de bourdons; remplaçons toutes ces portions par autant de portions à cellules d'ouvrières.

Un praticien trouvera le secret d'ajuster gâteau sur gâteau, soit avec des crochets en fil de fer, soit avec de fortes épingles en bois. Les abeilles ne tarderont pas à faire la besogne mieux que nous, et alors on enlèvera épingles et crochets. Mais comment se procurer des gâteaux à cellules d'ouvrières? Nous les trouverons dans des essaims faibles que nous avons réunis ou supprimés à l'automne; nous les trouverons encore dans des ruchées dont la faible population n'occupe qu'une partie de la bâtisse, pourvu que la bâtisse n'ait pas plus de deux ans.

Après la saison des essaims, les ruchées qui n'ont pas essaimé, quoique fortes, bâtissent peu de cellules à bourdons. On leur laisse le soin de rebâtir les gâteaux retranchés, elles remplaceront généralement les cellules à bourdons par des cellules d'ouvrières.

Quant aux ruchées qui ont essaimé, si l'on veut attendre jusqu'au vingt et unième jour après l'essaimage, soit naturel, soit artificiel, on est tout à fait maître du terrain, on n'a plus à craindre d'endommager le couvain d'ouvrières, il est éclos, il existe tout au plus sous forme d'œufs et seulement pour les souches d'essaim naturel. On peut ne pas ménager les cellules d'ouvrières pour atteindre les cellules à bourdons. Ne craignons pas d'extraire les cellules à bourdons pleines de miel, operculé ou non, sauf à rendre le miel.

Les abeilles ont un grand respect pour le miel operculé, elles n'y touchent qu'en cas de nécessité. Si donc on veut leur rendre les gâteaux qu'on leur a pris, il faut, avec un couteau bien aiguisé, mettre à jour le miel operculé. Dans cet état, les abeilles se hâteront de l'emmagasiner dans l'intérieur de la ruche. C'est encore un moyen de les engager à faire plus vite la bâtisse qui doit remplacer l'ancienne.

215. Destruction des bourdons. — J'ai comparé plusieurs fois le produit d'un essaim forcé avec celui d'un essaim naturel de même jour et de même force ; ce dernier, en septembre, avait plus de miel que le premier ; on le comprend facilement : l'essaim forcé qui a conservé la place de la souche en a conservé aussi les bourdons, tandis que l'essaim naturel qui va occuper une place vacante de l'apier ne possède que ceux en petit nombre qui l'ont suivi au moment du jet. Avant d'aller plus loin, lisez l'article 29.

Sans aucun doute, il vaut mieux empêcher la naissance des bourdons, en remplaçant leurs cellules par des cellules d'ouvrières ; mais quand on ne l'a pas fait, nous engageons à détruire ceux qui existent, d'autant plus que le moyen que nous allons indiquer coûte peu de temps et de peine.

1° Nous avons affaire à une ruchée qui a donné un essaim naturel ; une hausse de 6 à 8 litres est plus que suffisante pour contenir la population ; nous pointons sur cette hausse une grille à bourdons, et nous couvrons la grille d'une toile pour empêcher les abeilles de sortir. On transvase la population dans la hausse ainsi préparée ; la chose faite, on enlève la toile couvrant la grille et on place la hausse par-dessous la souche.

Une heure après, les abeilles ayant abandonné la hausse pour reprendre leurs travaux ordinaires, on peut enlever la hausse où sont réunis tous les bourdons de la ruchée. Mais ces bourdons, séparés de la famille, voudront y retourner ; on les retient prisonniers dans la hausse, tout en laissant aux quelques abeilles qui les accompagnent la liberté de passer par la grille. Le lendemain matin, les malheureux bourdons étant morts ou engourdis, on les jette dans un trou qu'on recouvre de terre.

2° Nous voici avec une ruchée très-forte et nous voulons la débarrasser de ses bourdons. Pour contenir cette nombreuse population il faut deux hausses ; chacune est couverte d'une grille à bourdons, une toile recouvre la grille de la hausse supérieure, ou transvase dans les deux hausses réunies; l'opération terminée, on enlève la toile et on place le produit du transvasement par-dessous la ruchée.

En moins de deux heures, les abeilles abandonnent la hausse du bas où sont restés les bourdons; il faut enlever cette hausse du bas et la traiter comme la précédente. Quant à la hausse supérieure, elle est peut-être occupée par un grand nombre d'abeilles; on peut la laisser, mais il faut enlever la grille qui la couvre. Si le transvasement se fait dans la matinée et par une belle journée de travail, il y aura peu d'abeilles dans la hausse supérieure, son enlèvement n'aura aucun inconvénient.

A quoi sert, me dira-t-on, la seconde grille du haut, puisque les bourdons ne peuvent traverser la grille du bas? En effet, elle n'est pas nécessaire, mais elle est très-utile : les abeilles s'accrochent à cette grille et elles ne tombent pas quand on enlève la toile qui la recouvre.

3° Nous voulons un essaim artificiel sans bourdons; nous assujettissons la hausse avec la grille par-dessous la ruche qui doit recevoir l'essaim; le transvasement se fait; les abeilles et la mère traversent la grille pour se rendre dans la ruche, et laissent les bourdons en chemin.

Le transvasement terminé, on remet la souche à sa place; on porte l'essaim à quelque distance de la souche. Mais il y a peut-être plus d'abeilles dans la hausse que dans la ruche; on enfume légèrement par-dessous la hausse, et immédiatement mère et ouvrières se mettent en mouvement pour occuper la ruche.

Après une heure d'attente, le calme des abeilles nous dit que l'essaim possède la mère; nous enlevons alors la hausse avec les bourdons.

Mais l'essaim est manqué; la mère est restée dans la souche, l'agitation des abeilles nous le dit; dans ce cas, on met une cale entre la ruche et la hausse pour donner aux orphelines toute liberté de sortir et de retourner à la souche; on retient prisonnières les bourdons dans la hausse, tout en laissant aux abeilles qui les accompagnent la liberté de sortir par la grille.

Quand les ouvrières sont retournées à la souche, il nous reste la hausse et les bourdons. Ceux-ci subissent le sort des précédents, ils sont enterrés, morts ou vivants, le lendemain matin.

Quand la bourse nous conseille l'économie, nous nous

servons de grille ayant 36 centimètres de longueur sur 20 de largeur. Cette grille ne couvre pas entièrement la hausse; nous suppléons à la largeur par une tôle mince que nous plaçons à droite et à gauche de la grille.

Avec des cisailles et un peu d'entente, on se donne, avec une plaque, une douzaine de grilles. Il reste encore une chute dont on fera de petites grilles pour empêcher les bourdons de sortir par la porte du plateau.

C'est entre une heure et trois heures du soir qu'ont lieu les excursions des bourdons dans les airs; cependant ils devancent d'une heure et sortent à midi, s'ils n'ont pu sortir les jours précédents; il faut donc transvaser soit avant midi, soit après quatre heures du soir, et non de midi à quatre heures, quand on transvase pour essaimage artificiel; mais quand on transvase dans l'unique but de détruire les bourdons, on peut transvaser de midi à quatre heures, parce que la hausse grillée, devant être remise sous la ruche, reçoit les bourdons qui reviennent de leurs excursions.

Avec de vieilles ruches communes, on peut se procurer des hausses qui feront aussi bien leur devoir que d'autres sortant des mains du fabricant.

216. Enfumoir (fig. 15). — La fumée joue un trop grand rôle dans la conduite des abeilles pour ne pas lui consacrer quelques lignes. Nous parlerons d'abord de la machine qui la produit, et nous l'appellerons enfumoir. Nous parlerons ensuite de l'action de la fumée sur les abeilles.

L'enfumoir est une boîte ronde en tôle ayant 12 centimètres de longueur et 9 de diamètre. L'un des bouts est formé par un entonnoir renversé, dont le tuyau conique ne doit avoir que 7 centimètres de longueur, et de 9 à 10 millimètres de diamètre à l'extrémité. Ce petit tuyau est destiné à la sortie de la fumée. L'autre bout est également formé par un entonnoir renversé. Il existe intérieurement un tuyau qui va, de A en B, s'appuyer dans une rondelle qui sépare la boîte de l'entonnoir. Ce tuyau a un diamètre uniforme de 16 à 18 millimètres, il forme douille; on y fait entrer le tuyau d'un petit soufflet de cheminée. Pour la solidité, on fera bien d'adapter au soufflet un tuyau d'un diamètre uniforme, de manière qu'en l'introduisant dans le tuyau de l'enfumoir, il le remplisse dans toute la longueur.

Sur le flanc de la boîte, on pratique une ouverture longue de 6 centimètres, large de 5; une porte jouant dans des cou-

lisses l'ouvre et la ferme. Cette ouverture sert à mettre les
chiffons et le feu. Le jeu du soufflet avive le feu des chiffons
et pousse la fumée par le petit tuyau de l'autre extrémité.

Le seul inconvénient de l'enfumoir, c'est que le feu s'éteint
quelques minutes après qu'on a cessé de souffler. Pour y
obvier, on ouvre la porte pendant les courts intervalles où
l'on n'enfume pas.

Un enfumoir en tôle ne dure pas longtemps, il est bientôt
détruit par l'oxydation. J'ai reconnu qu'il est bien préférable
de le faire en cuivre jaune (laiton). La boîte telle que je viens
de la décrire, si elle est en cuivre jaune, pèsera quatre hectogrammes. Je la fais façonner (matière comprise) pour
4 fr. J'indique le poids, afin que le ferblantier puisse choisir
des feuilles d'une épaisseur convenable.

217. Bruissement. — Si on souffle de la fumée sur une
abeille, son premier mouvement, c'est d'agiter les ailes pour
éloigner la fumée qui l'incommode : cette agitation des ailes
s'appelle bruissement. Si on souffle cette fumée dans l'intérieur d'une ruche, le même effet se produit sur la plupart
des mouches qu'elle contient : c'est aussi ce qu'on appelle
mettre la ruche en bruissement. En été, à l'entrée des ruches,
on voit toujours des abeilles cramponnées par derrière et
par devant, la tête baissée, l'abdomen relevé, et dans cette
position agiter vivement les ailes : ce bruissement a un sens
bien différent des autres, car c'est un signe de bien-être,
c'est encore un moyen pour renouveler l'air de la ruche.
Une abeille égarée qui retrouve sa famille, bruit de joie.
Lorsqu'un essaim se rassemble dans une ruche, des masses
d'abeilles battent des ailes : le bruissement dans cette circonstance est un signe de rappel. Des abeilles que l'on sépare
de leur mère et que l'on renferme prisonnières dans une
ruche, font bientôt entendre un fort bourdonnement qui se
renouvellera peut-être de demi-heure en demi-heure : c'est
ici un cri de douleur et de détresse.

Jamais le bruissement n'est un signe de colère : ainsi la
réunion de deux populations en état de bruissement se fera
toujours sans combats, si, après la réunion, vous maintenez
cet état pendant une demi-heure. Le bourdonnement dans
l'intérieur de la ruche est d'autant plus fort que le bruissement est plus complet.

Avec de la fumée, on réussit toujours à mettre les abeilles
en état de bruissement. Avec l'enfumoir, il ne faut ordinai-

rement que quelques minutes pour le produire, quelquefois il faut un quart d'heure et plus; mais quand il est bien établi, quelques bouffées- de fumée envoyées de cinq minutes en cinq minutes le maintiennent facilement.

Dans les réunions de ruches, l'enfumoir est presque indispensable, parce qu'il faut beaucoup de fumée et que l'enfumoir la produit abondante et sans effort.

Pour enfumer les abeilles, on se sert généralement d'un rouleau composé de chiffons et ayant la forme et le volume d'un saucisson; on allume un bout et on souffle dans la direction des abeilles; mais ce rouleau ne fait pas en dix minutes la besogne que l'enfumoir fait en trois. Aussi, s'il est très-pénible d'opérer des réunions avec le rouleau de chiffons, ces opérations ne sont plus qu'un amusement avec l'enfumoir. Quand je suis armé de cet instrument, je me crois assez fort contre les abeilles pour me passer de masque.

Il faut se servir de l'enfumoir avec mesure. On commence par une fumée modérée et ensuite on augmente par degrés. Si on introduit brusquement une fumée trop épaisse, les abeilles en sont tellement affectées, tellement aveuglées, qu'elles tombent sur le plateau ou qu'elles restent comme asphyxiées entre les gâteaux de leur ruche.

218. **Asphyxie momentanée des abeilles.** — L'assoupissement momentané des abeilles s'obtient par la fumée du sel de nitre (salpêtre) et du lycoperdon (vesse de loup).

Après avoir placé la ruche sur une hausse dont on calfeutre les joints, on allume du chiffon nitré dans un enfumoir, dont l'une des extrémités pénètre dans la hausse où l'on dirige la fumée à l'aide du soufflet. Les abeilles font entendre un fort bruissement qui va en s'affaiblissant et bientôt cesse complétement. Si vous leur donnez de l'air dès que vous n'entendez plus le moindre bruit intérieur, vous n'en perdrez pas une seule, mais elles ne resteront assoupies que quelques minutes; si, au contraire, vous les laissez une minute de plus dans la fumée asphyxiante, l'assoupissement durera peut-être une demi-heure, mais vous vous exposez à en tuer beaucoup. Une partie des abeilles tombent dans la hausse, les autres restent entre les rayons; il faut avec la barbe d'une plume se hâter de faire tomber aussi ces dernières dans la hausse. On peut alors en disposer à volonté.

Quand on n'a pas d'enfumoir à sa disposition, on met le

chiffon nitré sous un morceau de tuile ou dans un tuyau, et aussitôt qu'il est allumé, on l'introduit sous la hausse.

On se sert de chiffons de lin, de chanvre ou de coton. Voici la préparation : après avoir saturé de salpêtre un demi-verre d'eau, on y trempe la quantité de chiffons que l'eau peut imbiber; on les fait ensuite sécher pour s'en servir au besoin.

Des chiffons imprégnés de 50 grammes de salpêtre suffisent à asphyxier huit ou dix colonies, à la condition qu'on utilisera toute la fumée.

J'ai pratiqué l'asphyxie sur une dizaine de ruchées, avec un succès complet, c'est-à-dire que je n'ai pas tué une seule mouche; mais je suis encore à chercher les avantages que l'on peut en retirer. Un apiculteur, quelque peu praticien, fera ses essaims artificiels plus vite et plus sûrement par transvasement (136) que par asphyxie; en consultant les articles 72, 177 et 179, il trouvera, pour réunir les ruchées faibles, des moyens plus simples et plus expéditifs que l'asphyxie. Pour récolter le miel des ruches communes, il suivra les prescriptions des articles 160 et 161 plutôt que d'asphyxier ses abeilles.

219. Piqûre de l'abeille, remèdes — Aussitôt après la piqûre, il faut se hâter de retirer l'aiguillon qui y est resté; et comme c'est la petite goutte vénéneuse lancée par les abeilles qui cause la douleur et l'enflure, il faut presser les chairs autour des piqûres pour en faire sortir le venin, laver les plaies avec de l'eau froide, ou y appliquer un peu de chaux vive délayée, ou mieux, de l'alcali volatil; mais comme ces deux remèdes sont d'une certaine causticité, il faut en user avec précaution, et ne les appliquer sur les plaies qu'avec un fétu de paille, dont on pose l'extrémité sur ces plaies, ce qui opère dans l'instant. On obtient le même résultat en lavant les piqûres avec de l'eau vinaigrée. Ce remède est plus facile à se procurer et à employer, mais ses effets sont moins prompts.

Quand les piqûres sont nombreuses, le premier soin, c'est de retirer les aiguillons, de recourir à l'eau froide, y mettre les mains, se couvrir le visage et la tête de linges mouillés; comme les piqûres sont brûlantes, l'eau froide atténue aussitôt les douleurs et l'enflure. Si l'on a des baies de chèvre-feuille fraîches, et qu'on en exprime le jus sur une piqûre, la douleur cesse aussitôt, et si l'inflammation était déjà formée, elle ne tarderait pas à disparaître.

Des feuilles de persil qu'on écrase en les frottant sur la plaie, sont aussi très-efficaces.

Le miel et l'huile s'emploient du moins comme liniments.

N'ayant jamais fait usage de ces remèdes, je les donne comme je les ai reçus, c'est-à-dire sans garantie. En ce qui me concerne, je me contente d'arracher à l'instant même le dard de la plaie.

220. Précautions à prendre avec les abeilles. — En passant devant un apier pour voir de près chaque famille, évitez de porter le souffle de votre respiration vers l'entrée des ruches, car cela irriterait les mouches.

Quand vous voudrez avoir le plaisir d'examiner leur travail, approchez-vous, mais ne vous tenez pas en face des ruchées, et ne bougez pas.

Si quelques abeilles menacent de vous attaquer en volant avec vivacité autour de vous, il faut gagner l'ombre, doucement, sans gesticuler, et leur laisser quelques minutes pour s'apaiser. Les mouvements brusques des bras et de la tête pour les repousser ne font que les exciter davantage. Voilà les précautions à prendre quand on ne touche pas aux ruches. Si vous avez à travailler, ne le faites ni le matin avant la sortie des abeilles, ni le soir après leur rentrée des champs, ni par les temps pluvieux ou orageux : en un mot, quand la population se trouve à peu près toute réunie, car, dans ce cas, si on tente d'y toucher, il est toujours difficile de les maîtriser ; ce n'est qu'avec force fumée qu'on en vient à bout. Enfin, quand les bourdons sont tués et que la campagne ne fournit plus de miel, les abeilles sont très-irritables ; on ne peut prévenir leur colère qu'avec une fumée abondante, dans quelque moment de la journée qu'on opère.

Si vous ne visitez vos ruchées que par une belle journée, lorsque les abeilles sont en plein travail, quelques bouffées de fumée, lancées avant et après le déplacement, suffiront pour les calmer; vous n'aurez plus besoin de tant vous précautionner contre les piqûres ; les abeilles seront tout à fait inoffensives; vous pourrez même, à la rigueur, vous passer de masque. Pour mon propre compte, je ne m'en sers jamais dans ces circonstances, non plus que quand il s'agit de recueillir un essaim; la fumée est mon seul préservatif, et je suis rarement piqué.

221. Achat de mouches à miel. — Une personne qui voudra faire l'acquisition de mouches à miel aura égard aux prescriptions suivantes :

N'achetez jamais d'essaim dans le temps de l'essaimage ; c'est un marché aléatoire où l'acheteur est plus souvent dupe que le vendeur. Attendez que les abeilles aient terminé leur récolte, ce qui arrive dans nos contrées en juillet et en août. Exigez la faculté de choisir dans l'apier, ou du moins dans une partie, et cela avant que le propriétaire en ait récolté le miel. Choisissez de préférence les essaims de l'année, ceux même qui pèseraient un kilogramme de moins que les souches. Pour celles-ci, comme il est très-difficile de connaître leur âge, vous prendrez tout bonnement les plus lourdes et les mieux peuplées. Chaque panier devra avoir 9 kilogr. de miel. Ce n'est pas trop pour aller sûrement jusqu'au mois de mai. Voilà la règle à suivre si on achète en juillet et en août.

Mais il vaut mieux n'acheter qu'au printemps, on n'a pas les risques de l'hiver à courir, on peut même à cette époque donner un ou deux francs de plus qu'en août.

Trois kilogrammes de miel dans les premiers jours de mars, et deux seulement dans les premiers jours d'avril seront nécessaires à chaque famille (61) ; la condition la plus importante pour un bon panier, c'est une forte population. Plusieurs moyens vous feront distinguer cette qualité.

Premier moyen. — Fin de mars ou commencement d'avril, choisissez une belle journée, un beau soleil, donnez un coup d'œil sur les ruchées, remarquez celles qui montrent le plus d'activité, et mettez-y le temps, car c'est pendant des heures entières qu'il faut examiner leur travail. Les paniers dont les abeilles sortent et rentrent constamment en plus grand nombre sont, à n'en pas douter, les mieux peuplés. Cependant, un essaim qui travaille un peu moins qu'une souche ne doit pas être dédaigné.

Deuxième moyen. — Vers le coucher du soleil ou dans la matinée, soulevez doucement chaque panier ; dans les uns, les abeilles descendent jusque sur le plateau et occupent tous les gâteaux ; dans les autres, elles n'en occupent qu'une partie ; les premiers sont certainement plus peuplés que les seconds.

Troisième moyen. — Fixez l'oreille contre les ruches ; frappez quelques coups du bout des doigts, les fortes populations vous répondront par un son plus sourd et plus prolongé que les autres.

Le lecteur, en consultant l'article 74, comprendra qu'il peut acheter des essaims dans sa localité même, s'il doit les transporter sur son apier immédiatement après leur mise en ruche ; mais que, pour les autres colonies et même pour les essaims de quelques jours, il fera beaucoup mieux d'aller les chercher au delà d'un rayon de deux ou trois kilomètres du lieu où il se propose de les établir.

Je suis disposé à croire qu'il en est des abeilles comme des céréales, les agriculteurs expérimentés changent souvent de semences ; on ne ferait pas mal de faire aussi des échanges d'abeilles, j'ai pu constater maintes fois que des colonies transportées à quelques lieues de distance faisaient mieux que leurs sœurs qui étaient restées sur le sol natal.

222. Transport des ruchées. — Quand il ne fait pas trop chaud, les abeilles peuvent être transportées sur des voitures. Septembre et octobre, ou bien mars et avril sont les deux époques les plus convenables. Les dispositions pour l'enlèvement d'une ruchée ne seront faites que dans un moment de la journée où toute la population sera rentrée. D'abord, on enfume légèrement dans la ruche, ensuite on la détache de son plateau et on la tient soulevée avec une petite cale ; on enfume de nouveau pour faire monter les abeilles qui se trouvent sur le plateau, et puis la ruche est posée sur un tablier de cuisine que l'on serre tout autour avec une ficelle. On met dans le fond de la voiture un lit de paille sur lequel sont étendues deux lattes parallèles. La ruche se place sur ces lattes dans sa position naturelle. Une forte ficelle attachée aux échelles la tient fixée et immobile ; avec ces précautions et sur un chemin uni, on peut aller au petit trot du cheval.

Arrivée à sa destination, la ruchée est remise sur son plateau avec une petite cale qui la tiendra un peu soulevée et lui donnera de l'air ; enfumez alors par-dessous le tablier qui l'enveloppe, desserrez et enlevez-le. Mais s'il y a un certain nombre d'abeilles répandues sur le tablier, attendez qu'elles soient montées. La fumée employée à propos dans cette circonstance aidera merveilleusement à faire pour le mieux.

223. Manipulation du miel. — Autant que possible,

manipulez le miel aussitôt après son extraction de la ruche ; comme il est chaud, il se séparera mieux du marc.

Sur une grande terrine vernissée, établissez une claie circulaire, faite de liens d'osier entrelacés, ou de petites tringles rondes en fer. Ce n'est pas trop qu'un écartement de 5 millimètres entre les liens ou les tringles. Broyez et pressez les rayons de miel. Le marc qui reste entre vos mains est placé aux extrémités de la claie. Le tout s'égoutte lentement. De nombreuses parcelles de cire passent aussi avec le miel. Mais quelques heures avant que de vider dans la terrine, enlevez ces parcelles pour les rejeter sur la claie, le miel qui s'y trouve mélangé filtre bientôt à travers le marc.

Pour retirer des marcs le miel qui reste, quelques personnes emploient le pressoir ; la chaleur du four me semble préférable.

Trois ou quatre heures après avoir défourné le pain, on introduit dans le four la terrine vide, et la claie avec ses marcs ; quand la chaleur est assez grande pour fondre la cire, tout le miel s'égoutte, mais il est moins beau et moins avantageux pour la vente.

La couche de cire plus ou moins épaisse qui peut se trouver par-dessus le miel, n'est pas toute la cire que contiennent les marcs ; il faut donc les conserver pour les passer plus tard sous le pressoir.

Les portions de gâteaux qui renferment du pollen et ceux encore où le miel est grenu ou figé, seront mis à part et réservés pour les mettre au four avec les marcs dont nous venons de parler.

Un litre de miel pèse $1^k,40$.

L'extracteur du miel à force centrifuge. — Chez tous les blanchisseurs de quelque importance fonctionne depuis longtemps une machine connue sous le nom d'essoreuse. Elle se compose d'un récipient dans lequel tourne verticalement, à une grande vitesse, un cylindre garni d'une enveloppe à sa circonférence. Dans ce cylindre se placent les tissus humides desquels on veut extraire l'eau.

Hruschka, major autrichien en retraite, a appliqué le principe de l'essoreuse à l'extraction du miel.

« Avec la ruche à rayons mobiles, l'apiculteur est assuré contre toute chance de perte et maître absolu de ses abeilles ; avec l'extracteur, il oblige ses abeilles à lui donner le plus de miel possible, à le porter au maximum. Cet instrument permet de vider les rayons sans les endommager ; ceux-ci sont rendus' immédiatement aux abeilles qui les remplissent immédiatement de nouveau, sans tarder. Plus de perte de temps ni de miel pour la construction des rayons ; *l'apiculteur n'a plus rien à désirer.* » Tel était le langage des exaltés de l'apiculture à bâtisse mobile.

Aujourd'hui les têtes sont plus calmes. Pour les rayons à miel operculé, il faut enlever les opercules ; ce n'est pas une petite affaire. Pour les rayons à miel non operculé, le miel, le plus souvent, ne se fige pas, il reste à l'état sirupeux ; il est d'une vente difficile ; il n'était pas mûr lors de l'extraction. Quant à la perte de temps et de miel pour la production de la cire (dix parties de miel pour une partie de cire), nous savons à quoi nous en tenir. Dix fois les mobilistes ont été invités à faire des expériences en commun, et dix fois ils ont fait la sourde oreille.

224. Conservation du miel. — Le miel pur et bien conditionné se fige toujours, quelquefois il reste assez longtemps en sirop, d'autres fois il se fige huit ou dix jours après avoir été façonné.

Le miel craint l'humidité, un séjour de vingt-quatre heures dans une pièce humide peut l'empêcher de prendre ; il faut le déposer et le manipuler dans un endroit sec et ne contenant aucune liqueur en fermentation. Quand il est coulé en pot, gardez-vous bien de le mettre à la cave, il ne se durcirait qu'à demi ; il se formerait à la surface un sirop très-liquide qui tournerait bientôt à l'aigre et qui finirait par altérer toute la masse. Placez-le, au contraire, dans un lieu sain, au premier étage, s'il est possible, et au nord. Avec ces précautions, il se conservera longtemps ; il se ramollira en été, mais sans rien perdre de ses qualités.

Il y a des années où le miel en sirop se durcit dans une cave tout aussi bien que partout ailleurs ; c'est une expérience qu'on ne doit pas renouveler.

Le miel qui a passé par la chaleur du four ne prend que longtemps après, il se granule à la façon du beurre fondu, tandis que l'autre, du moins dans notre pays, se fige à la manière du saindoux.

Le miel vieux qui devient liquide et commence à fermenter doit passer au bain-marie, pendant lequel on l'écume.

225. Façon ou fonte de la cire. — Remplissez d'eau, aux deux tiers, une grande chaudière ; à mesure que l'eau s'échauffe, versez-y la cire brute, répandez et remuez avec un bâton ; lorsque le tout est bien délayé, bien fondu et à l'état d'ébullition, videz dans le sac que vous avez préparé dans la caisse du pressoir. Il faut toujours proportionner la masse à pressurer avec le diamètre de la caisse, et faire en sorte qu'après la pression le pain de marc n'ait pas une épaisseur de plus de 4 à 5 centimètres. Avec un peu de pratique, on saura bientôt établir la proportion. Le premier marc renferme encore de la cire, il faut le remettre dans la chaudière, le détremper dans de l'eau bouillante, et le passer une seconde fois sous le pressoir. La cire, pour son extraction complète, exige une forte pression. Aussi, remarquez ce qui se passe pour ce second marc, c'est l'eau qui coule d'abord, la cire ne s'échappe ensuite que sous les efforts d'une pression plus considérable.

La cire que nous venons d'extraire n'est point encore épurée, faisons-la fondre dans une quantité suffisante d'eau, écumons et laissons refroidir le tout dans la chaudière. Après le refroidissement, il ne reste plus qu'à retirer le pain de cire et à râcler le sédiment boueux qui s'est formé par le dessous.

La cire en ébullition monte et extravase comme le lait; ne quittez donc pas la chaudière ; ayez toujours un peu d'eau sous la main pour en verser au besoin et prévenir tout accident.

226. Rendement de la cire brute. — Les rayons d'un essaim rendent, en cire façonnée, au moins les trois quarts de leur poids ; ceux de cinq à six ans rendent à peine le tiers. Si les derniers donnent si peu de cire, c'est qu'étant tapissés d'une couche de pellicules qui ont servi d'enveloppes au couvain, ils en deviennent deux et trois fois plus lourds que les rayons d'essaims. Mais la même surface des uns et des autres renferme à peu près la même quantité de cire. Si des auteurs se sont aventurés à nous dire que les vieux rayons ne contiennent plus ou presque plus de cire, c'est que leurs procédés d'extraction sont essentiellement défectueux. Pour retirer toute la cire des vieux gâteaux, il faut un bon pressoir.

Une bâtisse contenant beaucoup de pollen, telle que la bâtisse d'une orpheline, ou une bâtisse dont une partie des cellules est remplie d'ouvrières mortes de faim, l'une et l'autre donnent très-peu de cire façonnée.

Un mélange de gâteaux vieux et nouveaux fournit, en cire façonnée, les deux et quelquefois les trois cinquièmes de son poids. On comprend que si les vieux dominent, on retirera moins que si ce sont les nouveaux.

227. Cire qu'on retire d'une ruche. — Prenons pour exemple une petite ruche à deux hausses ayant 33 centimètres de diamètre sur 22 de hauteur, et jaugeant, par conséquent, 18 litres 7 dixièmes de litres.

Cette ruche renfermera environ 43 décimètres carrés de gâteaux.

Un décimètre carré de gâteau à petites cellules, blanc et n'ayant pas encore servi de berceau aux abeilles, pèse 11 grammes.

C'est donc 473 grammes que pèserait la totalité des gâteaux de cette ruche, s'ils étaient blancs et purs de tous corps étrangers.

Ces gâteaux blancs rendent à la fonte presque tout leur poids en cire pure. Quand ils sont vieux, quoique deux et trois fois plus lourds, ils ne rendent pas davantage. Donc la cire pure qu'on peut retirer d'une telle ruche ne doit pas dépasser 450 grammes. Prenant notre ruche pour terme de comparaison et connaissant la capacité de celle qu'on emploie, on saura très-approximativement la quantité de cire qu'on peut en retirer.

Conservation de la cire brute. — La cire en gâteaux récoltée au printemps, mais qu'on ne voudra façonner qu'en automne, devra être mise en sac et conservée à la cave (il faut une cave fraîche), sans quoi elle deviendrait infailliblement la pâture de la fausse-teigne.

Voici un autre moyen de conservation. On plonge dans une cuve pleine d'eau le sac contenant la cire, on le maintient sous l'eau pendant dix ou quinze heures, on en retire la cire et on l'étend dans un grenier pour la sécher. Les œufs, les larves qu'elle renferme sont détruits par le bain; enfin, cette cire qui moisit légèrement n'a plus d'attrait pour le papillon, il ne la recherche plus pour y déposer ses œufs. (Voir l'article 192, dernier alinéa.)

228. Pressoir (fig. 16).

Fig. 16. — Pressoir vu en élévation de face. Échelle de $\frac{1}{20}$.
Fig. 16 a. — Le même, vu en plan.

Fig. 16 *b*. — Le même, vu en élévation de côté.

A A Socles en chêne servant de base à l'appareil, percés à chaque extrémité d'un trou pour le passage des broches qui fixent le pressoir au plancher et l'empêchent de se déranger pendant l'opération.

A' A' Montants qui peuvent être en sapin, entaillés légèrement à mortaise dans les deux socles, ainsi que dans la traverse A'', sans être chevillés.

A'' Traverse supérieure en chêne, dans laquelle est encastré l'écrou de la vis.

b Vis en fer dont la tête est armée d'une barre ou levier de force.

c Deux planches en chêne, posées de champ sur les socles, contre les montants, et supportant le plateau *d*. Elles sont mobiles.

d Plateau mobile en chêne, cannelé, avec encastrement circulaire formant rigole, avec issue extérieure pour laisser échapper le liquide; le plateau peut encore être fait d'une planche de 40 à 50 millimètres d'épaisseur sur laquelle on cloue des liteaux triangulaires, disposés de manière à laisser entre eux des espaces libres formant les cannelures ci-dessus.

E Brides en fer passant par-dessus la traverse supérieure A'', descendant le long des montants A'A', terminées vers le bas par deux boulons qui traversent ces deux socles. Les écrous E' E' qui se vissent sur les boulons servent à serrer le tout ensemble, de manière à empêcher ces différentes pièces de s'écarter pendant le travail.

F Toile métallique en fer, qui se pose sur le plateau *d* pour soutenir le sac qui contient la cire fondue; celle-ci, chassée par la pression, passe facilement au travers des mailles de la toile métallique et s'écoule par les cannelures du plateau *d*.

g Cylindre en tôle unie d'environ 1 ½ millimètre d'épaisseur, ouvert par les deux bouts.

h Deux demi-cylindres de tôle en râpe, qui s'appliquent contre la surface intérieure du cylindre *g*, et dont les bavures sont tournées vers ce cylindre, afin qu'il y ait entre les deux surfaces un intervalle qui permette à la cire de s'écouler et de descendre.

l Traverse en chêne, avec grain en fer, pour recevoir la vis de pression.

J Plateau circulaire en chêne, de 30 à 40 millimètres d'épaisseur, divisé en deux parties égales,
sur lequel s'appuie la traverse I, et posant lui-
même directement sur le sac contenant la cire
fondue dans le cylindre *g*. L'une des parties
du plateau est munie d'un bout de corde pour
permettre de retirer cette partie à la fin de l'opération.

Observations. — Le pressoir se fixe au pavé par des
broches en fer que l'on insinue dans les trous percés à
cet effet aux bouts des socles, et auxquels correspondent
des trous semblables dans le pavé. Ces broches sont
mobiles, afin qu'on puisse enlever le pressoir dès qu'on
n'en a plus besoin. Malgré cela, leur solidité est telle qu'on
n'a nullement besoin d'appuyer le pressoir contre un mur.
On peut donc, si le local est assez grand, établir ce pressoir
au milieu, afin de pouvoir tourner à l'entour sans reprises,
ce qui facilite et accélère le travail.

Pour opérer on commence par poser au fond de la caisse
doublée des deux demi-cylindres *h*, un paillasson circulaire
en paille, épais de 2 à 3 millimètres. Pour le sac destiné
à recevoir la cire, le tissu sera à claire-voie ; il faut que,
gonflé par la matière bouillante, ses mailles aient encore
des ouvertures d'un demi à trois quarts de millimètre au
moins.

A mesure que le liquide s'échappe, le sac tend à s'interposer entre les parois de la caisse et le plateau circulaire J.
On pare à cet inconvénient en ajoutant sur le sac une corde
grosse de 12 à 15 millimètres qui contournera la circonférence intérieure de la caisse. Malgré cette précaution, le
sac réussit encore à s'interposer entre la corde et la caisse,
ce qui rend la pression difficile et peu utile. On desserre
alors, on relève la vis, on enlève la traverse I et le plateau J,
on ramène au centre les extrémités du sac, puis on remet
corde, plateau et traverse pour continuer la pression qui se
termine alors d'une manière utile et régulière. Le sac ne
vient plus gêner l'opération.

Un point essentiel pour une bonne pression est que la
vis étant perpendiculaire, le centre de la caisse qui renferme la matière à pressurer corresponde toujours au centre
de la vis. On arrivera à ce résultat au moyen de quatre
pitons sur quatre points de la circonférence extérieure de

la caisse. Ces pitons ne permettront pas à la caisse de glisser en avant, en arrière ou de côté.

Quand la tôle en râpe est obstruée, on la passe sur le feu pour la nettoyer.

Le pressoir, tel que nous venons de le décrire, sert à pressurer non-seulement la cire, mais encore le raisin. Pour la cire, la caisse ou cylindre en tôle n'aura que 40 centimètres de diamètre sur 22 de hauteur; pour le raisin, elle aura un diamètre aussi grand que le comporte l'intervalle entre les deux montants, 600 millimètres sur 300 de hauteur. Beaucoup de surface et peu de hauteur, ce sont deux conditions essentielles pour une pression plus utile.

Pour pressurer la cire et le raisin, je conseille de canneler le plateau circulaire J, de clouer sur les cannelures de la toile métallique; de cette façon le liquide, s'échappant par le haut et passant par la toile métallique, se rendra aux extrémités par les cannelures.

Une toile métallique à fil épais de trois quarts de millimètre et à mailles de 2 à 3 millimètres d'ouverture, est assez forte pour le plateau mobile d et le plateau circulaire J.

Tout meunier bien outillé connaît la tôle en râpe, elle fait partie essentielle du tarare. A défaut d'un meunier complaisant, on trouvera cette tôle à Paris, chez Brière et Cie, rue Basfroy, 19 (faubourg Saint-Antoine). Cette tôle en râpe porte le n° 46.

229. **Loi sur les abeilles.** — Toute notre législation actuelle sur les abeilles se trouve dans les dispositions suivantes de la loi du 28 septembre 1791, et dans l'article 54 du *Code civil* :

« Le propriétaire d'un essaim a droit à le réclamer et de s'en saisir tant qu'il n'a pas cessé de le suivre; autrement, l'essaim appartient au propriétaire du terrain sur lequel il est fixé.

« Les ruches d'abeilles ne peuvent être saisies ni vendues pour contributions publiques, ni pour aucunes causes de dettes, si ce n'est par celui qui les a vendues ou celui qui les a concédées à titre de cheptel ou autrement.

« Pour aucunes causes, il n'est permis de troubler les abeilles dans leurs courses et travaux; en conséquence, même en cas de saisie légitime, les ruches ne peuvent être déplacées que dans les mois de *décembre, janvier* et *février*. »

Article 54 du *Code civil :* « Sont immeubles par destination, quand elles ont été placées par les propriétaires pour le service et l'exploitation du fonds... les ruches à miel. »

230. **Appendice.** — Sous ce titre, je me suis réservé de revenir sur des matières omises.

Abeille alpine. — Cette variété d'abeille est un peu plus grosse que notre abeille commune; la cellule d'ouvrière mesure 5 millimètres 5 dixièmes; tandis que celle de l'ouvrière commune ne mesure que 5 millimètres 2 dixièmes.

Le vol de l'alpine est plus léger et produit un bourdonnement plus doux que celui de l'abeille commune.

L'abeille jaune est d'un caractère plus décidé, plus entreprenant que l'abeille noire; elle est aussi plus vigilante, elle garde mieux sa porte contre les ennemis du dehors, elle défend mieux ses édifices et ses nourrissons contre les ennemis du dedans, c'est-à-dire la fausse-teigne; plus active, c'est elle qui se met la première au travail, c'est encore elle qui en revient la dernière; elle a l'odorat plus subtil, car si on commet l'imprudence de donner, dans un moment inopportun, de la nourriture à une colonie nécessiteuse, ou si on expose cette nourriture en plein air, c'est presque toujours l'alpine qui arrive la première pour prendre sa part du butin.

Mais un reproche sérieux à lui faire, c'est de manquer de fidélité, de s'introduire dans une colonie noire, d'y fixer sa résidence, et de travailler en commun dans sa famille adoptive. Elle, qui n'ouvre pas sa porte à une étrangère à sa race, entend néanmoins que l'étrangère lui ouvrira la sienne. Je n'ai pas encore vu une abeille noire se faire accepter par une famille jaune, tandis que je vois tous les jours des abeilles jaunes dans des familles noires.

A ce que nous venons de dire, ajoutons: 1° l'abeille alpine essaime plus volontiers et amasse plus de miel que l'abeille commune. Mais, sur ce dernier point, je soupçonne fort que la richesse est un bien mal acquis, qu'on s'est enrichi un peu aux dépens d'autrui; 2° il est difficile de conserver pure l'espèce jaune; 3° l'abeille métisse ou demi-sang paraît avoir les mêmes qualités que l'abeille jaune; 4° une mère jaune peut produire, en égal nombre, des ouvrières de son espèce et aussi des ouvrières noires. C'est, sans aucun doute, parce qu'elle a été fécondée par un bourdon d'espèce commune; 5° la jeune mère alpine aurait pour le bourdon de son espèce moins de sympathie que pour le bourdon noir.

14

J'ai obtenu artificiellement un grand nombre de mères jaunes, mais toutes ces mères ont donné des enfants, les uns jaunes, les autres noirs; et ces enfants ne m'ont donné, le plus souvent, qu'une progéniture noire. L'espèce jaune disparaît donc à la troisième génération.

MÉTHODE NOUVELLE POUR LE PRINTEMPS.

231. Avant-propos. — Je puis parler avec quelque autorité de la méthode nouvelle, je la pratique depuis 1870. Cette méthode nous rendant maître des abeilles, nous permet de leur dire : Commencez une bâtisse pour l'essaimage; donnez du miel et pas d'essaim; remplacez votre vieille bâtisse par une nouvelle; envoyez des ouvrières à cette colonie qui en a grand besoin.

La ruche à hausse se prête admirablement à la méthode nouvelle. L'apiculteur intelligent, voyant tout ce que l'on peut faire avec cette ruche, saura tirer parti de la ruche à calotte et même de la ruche commune.

Je fais de nombreux renvois au *Guide*, c'est ennuyeux, mais nécessaire, sous peine d'être plus ennuyeux par des redites continuelles.

232. Essaimage. — Il nous faut : 1° un chapeau (204) muni de rayons indicateurs (fig. 9 et 10); 2° une grille à mère (fig. 4) assez grande pour couvrir une ouverture de 12 à 13 centimètres en tous sens; si l'ouverture existante du couvercle de la ruchée à transvaser n'a pas cette dimension, il faut l'agrandir.

La grille et le chapeau étant prêts, nous transvasons, selon la méthode ordinaire (136), les abeilles de la souche dans le chapeau. Aussitôt que nous sommes assurés de la réussite du transvasement, c'est-à-dire de la présence de la mère dans le chapeau, nous plaçons la grille par-dessus l'ouverture du couvercle de la souche, en calfeutrant soigneusement le pourtour de la grille, afin qu'aucune abeille ne puisse passer que par la grille; on met alors l'essaim par-dessus la souche, on bouche toutes les issues extérieures entre la souche et le chapeau. S'il y avait du vide entre la grille et les gâteaux de la souche, on mettrait un petit gâ-

teau devant servir d'échelle aux abeilles du bas pour monter
dans le chapeau, et réciproquement, aux abeilles du haut
pour descendre dans le bas.

L'essaim placé par-dessus la souche bâtit dans le chapeau,
la mère y pond et les ouvrières y emmagasinent le miel. Le
chapeau, en bonne récolte, se remplit en trois ou quatre
jours ; en mauvaise récolte, la bâtisse ne va pas vite, et la
ponte est peu abondante.

Dans le premier cas, c'est-à-dire en bonne récolte, on
sépare l'essaim de la souche, trois, quatre, cinq jours pleins
au plus tard après le transvasement.

La séparation se fait entre cinq et sept heures du soir.
On porte l'essaim à une place vacante de l'apier, et on laisse
la souche à sa place. Celle-ci se sentant orpheline, s'agite
plus ou moins, les abeilles sortent, mais elles rentrent dans
la souche. Le calme revient ordinairement quelques heures
après la séparation.

Le lendemain dans la matinée, après avoir ajouté une
hausse par-dessous l'essaim, on le porte sur le plateau et
à la place de la souche, celle-ci sur le plateau et à la place
d'une forte ruchée, et cette dernière à une place vacante
de l'apier.

En ajoutant une hausse par-dessous l'essaim, il ne faut
pas oublier de mettre dans cette hausse des baguettes d'appui
pour la bâtisse, baguettes croisant la bâtisse du haut.

Au lieu de mettre la souche à la place d'une forte ruchée,
on peut la porter à une place libre de l'apier ; mais, dans ce
cas, elle doit avoir ses provisions d'hiver, car, privée d'une
grande partie de sa population, et ne pouvant la refaire de
sitôt, elle n'augmentera plus de poids qu'autant que l'année
sera très-favorable.

La souche mise à une place libre de l'apier ne donne pas
ordinairement d'essaim secondaire ; je dis ordinairement,
parce que j'en ai vu qui ont essaimé tantôt le quatorzième,
tantôt le quinzième jour après la séparation, mais alors on
est toujours prévenu par le chant des mères.

Le contraire arrive pour la souche mise à la place d'une
forte ruchée, cette souche, si l'apiculteur ne s'en occupe
pas, essaimera presque toujours en temps voulu, c'est-à-
dire le quatorzième ou quinzième jour après la séparation.
(Voir les articles 21 et 119.)

Quand la séparation se fait le lendemain du transvasement, les premières mères arriveront à terme onze jours seize heures environ après la séparation, mais les dernières, si la ruche est très-forte, n'arriveront à terme que vingt-quatre à quarante-huit heures après les premières. Si la séparation se fait trois jours pleins après le transvasement, les mères arriveront à terme environ onze jours seize heures après la séparation, mais il n'y aura qu'un intervalle de quelques heures entre la naissance de la plus âgée et la naissance de la plus jeune.

Si la séparation ne se fait que quatre jours pleins après le transvasement, toutes les mères arriveront à terme presqu'en même temps, onze jours huit heures environ après la séparation.

Enfin si la séparation n'a lieu que cinq jours pleins après le transvasement, les mères arriveront à terme environ onze jours après la séparation.

En visitant les souches dans les quatre cas, on ne verra pas toutes les cellules operculées, mais celles que l'on verra, on pourra les enlever pour d'autres essaimages.

On peut, en bonne récolte, séparer l'essaim de la souche le lendemain ou le surlendemain, mais nous conseillons d'attendre trois jours et même cinq jours pleins. Par exemple, le transvasement s'est fait le 1er mai dans la soirée : ne séparons l'essaim que le 4, 5 ou 6 mai entre cinq et sept heures du soir. Voici la raison de l'heure : la souche aura toute la nuit pour se reconnaître et songer à réparer la perte de la mère ; voici la raison des jours : l'essaim aura déjà bâti une bonne partie de son habitation et amassé quelques provisions, et après la séparation il continuera à bâtir sans perte de récolte.

Autre motif : pendant le transvasement, les jeunes abeilles qui ne sont pas encore sorties de la ruche sont montées dans le chapeau avec les autres ; en ne séparant l'essaim de la souche que trois ou cinq jours après le transvasement, la souche mise à une place vacante de l'apier, et non à la place d'une forte ruchée, ne se dépeuplera pas autant que si elle avait été séparée le lendemain, parce que toutes les abeilles nées depuis trois ou quatre jours lui restent.

On ne doit pas attendre jusqu'au sixième jour accompli pour séparer l'essaim de la souche, car sur cinq séparations que j'ai faites (en mai 1875), quelques heures avant le sixième jour accompli, une seule souche a donné un résultat satisfaisant, c'est-à-dire des mères bien développées ; une seconde n'a produit que des mères de petite taille, les trois autres n'ont su faire que des cellules maternelles, non sur des larves d'ouvrières, mais sur des larves de bourdons.

Outre le mode ordinaire de transvasement (136), j'en pratique un autre dont la réussite est presque certaine. La ruchée à transvaser reste à sa place ; après avoir enfumé les abeilles par le trou du couvercle pour prévenir leur colère et les refouler dans le bas, j'enlève le couvercle. La chose est facile, attendu que la hausse supérieure de toutes mes ruches est munie de rayons indicateurs (art. 200). Le couvercle enlevé, je le remplace par le chapeau à rayons indicateurs. Les joints entre le chapeau et la souche sont bouchés par une bande de toile passée tout autour ; cela fait, on enfume modérément par l'entrée, puis on tapote pendant quelques minutes, ensuite on soulève quelque peu la ruchée par derrière, on tapote de nouveau ; c'est l'affaire de sept à huit minutes pour faire monter les abeilles et la mère dans le chapeau. Celui-ci ayant été porté à quelque distance, on couvre la souche d'une grille à mère, et quand on est assuré de la réussite de l'essaim, on le met par-dessus le couvercle grillé (fig. 11). Il est rare que ce mode de transvasement ne réussisse pas, quand il est fait par une belle journée, et de dix heures du matin à cinq heures du soir.

233. Notes diverses. — *A*. Il est impossible de déterminer l'époque du transvasement. On ne doit le faire, en règle générale, que quand les ruches commencent à gagner du poids.

B. Une très-forte population, une bâtisse de quatre ans, cinq ans au plus, voilà les seules ruchées qu'on doive transvaser en vue de l'essaimage. Quant aux ruchées fortes à vieille bâtisse, nous en parlerons ailleurs.

C. Le moment le plus convenable de la journée pour le transvasement est entre deux et quatre heures du soir. Les ouvrières profitent de la nuit pour s'installer dans le chapeau, affermir les rayons indicateurs, préparer les cellules à recevoir la ponte de la mère, et tout cela sans perte de temps pour la récolte ; il faut une journée chaude, une belle journée de travail.

Le transvasement se faisant par une belle journée de travail, un chapeau (204) jaugeant 9 litres est suffisant pour contenir la population sédentaire d'une forte ruchée, population occupée aux travaux intérieurs.

D. Si dans les ruchées à transvaser les bourdons sont nombreux, on peut du même coup détruire les bourdons en suivant le procédé décrit dans l'article 215, mais alors il faut faire le transvasement soit avant la sortie, soit après la rentrée des bourdons.

Si, ayant négligé ce procédé, on a transvasé dans le chapeau ouvrières et bourdons, il faut donner à ceux-ci la possibilité de sortir de leur prison : au premier beau jour et au moment du plus grand vol bourdonneux, on soulève légèrement le chapeau, nos prisonniers (les bourdons) s'échappent en essaim, c'est l'affaire d'une minute au plus, puis on abaisse le chapeau.

E. Les abeilles du chapeau doivent toujours être en communication avec les abeilles de la souche; logées dans un chapeau trop haut et par une température froide, celles du haut se grouperaient autour de la mère, et celles du bas se tiendraient sur le couvain; il y aurait séparation entre les deux groupes, et peut-être celui du bas se donnerait une mère avec des larves d'ouvrières. J'ai vu cet accident avec des chapeaux de 15 centimètres de hauteur, et ne l'ai jamais vu avec des chapeaux de 10 à 11 centimètres. Si on faisait la faute de transvaser une population qui ne serait pas très-forte, l'accident arriverait même avec un chapeau de 10 à 11 centimètres de hauteur.

On fera bien de regarder dans la matinée du lendemain ou du surlendemain si les abeilles occupent une grande partie du chapeau et si elles sont en communication avec celles de la souche. S'il y avait séparation, il ne faudrait pas hésiter à rendre la mère à la souche en enlevant la grille. Ce serait une leçon dont on devrait profiter pour ne transvaser que de fortes populations.

F. Au lieu de mettre l'essaim par le haut, on peut le mettre par-dessous la souche ; la grille à mère sera alors mise par-dessus le chapeau et la souche par-dessus la grille. Dans ce cas, les abeilles bâtissent le chapeau beaucoup plus lentement, elles n'y emmagasinent pas de miel, et si le mauvais temps survient le lendemain de la séparation, il faut nourrir l'essaim.

La hauteur du chapeau, on le comprend, est indifférente quand il doit être mis par-dessous la souche, mais une température froide survenant après le transvasement peut forcer les abeilles à abandonner la mère pour se réfugier dans le haut. Il faut y veiller. Cet accident m'est arrivé le 4 mai 1872 pour quatre ruchées, j'avais transvasé par une température froide. Les transvasements de la veille et de l'avant-veille, 2 et 3 mai, faits en de bonnes conditions de température, n'ont souffert en aucune façon.

Recommandation essentielle. — Pour placer le chapeau par-dessous la souche, il faut que la souche soit entièrement bâtie et sa partie inférieure occupée par du couvain; autrement les abeilles du bas, séparées des abeilles du haut par un intervalle non bâti ou non occupé par du couvain, abandonneraient la mère pour se réunir aux abeilles du haut.

G. L'essaim, pendant tout le temps qu'il est par-dessus ou par-dessous la souche, se conduit absolument pour la bâtisse comme un petit essaim : il construit peu de cellules à bourdons. Il est très-facile, quand on le sépare de la souche, d'enlever le gâteau où il se trouve de ces cellules et de le remplacer par un rayon indicateur, ou bien d'enlever les portions à cellules de bourdons.

H. Je n'ai jamais opéré qu'avec des chapeaux à rayons indicateurs, j'ignore donc comment les choses se passeraient avec des chapeaux sans bâtisse commencée.

I. Avec de la prévoyance et de la bonne volonté, on saura toujours se procurer de la vieille cire pour coller aux porte-rayons. A défaut de provision faite l'année précédente, nous pouvons, lors de notre première visite du printemps, rogner les gâteaux des ruchées, à 5 ou 6 centimètres de hauteur et plus. Une seule ruchée fournira assez de cire pour amorcer les porte-rayons de deux chapeaux.

234. Essaimage huit jours après le transvasement. — Après le transvasement réussi, le mauvais temps ou la pénurie du miel ne permet pas aux abeilles de travailler beaucoup dans la nouvelle habitation; en pareille circonstance, il n'est pas prudent de faire l'essaim pendant les cinq premiers jours, mais l'essaim ne se faisant pas les cinq premiers jours, il faut attendre que tout couvain d'ouvrières soit operculé dans la souche, ce qui existe huit jours après le transvasement réussi. On peut attendre dix ou douze jours; l'essaimage sera aussi sûr, quoique plus compliqué, que s'il avait été fait du troisième au cinquième jour.

Première méthode. — Le 1er mai, nous avons transvasé la ruchée A dans le chapeau *a* muni de rayons indicateurs. Le 9 mai, il n'y a plus que du couvain operculé d'ouvrières

dans A. Séparons A de *a*, mettons provisoirement *a* plus loin
à une place vacante de l'apier, et laissons à sa place la
souche A. Prenons dans *a* un petit gâteau de 5 à 6 centimètres de largeur et autant de longueur, gâteau contenant
des œufs et de toutes jeunes larves d'ouvrières voisines des
œufs; plaçons ce gâteau par-dessus la souche A et couvrons-
le d'un objet quelconque, petite boîte, pot de fleurs. La
souche A passera la nuit à sa place; le lendemain dans la
matinée, étant redevenue calme, elle ira se placer sur le
plateau et à la place d'une ruchée forte, et celle-ci à une
place vacante de l'apier; le chapeau *a* qui possède la mère
viendra occuper le plateau et la place de la souche A, après
avoir reçu une hausse par-dessous.

Observation. — Toute souche doit avoir une bâtisse suffisante pour loger une récolte abondante. Il ne faut pas la
mettre dans la nécessité de construire, car les nouvelles
constructions, jusqu'à la naissance des jeunes mères, ne
seraient que des cellules de bourdons (5). Voilà pourquoi,
au lieu d'enlever la mère du chapeau *a* pour la donner à la
souche A, nous avons pris dans *a* des œufs et des larves
pour les mettre dans la souche A qui possède une bâtisse
complète, suffisante pour recevoir une abondante récolte.

Seconde méthode. — Le 1er mai, nous transvasons B, forte
ruchée, dans *b*, chapeau à rayons indicateurs. Le transvasement réussi, nous ajustons une grille à mère par-dessus B,
et plaçons *b* par-dessus la grille. Le 9 mai, la souche B n'a
plus ni œufs ni larves, mais œufs et larves se trouvent en *b*
avec la mère. Nous transvasons celui-ci dans X, chapeau à
rayons indicateurs; le transvasement terminé, nous portons
X à une place vacante de l'apier et replaçons *b* sur B; le transvasement réussi, nous enlevons la grille entre B et *b* et remettons *b* par-dessus B. Le lendemain dans la matinée, après
avoir mis une hausse par-dessous X, nous le mettons sur
le plateau et à la place de B-*b*; ce dernier, qui est orphelin
mais qui a des larves en *b*, nous le mettons sur le plateau
et à la place d'une forte ruchée, et celle-ci à une place vacante de l'apier.

Troisième méthode. — Le 1er mai, nous avons transvasé B,
forte ruchée, dans *b*, chapeau muni de rayons indicateurs.

Le même jour, 1er mai, nous avons fait la même opération sur la ruchée C que nous avons transvasée dans *c*, chapeau à rayons indicateurs.

Les deux transvasements ayant réussi, *b* est placé sur B et *c* sur C avec une grille entre les essaims et les souches.

Le 9 mai, B et C n'ont plus ni œufs ni larves, puisque les mères ne les occupent plus depuis le 1er mai, mais œufs et larves se trouvent en *b* et *c* avec les mères.

Transvasons *b* dans B pour faire passer la mère de *b* en B. Le transvasement réussi, nous allons à la ruchée C-*c*; nous enlevons *c* et la mettons provisoirement à une place vacante de l'apier, puis nous plaçons *b* par-dessus C après avoir enlevé la grille à mère qui recouvre C.

Nous avons trois ruchées : 1° B, à laquelle nous avons rendu la mère qui était en *b*; 2° C-*b*, qui est orpheline, mais qui possède œufs et larves en *b*, et une grande bâtisse; 3° la petite ruchée *c*, qui a conservé la mère et qui possède encore des œufs et des larves.

La petite ruchée *c* a été mise provisoirement à une place vacante de l'apier, elle doit y rester toute la nuit. Le lendemain dans la matinée, nous lui donnons une hausse par-dessous et la plaçons définitivement sur le plateau et à la place de C-*b*, celle-ci sur le plateau et à la place de B, et cette dernière sur un nouveau plateau et à une place vacante de l'apier.

Huit ou dix jours après l'essaimage, si on avait besoin de mères au berceau, on les trouverait dans le chapeau *b* placé sur la souche C.

Quatrième méthode. — Le 15 mai, nous transvasons D, forte ruchée, dans *d*, chapeau à rayons régulateurs. Après assurance de la réussite du transvasement, nous plaçons *d* par-dessus D, avec une grille à mère entre *d* et D; quatre ou cinq jours après, nous séparons le chapeau de la souche D, nous donnons à cette dernière une cellule de mère operculée que nous avons extraite de la ruchée C-*b* de l'essaimage, selon la troisième méthode du 9 mai.

Le lendemain matin, nous mettons le chapeau *d*, avec une hausse par-dessous, sur le plateau et à la place de D, et celle-ci à la place et sur le plateau d'une forte ruchée, cette dernière à une place vacante de l'apier.

En supposant que la cellule operculée ne renferme qu'une mère morte, la souche se tirera encore d'affaire, car elle possède de jeunes larves qu'elle peut transformer en mères, et en supposant que la mère operculée arrive à bien, elle pondra aussitôt que les mères de la ruchée C-*b* de l'essaimage du 9 mai.

Comme les mères mortes dans les cellules operculées ne sont pas rares, on sera plus sûr de la réussite si l'on en donne deux au lieu d'une seule.

Si l'on peut disposer de cellules maternelles operculées, il est clair qu'on peut attendre le sixième jour et les jours suivants pour faire l'essaimage.

Note importante. — Je n'oserais conseiller de retenir la mère dans le chapeau plus de dix à douze jours. Ce terme expiré, si la saison n'est pas favorable, il est prudent de renoncer à l'essaimage et de rendre à la mère sa liberté, en enlevant la grille entre le chapeau et la souche. J'en dirai autant pour la ruchée dont on veut du miel et pas d'essaim; on donnera la liberté à la mère dix ou douze jours après son cantonnement dans le chapeau, celui-ci ne serait-il bâti qu'au tiers.

235. Du miel et pas d'essaim. — Les abeilles obéiront à ce commandement, si nous leur fournissons un espace à bâtir dans lequel nous aurons cantonné la mère. Le chapeau à rayons indicateurs deviendra cantonnement de la mère et espace à bâtir pour les abeilles. Nous transvasons la forte ruchée A dans le chapeau *a*, et aussitôt que nous avons l'assurance de la réussite du transvasement, nous mettons une grille à mère par-dessus A, et plaçons *a* par-dessus la grille.

La bâtisse ira plus ou moins rapidement en *a*, selon que la récolte sera plus ou moins abondante.

Le chapeau étant entièrement bâti, c'est le moment d'enlever la grille, afin de permettre à la mère de descendre de *a* en A pour y continuer la ponte. Après avoir donné la liberté à la mère, si la ruchée gagne beaucoup de poids, ou sans gagner de poids, si elle se met à barber, n'hésitons pas un moment à lui donner une hausse non par-dessous *a*, mais bien par-dessous A, et cela pour l'empêcher d'essaimer.

Observation. — La colonie dont nous voulons du miel et pas d'essaim doit avoir, avant le transvasement, une ruche entièrement bâtie et jaugeant 30 litres au moins; si la ruche jauge moins, il faut lui donner une hausse pour l'amener à la capacité voulue.

236. Remplacer une vieille bâtisse par une nouvelle. — C'est encore à l'aide du chapeau que les abeilles se donneront une nouvelle bâtisse. Dès que la ruchée à vieille bâtisse est devenue forte en population, transvasez-la dans un chapeau à rayons indicateurs; le transvasement réussi, mettez une hausse par-dessous le chapeau et mettez hausse et chapeau sur le plateau et à la place de la souche. Pour celle-ci, on la réunit de préférence à une ruchée médiocre en population, mais il faut mettre une grille à mère entre l'orpheline et la ruchée médiocre, afin que l'abeille mère de la ruchée ne pouvant pas aller pondre dans l'orpheline, on puisse démolir cette dernière lorsque tout son couvain sera éclos, c'est-à-dire vingt et un jours, quelquefois vingt-deux à vingt-trois jours après. On ne devra démolir l'orpheline que si son essaim a fait à peu près ses provisions d'hiver. On la gardera, dans le cas contraire, pour qu'au besoin elle vienne en aide à son enfant.

Une ruchée faible ne peut être rajeunie, même en bonne année; une ruchée à population ordinaire ne peut être rajeunie en mauvaise année.

Pour apprécier tout l'avantage qu'il y a de réunir la ruchée transvasée à une ruchée de médiocre population, il faut en être témoin pour y croire; la population s'accroît à vue d'œil, et, vingt jours après la réunion, la ruchée est devenue une des plus fortes de l'apier.

237. Envoyer des ouvrières à une colonie peu nombreuse. — Voilà un ordre que vous pourrez encore donner aux abeilles, et elles l'exécuteront à votre grande satisfaction. Vous avez une ruchée à faible population, ou même à population ordinaire dont la bâtisse date de six ans et plus; donnez-lui la souche d'un essaim, souche dont la bâtisse ne sera pas vieille, et mettez cette souche par-dessus la vieille ruchée, et celle-ci vous la supprimerez à l'automne.

Vous avez une ruchée dont la bâtisse n'est pas vieille, et dont la population est faible; donnez-lui une souche à vieille bâtisse, mais cette souche, mettez-la par-dessous la faible ruchée.

Dans les deux cas, laissez entre la ruche du bas et celle du haut une ouverture par laquelle les abeilles du haut pourront sortir et rentrer; c'est le secret d'engager la mère et les abeilles à s'établir dans le haut pour l'hiver.

LÉGENDE EXPLICATIVE DES FIGURES.

☞ Fɪɢ. 1, 2, 3. — Ouvrière, mère, faux-bourdon.

☞ Fɪɢ. 4, 5. — Grille à mère, grille à bourdon.

☞ Fɪɢ. 6. — Nourrisseur.

☞ Fɪɢ. 7, 8. — Ruche à hausses, hausse en paille.

☞ Fɪɢ. 8 *bis*. — Élévation *c'h'g'd'* et plan *cdgh* d'une hausse carrée en bois de 255 millimètres de côté intérieur, munie d'ajoutages en planches (*cabd, defg*, etc., du plan *c'a'b'd', d'e'*, etc., de l'élévation) destinés à recevoir une ruche de section circulaire.

☞ Fɪɢ. 9. — Rayon indicateur. — Parcelle de gâteau *cdef* collée au porte-rayons en fer *ab*.

☞ Fɪɢ. 10. — Élévation et plan d'une hausse Œttl munie de rayons régulateurs.

☞ Fɪɢ. 11. — Plan d'une hausse Œttl munie de rayons régulateurs et recouverte du plancher grillé. La planchette A, posée dans le dessin à côté de la hausse afin de faire voir la disposition des rayons régulateurs par rapport à la longueur de la grille, est destinée à venir se placer à gauche de la planchette C de la même façon que la planchette B est placée à droite.

☞ Fɪɢ. 12. — Gabarit (patron) pour la pose des rayons régulateurs. Élévation EF, plan ABCD. — Ce gabarit est formé d'une planchette après laquelle se trouvent fixées par de petits clous des bandelettes (PQ, MN, MN.... RS du plan, GH de l'élévation) de fer semblable à celui des porte-rayons (Fig. 9 et 10). Les deux bandelettes extrêmes PQ, RS du plan servent à fixer le gabarit sur la hausse que l'on se propose de garnir de porte-rayons.

☞ Fɪɢ. 13. — Plateau. — Élévation AB, plan CD, coupe XY, grille *vxyz*.

Le plateau est composé de deux planches (CK*sr, rs*DG du plan) assemblées à plat joint *rs*, celui-ci est recouvert d'une petite bandelette de tôle mince ou de fer-blanc; l'ensemble est rendu rigide au moyen de trois autres planches (CEFG, KHLD, MNPO du plan, G'F', L'D', O'P' de l'élévation) fixées aux deux premières par des clous. La planche *rs*DG est entaillée avant tout assemblage, comme l'indiquent les figures, et reçoit à la partie supérieure de l'entaille, près du bord du plateau, une bandelette de fer projetée en *mn* dans le plan, en *pq* dans l'élévation et en *m'n'* dans la coupe. De chaque côté de la porte (*bc* élévation) ainsi formée on dispose deux petites coulisses en tôle mince faisant ressort (*ef, gh* du plan ; *ab, cd* de l'élévation ; *e'f* de la coupe) dans le but de recevoir la grille *vxyz* que le dessin indique juste au-dessus de la place qu'elle doit occuper lorsqu'elle est posée de façon à réduire l'entrée dans la ruche. Cette grille est d'ailleurs descendue dans ses coulisses, soit dans la position que lui donne le dessin, soit inversement, c'est-à-dire le côté *vx* se trouvant en bas tandis que *yz* devient le côté supérieur.

TABLE DES MATIÈRES

Nancy, impr. Berger-Levrault et Cie.

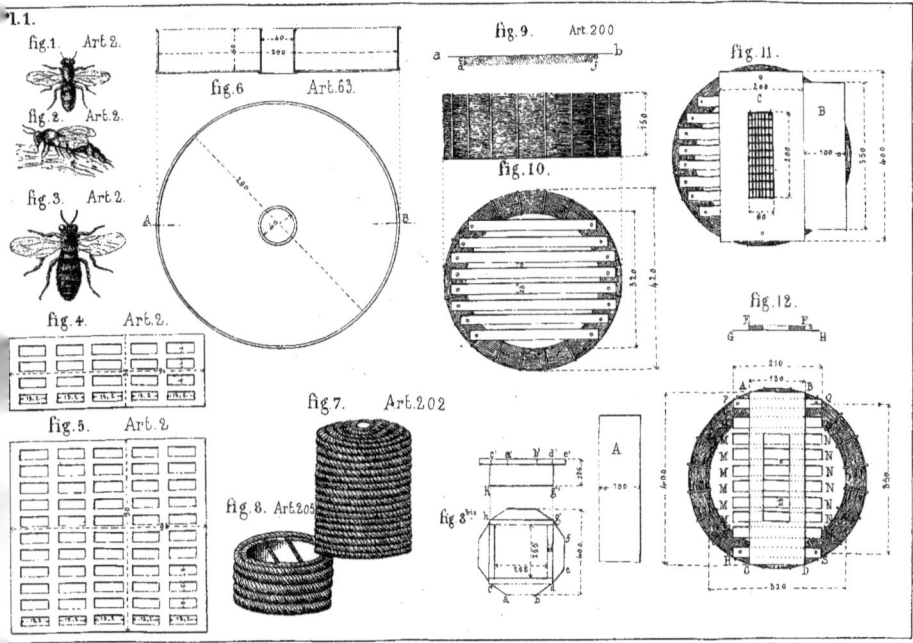

Pl.1.

fig.1.   Art.2.

fig.2.   Art.2.

fig.3.   Art.2.

fig.4.   Art.2.

fig.5.   Art.2

fig.6.   Art.63.

fig.7.   Art.202

fig.8. Art.205

fig 8.bis

fig.9.   Art.200

fig.10.

fig.11.

fig.12.

Pl.2.

fig.12.

fig.15. Art.228

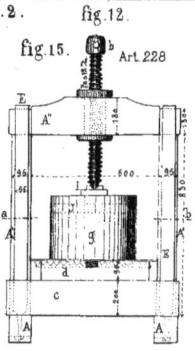

fig.15ᵇ

fig.13. Art.208.

fig.16. fig.17.

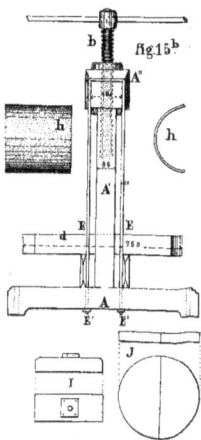

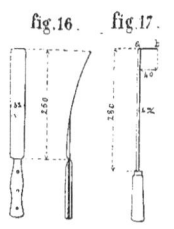

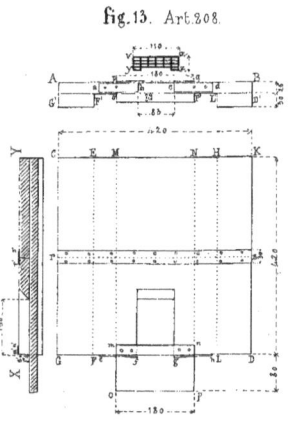

fig.18. fig.19.

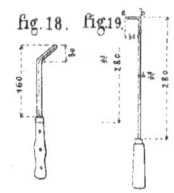

fig.15ᵃ

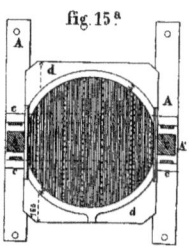

J

fig.14.

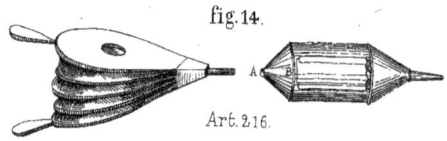

Art.216.

hol Beye Lemercier et Cⁱᵉ Paris – Rue – Ste

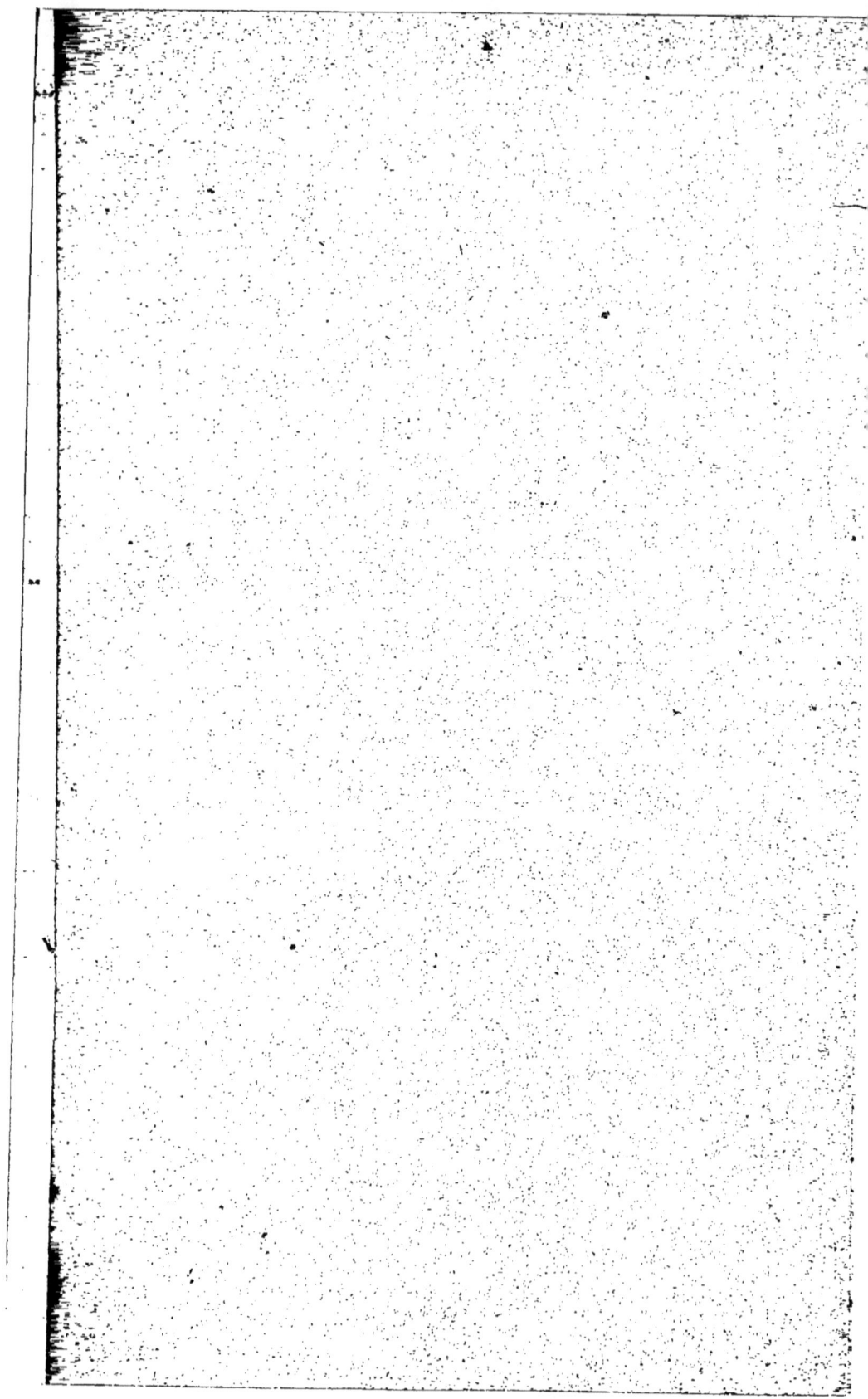

BERGER-LEVRAULT & Cie, LIBRAIRES-ÉDITEURS

Manuel juridique et administratif du propriétaire rural, contenant, sous forme de dictionnaire : 1° le résumé de toute la législation applicable dans la vie pratique des campagnes ; 2° des formules pour toutes les pièces que les particuliers peuvent avoir à rédiger, par HALLEZ D'ARROS, ancien secrétaire général de préfecture.

    1 beau vol. in-12, broché, 2 fr.; relié en percaline .   2 fr. 50

Guide général du Maire, par le même, 5e édition ; relié en toile . . .   3 fr.

  On vend séparément : Nouveau Manuel de l'officier de l'État civil, extrait du GUIDE GÉNÉRAL DU MAIRE, relié. . . . .   1 fr. 50

Guide pratique du garde champêtre, par le même. 4e édition ; relié en toile   2 fr.

Agriculture primaire, par le même, 9e édition . . . .   60 c.

Traité élémentaire de législation usuelle (droit public, administratif, civil et criminel) destiné aux cours d'adultes, aux cours de l'enseignement secondaire spécial et aux cours supérieurs de l'enseignement primaire, par MM. D. DU PLESSY et L. DEZASARS. 1 fort vol. in-12. . . . . .   3 fr.

Guide pour l'organisation et l'administration des Sociétés de secours mutuels, par VICTOR ROBERT. — 3e édition ; 1 vol. in-12 . . .   2 fr.

Les Sociétés de secours mutuels complétées, par le même. . . . .   1 fr. 50

Les Engrais industriels et le contrôle des stations agronomiques (Extrait des Annales de la Société d'Agriculture de Meurthe-et-Moselle), par L. GRANDEAU. in-8° . . . .   1 fr. 50

Emplois agricoles du sel marin, par Fréd. FRAISSE ; in-8°   3 fr.

Proverbes et dictons agricoles de la France. 1 joli vol. in-8°, titre rouge et noir, prix . . . .   2 fr. 50

  Un petit nombre d'exemplaires ont été tirés sur papier de Hollande .   5 fr.

Barème de la boulangerie, guide des municipalités et des boulangers, par CLAUDE RENAUX, négociant et adjoint au maire de Baccarat ; in-18. (Sous presse.)

Dictionnaire général des Forêts. Recueil complet comprenant le résumé et l'analyse des Lois, Règlements, Ordonnances, Arrêts, Décrets, Décisions, Arrêtés, Circulaires, etc., en vigueur, concernant les forêts appartenant à l'État, aux communes, aux établissements publics et aux particuliers, par ANTONIN ROUSSET, sous-inspecteur des forêts. — 2e tirage. — 1 vol. grand in-8° à 2 colonnes. Prix, broché . . . .   4 fr.

Manuel de sylviculture, par G. BAGNERIS, inspecteur des forêts, professeur à l'École forestière de Nancy, ancien élève de cette École. 1 vol. in-12. 6 fr. 50

Manuel de botanique forestière. (Botanique anatomique et physiologique. Géographie botanique. — Botanique descriptive ; principales espèces forestières de France.) Par H. FLICHE, professeur à l'École forestière de Nancy. 1 vol. in-12 . . . .   3 fr. 50

Manuel d'arpentage et de lever des plans, par H. BARRÉ et L. ROUSSEL, professeurs à l'École forestière. 1 vol. in-12 avec 4 planches . . .   3 fr. 50

Guide du cantonnement des droits d'usage, destiné aux maires, aux administrateurs et aux communes usagères et aux propriétaires de forêts grevées de droits d'usage, par E. DE BIZEMAIRE. In-8° . . . . .   1 fr.

Sous presse.

Flore forestière (1re édition), par M. MATHIEU, inspecteur des forêts, sous-directeur de l'École forestière de Nancy.

     Imp. Berger-Levrault et Cie.

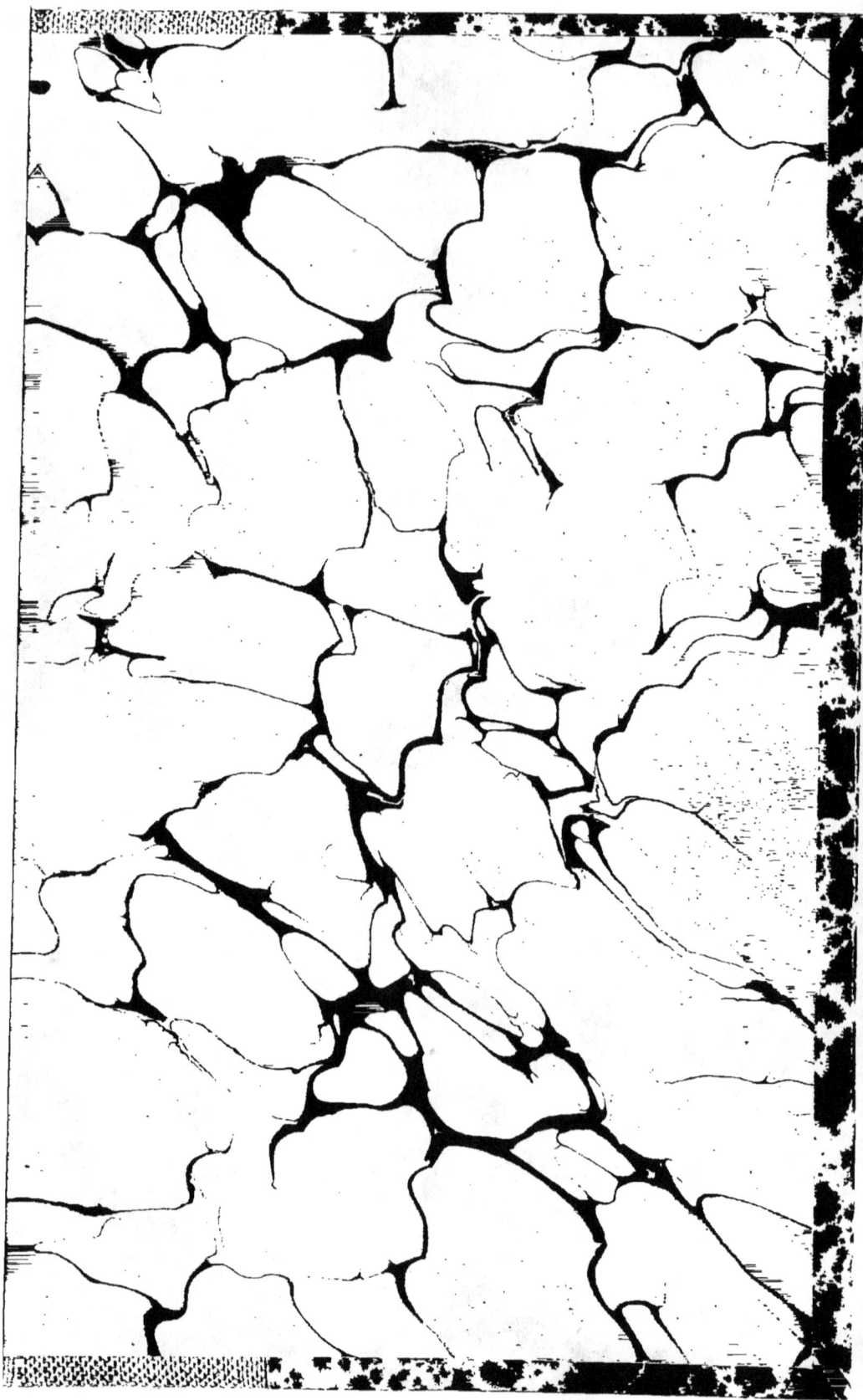

www.ingramcontent.com/pod-product-compliance
Lightning Source LLC
Chambersburg PA
CBHW071348280326
41927CB00040B/2357